1박 2일

힐링
여행

마음이 아름다워지는 여유

송일봉 지음

상상출판

떠나는 순간 힐링은 시작된다

요즘은 힐링(Healing)이 대세다. 음식, 문학, 미술, 음악, 심지어 스포츠에
도 힐링을 갖다 붙인다. 이 가운데서도 특히 '힐링푸드'와 함께 뉴에이지 음
악 그룹인 시크릿 가든을 중심으로 한 '힐링뮤직'이 세계적인 선풍을 일으
키고 있다. 언제부터인가 힐링은 많은 사람의 관심사가 되었고 라이프스
타일의 상당 부분을 주도하는 키워드가 되었다. 하지만 한편으로는 마음이
씁쓸하다. 힐링을 하지 않으면 견디기 어려울 정도로 우리 사는 세상이 각
박해졌다는 증거이기 때문이다. 예전에는 일상생활 그 자체가 힐링이었는
데……

힐링의 사전적 의미는 '마음의 병을 치유해서 보다 건강한 사회를 만드는
것'이다. 여기에서 중요한 점은 '치료'가 아니라 '치유'라는 것이다. 치료와
치유는 종종 같은 의미로 사용되기도 한다. 하지만 일상에서 사용될 때 엄
밀하게 따지면 치유는 '심리적 안정감'에 더 큰 비중을 둔다는 점에서 병을
고치는 치료와는 다른 의미로 해석된다.

이제 힐링은 남의 얘기가 아니다. 누구나 힐링을 할 수 있고, 또 누구나 어
느 정도 힐링이 필요한 시대를 살고 있기 때문이다. 그렇다면 어떻게 힐링
을 내 것으로 만들 수 있을까? 힐링은 일상이다. 몸에 좋은 음식을 먹고, 정
신이 맑아지는 향기를 맡고, 귀가 즐거워지는 음악을 듣고, 가까운 사람과
즐거운 대화를 나누고, 한적한 바닷가에서 저녁노을을 바라보고, 화와 투
덜거림과 욕심을 스스로 내려놓는 것. 그것이 바로 힐링이다.

힐링과 매우 밀접한 관계에 있는 치유는 영어로 테라피(Therapy)다. 요즘
우리 주변에서 많이 듣는 단어 가운데 하나다. 테라피의 종류도 많다. 아로
마 테라피, 뮤직 테라피, 뷰티 테라피, 플라워 테라피, 컬러 테라피, 댄스 테
라피 등등. 여기에 여행을 통해서 가능한 테라피인 내추럴 테라피(Natural
therapy)와 포레스트 테라피(Forest therapy)를 포함할 수 있다. 어찌 보면
여행이야말로 큰돈 안 들고 가장 쉽게 힐링하는 방법인 셈이다.

힐링여행에는 많은 것이 포함되어 있다. 그렇다고 해서 그리 거창한 것도 아니다. 여행지를 선택할 때 조금만 신중하면 누구라도 힐링여행을 즐길 수 있다. 여행을 통해 아름다운 자연과 순박한 사람들, 옛 조상의 숨결을 만나는 순간 여행자는 누구나 선한 사람이 되고 마음이 아름다워지기 때문이다. 그렇다면 마음을 아름다워지게 하는 여행지는 과연 어디에 있는 것인가? 마음이 아름다워지는 여행지는 멀리 있는 것도, 꼭꼭 숨어 있는 것도 아니다. 좋은 계절에 좋은 사람과 떠나는 여행지, 그곳이 바로 힐링포인트이자 힐링캠프다.

이번 책을 준비하는 동안 어김없이 많은 고통(?)이 따랐다. 다른 일을 모두 접어 두고 원고에만 매달려 있으면 좋으련만 세상 일이 어디 내 마음대로 되는가? 원고 마감일이 다가오면 내 몸에는 평소에 안 생기는 특별한 증상이 나타난다. 입 안 전체가 따끔할 정도로 헐고, 치아가 흔들거리며, 입술 주위는 쓰라릴 정도로 부어오른다. 참 신기한 일이다. 이번에도 그랬다. 며칠 동안 몹시 불편하고 아팠다. 그래도 행복했다. 글을 쓰는 직업을 가진 나의 존재감을 느끼게 해 주는 특별한 선물로 느껴졌기 때문이다.

어찌되었든(No matter what) 『1박2일 힐링여행』의 원고는 마무리되었다. 본문보다 쓰기 어렵다는 이 글이 마지막 원고다. 이제 나는 며칠 후면 책으로 잘 포장된 또 하나의 선물을 받을 것이다. 이 책을 위해 함께 고생한 사람이 많다. 일일이 거명하지 못하지만 그들의 수고를 잊지 않을 것이며 이 지면을 빌어 깊은 감사를 드린다.

2013년 5월
최종 교정으로 분주한 출판사 사무실에서
송일봉

나의 힐링요법, 사진찍기

나는 여행지에서, 혹은 일상에서 좋은 사람을 만나면 기분이 좋아진다.
아름답고 깨끗한 자연과 만나는 감동 못지않은 즐거움을 느낀다.
주변에 좋은 사람이 많다는 것은 행복한 일이다.
그래서 나는 좋은 사람을 만나면 함께 사진을 찍는다.
'만남의 감동'을 오래도록 간직하고 싶어서다.
사진찍기는 나만의 특별한 '힐링요법' 가운데 하나다.

cheese :)

:목차

PART 1
SPRING

: 여름

PART 2
SUMMER

PART 4
WINTER

: 겨울

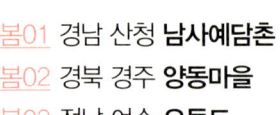

Part 1
봄

봄이 오는 길목에서 만나는 정겨운 풍경

경남 산청
남사예담촌

여행정보

- 🌐 남사예담촌 yedam.go2vil.org
- 📞 산청군청 문화관광과 055-970-6421
- 🚗 대전–통영고속도로 단성나들목 ⋯▸ 20번 국도 ⋯▸ 남사예 담촌
- 🍴 구만옛날횟집(민물매운탕, 055-972-5021), 청기와횟 집(민물매운탕, 055-972-5022), 산꾼의집(산채비빔 밥, 055-972-1212)
- 🛏 남사예담촌 사양정사(한옥체험, 010-3789-0801), 남 사예담촌 이씨고가(한옥체험, 070-4126-9963), 지리 산통나무펜션(055-973-0666, 010-9292-1072)

추천코스

- 🚖 **당일여행** 남사예담촌 ⋯▸ 산천재 ⋯▸ 단속사지
  1박2일여행 남사예담촌 ⋯▸ 산천재 ⋯▸ 남명기념관 ⋯▸ 대 원사 ⋯▸ 단속사지 ⋯▸ 겁외사(성철대종사생가) ⋯▸ 문익점 면화시배지

경상남도 산청군 단성면은 깨끗하고 소박한 자연환경을
간직하고 있는 고장으로 점차 사라져 가는 전통가옥,
오래된 나무, 그리고 우리 고유의 넉넉한 인심을 만날 수 있다.

명산 지리산을 끼고 있는 경상남도 산청은 의서 『동의보감』을 지은 허준과 그의 스승 유의태가 의술을 펼쳤던 곳으로 잘 알려져 있다. 오래전부터 약초가 유명한 덕에 해마다 산청에서는 약초축제(산청한방약초축제)가 열리고 있다. 산청은 오래된 매화나무가 많은 고장으로도 유명한데, 이른바 '산청삼매(山淸三梅)'라 불리는 원정매, 정당매, 남명매를 보기 위해 해마다 3월 중순이면 전국 각지에서 많은 사람이 산청으로 모여든다.

또 산청은 1967년에 우리나라 국립공원 제1호로 지정된 지리산(해발 1,915m)으로 오르는 최단 코스가 있는 곳이기도 하다. 산청에서 지리산을 오르는 코스로는 중산리를 출발해 칼바위와 법계사를 거쳐 천왕봉에 오른 후 장터목대피소를 거쳐 중산리로 하산하는 중산리 코스(12.4km, 약 9시간 소요), 유평리에서 출발해 대원사, 밤밭골, 치밭목대피소, 중봉 등을 거쳐 천왕봉에 오르는 유평리 코스(10.2km, 약 6시간 소요)가 있다.

산청군에서도 단성면은 깨끗하고 소박한 자연환경을 간직하고 있는 고장으로 점차 사라져 가는 전통가옥, 오래된 나무, 그리고 우리 고유의 넉넉한 인심을 만날 수 있다. 단성면은 명산 지리산으로 들어가는 길목에 위치하고 있어 오랜 옛날부터 많은 사람이 지나다닌 곳이다. 단성면의 여러 명소 가운데서도 니구산과 남사천을 끼고 있는 남사예담촌이 최근 들어 많은 관심을 끌고 있다. 남사예담촌은 성주 이씨를 비롯해 재령 이씨, 전주 최씨, 밀양 박씨, 진양 하씨, 연일 정씨 등이 한데 어울려 살아오고 있는 마을이다. 아무래도 다른 성씨들이 모여 살다 보면 서로 대립하거나 크고 작은 이해관계에 얽힐 만도 한데 이 마을만큼은 예외이다. '상대방을 인정하지 않는 순간 갈등은 시작된다'는 교훈을 이미 오래전부터 새겨들은 마을이다.

왼쪽부터 이씨고가 안마당, 사양정사, 기와지붕 위의 와송

왼쪽 분양고가의 감나무 **오른쪽** 최씨고가의 회화나무

남사예담촌의 명물은 등록문화재 제281호로 지정된 돌담과 토담이다. 마치 미로처럼 마을 구석구석을 잇는 고풍스러운 골목길을 걷는 재미는 남사예담촌의 백미이다. 유심히 살펴보면 양반집 주변에는 토담이 많고 서민이 살던 민가 주변에는 돌담이 많은 것을 알 수 있다. 도로변에서 마을 쪽으로 움푹 들어가 있는 주차장도 눈길을 끈다. 마을의 전체적인 지형이 반달 형태인데 '달도 차면 기운다'는 속설 때문에 일부러 집을 짓지 않고 비워 두었던 공터를 주차장으로 활용하고 있는 것이다. 남사예담촌에서 오래된 나무들을 찾아보는 것 또한 특별한 재미인데 가장 특이한 나무는 이씨고가 돌담길 중간에 있는 수령 300년의 회화나무이다. 서로 사랑하듯 고목 두 그루가 'X' 자 모양으로 교차하고 있는 모습이 인상적이다. '사랑나무'라 불리는 이 나무 밑을 부부가 손을 잡고 지나가면 금실이 좋아진다는 얘기가 있다. 최씨고가로 들어가는 담장길 모퉁이에도 잘빠진 회화나무 한 그루가 떡하니 자라고 있다.

하씨 문중의 분양고가에는 수령 약 600년의 감나무와 함께 수령 약 700년의 고사목(원정매)이 있다. 고려 말에 원정공 하즙 선생이 심은 매화나무로 안타깝게도 몇 년 전에 고사했지만, 그 자리에 후계목이 건강하게 자라고 있다. 조선 세종 때 영의정을 지낸 하연이 어릴 때 심었다는 감나무도 지금까지 잘 자라고 있다.

오랜 역사를 지닌 마을에서는 하룻밤은 지내야 그 가치를 실감할 수 있다. 남사예담촌에는 현재 135가구에 340여 명의 주민이 살고 있다. 한옥은 30채 정도이며 이 가운데 이씨고가와 고가집, 사양정사에서 한옥숙박체험 프로그램을 운영하고 있다. 이씨고가는 안채를 중심으로 사랑채, 익랑채, 곳간채가 'ㅁ' 자 형태로 배치되어 있으며 모두 6개의 방에서 숙박할 수 있다. 안채는 나무 보일러로 난방하지만 사랑채와 익랑채는 지금도 아궁이에 불을 지펴 난방한다. 고가집은 선명당(2개)이나 황토집(6개)에서 숙박할 수 있다. 선명당은 한 팀에게만 독채로 빌려 주며 황토집은 자유롭게 필요한 방을 이용할 수 있다.

고가집 옆에는 남사예담촌에서 가장 유명한 건축물인 사양정사(泗陽精舍)가 있다. 연일 정씨 문중의 소유인 사양정사는 유학자 정제용(1865~1907년)의 아들 정덕영이 남사예담촌으로 이주하면서 1920년대에 지은 건축물이다. 정제용을 기리기 위해 지은 것으로 후손을 교육하거나 손님을 맞는 장소로 이용되었다. '사양정사'라는 당호에는 '사수(공자의 고향 곡부에 있는 강) 남쪽의 학문을 연마하는 집'이라는 뜻이 담겨 있다.

한옥체험이 가능한 사양정사 옆에는 건강한 두 그루의 나무가 자라고 있다. 잘빠진 단풍나무와 배롱나무(목백일홍)가 그 주인공이다. 단풍나무는 워낙 건강하고 단풍색이 고와 그 후계목들이 전국에 퍼져 있을 정도이다. 배롱나무는 한여름을 풍요롭게 하는 나무로 7월 초순에 연분홍색 꽃이 피기 시작해 여름이 끝나갈 무렵인 8월 하순까지 피고 지기를 거듭한다. 배롱나무의 여린 가지에는 껍질이 있으나 가지가 굵어지면서 자연스럽게 껍질이 벗겨진다. 그래서 배롱나무에는 '내 모든 것을 보여 줘도 한 점 부끄러움이 없는 삶을 살자'는 교훈이 담겨 있다. 자녀의 교육시설로도 쓰였던 사양정사 옆에 배롱나무가 심겨진 것은 다 그럴 만한 이유가 있는 것이다.

💬 송 박사의 미주알고주알

매화예찬(梅花禮讚) 매화는 겨울이 끝나면서 우리에게 가장 먼저 찾아오는 봄 손님이다. 매화의 아름다움에 반한 중국 북송대의 시인 임포는 매화를 아내로 삼아 은둔 생활을 했다고 전해진다. 그런가 하면 수필집 『인생예찬』으로 유명한 김진섭은 「매화찬(梅花讚)」이라는 글에서 매화를 가리켜 '조춘만화의 괴'라 표현했다. 이른 봄에 피는 꽃 가운데 우두머리, 다시 말해 '봄꽃의 왕'이란 뜻이다. 옛사람들은 매향을 가리켜 '아름다운 향기'라는 뜻의 '가향'이라 부르고, '매향은 귀로 듣는 향기'라 표현하기도 했다. 옆에서 바늘 떨어지는 소리를 들을 수 있을 만큼 고요하고 정갈한 마음을 가져야만 비로소 그 향기를 맡을 수 있다는 뜻이다. 매화의 꿋꿋함과 의연함을 가장 잘 표현한 말은 아마도 '세한삼우(歲寒三友)'가 아닐까 싶다. 찬바람을 이기고 마침내 새순과 꽃을 피우는 세 벗. 여기에서 말하는 찬바람은 단지 날씨만을 가리키는 것은 아닐 터. 세상을 살면서 부닥치게 되는 온갖 고난과 역경을 의미한다. 우리 선인들은 혹한을 꿋꿋하게 이겨내는 세 벗 즉 소나무, 대나무, 매화를 보며 삶의 지혜와 교훈을 얻었던 것이다. 옛 선인들이 앞을 다퉈 극찬했던 매화. 아쉽게도 그림이나 글 속에서 말한 그런 근사한 매화를 만날 수 있는 곳은 그리 많지 않다. 고즈넉한 산사나 선인들의 체취가 담긴 특별한 공간에나 가야 어렵사리 조우할 수 있다. 그것도 꽃이 피는 시기를 잘 맞춰야만 가능한 일이다. 일찍이 소동파가 "해마다 봄이 가는 것을 서러워하지만, 봄은 그 서러움을 용납하지 않고 떠난다."라고 말했듯 매화 역시 오는 사람을 기다리지 않는다. 세상 모든 일이 그렇듯 남보다 부지런해야 매화도 보고 매향도 느낄 수 있다.

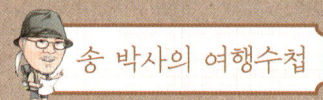

🚐 근처명소

❶ 산천재

남사예담촌 근처에 있는 산천재는 조선시대 최고의 행동철학자 남명 조식 선생이 머물던 곳이다. "배운 것을 실천하지 않으면 배우지 않은 것보다 못하다."라고 가르친 남명 조식. 그는 61세가 되던 해인 1561년에 지리산 천왕봉이 보이는 곳에다 산천재를 짓고 제자들을 가르치며 남은 여생을 보냈다. 지금도 날씨가 좋은 날에는 산천재에서 지리산 천왕봉이 한눈에 들어온다. 당호인 '산천'은 『주역』의 대축괘에서 따온 것으로 '강하고 건실하게 내실을 다져 밖으로 그것을 표출한다'는 뜻을 담고 있다. 산천재는 임진왜란 때 소실되었으나 1818년에 중건되었다. 산천재 앞마당에는 남명 조식 선생이 심은 수령 약 450년의 매화나무인 남명매가 지금도 잘 자라고 있다. 남명매는 삼청 삼매 중 하나로 겹매화를 피운다. 산천재에서 눈여겨봐야 할 것으로 마루 위 외벽에 그려진 벽화가 있다. 모두 세 가지인데 각각 허유소부도, 상산사호도, 경작도라 불린다.

❷ 단속사지

정당매로 유명한 단속사지는 지리산 옥녀봉 아랫마을인 산청군 단성면 운리에 자리 잡고 있는 절터이다. 수령 630년 정도로 추정되는 정당매는 고려 말 단속사에서 공부하던 강회백(1357~1402년)이 심은 매화나무이다. 훗날 강회백의 벼슬이 정당문학 겸 대사헌에 오르면서 나무 이름을 '정당매'라 부르게 되었다. 단속사지는 신라 경덕왕 때인 748년에 창건된 고찰이 있던 곳이다(혹은 763년 창건하였다고도 전해진다). 창건 당시의 사찰 이름은 금계사였는데 절을 한 바퀴 돌면 신고 있던 짚신이 다 닳을 정도로 큰 사찰이었다고 한다. 하지만 '속세와 인연을 끊는다'는 뜻을 지닌 '단속사'로 이름을 바꾼 이후로 쇠락의 길을 걸었다. 1588년에는 인근의 유생들에 의해 불상과 경판이 훼손되었으며 정유재란 당시에도 큰 피해를 입었다. 현재 남아 있는 유물로는 동삼층석탑(보물 제72호)과 서삼층석탑(보물 제73호)이 유일하다.

❸ 문익점면화시배지

성철대종사의 고향이기도 한 산청군 단성면에는 우리나라에서 처음으로 면화(목화)를 재배한 시배지가 자리 잡고 있다. 고려 공민왕 때인 1367년, 원나라에 사신으로 갔던 문익점이 붓두껍 속에 몰래 들여온 10알의 목화씨를 심어 번식에 성공한 유서 깊은 명소이다. 매표소 근처에는 '삼우당문선생면화시배지'라 새겨진 사적비가 있고 전시장에는 문익점의 유물과 삼베를 짜는 데 필요한 기구, 무명으로 만든 다양한 옷이 전시되어 있다. 전시장 옆에는 자그마한 목화밭도 있다.

560년 역사를 자랑하는 전통문화의 교과서

경북 경주

양동마을

여행정보

🌐 **양동마을** yangdong.invil.org

📞 **양동마을 문의** 010-3518-4184

🚗 대구—포항고속도로 대련나들목 ⋯▸ 28번 국도 ⋯▸ 양동마을

🍴 우향다옥(양반정식, 054-762-8096), 초원식당(연밥정식, 054-762-4436)

🛏 심수정별채(한옥체험, 054-762-4436), 이향정(한옥체험, 010-4755-1056), 초원민박(054-762-4436)

추천코스

📍 **당일여행** 양동마을 ⋯▸ 옥산서원 ⋯▸ 독락당

1박2일여행 양동마을 ⋯▸ 옥산서원 ⋯▸ 독락당 ⋯▸ 포석정 ⋯▸ 삼릉 ⋯▸ 남산 ⋯▸ 안압지

하회마을은 강을 끼고 있지만 양동마을은 평지가 아닌 산기슭을
삶의 터전으로 삼았다. 그리고 풍산 류씨 집성촌인 하회와는 달리
특이하게도 두 성씨가 한데 어울려 수백 년 동안 마을을 이루고 있다.

경상북도 경주시 강동면에 있는 양동마을은 고성 왕곡마을, 아산 외암리마을, 안동 하회마을, 순천 낙안읍성마을, 제주 성읍마을 등과 함께 우리나라의 대표적인 민속마을(전통마을)로 꼽는다. 여러 민속마을 가운데서도 양동마을은 단순한 주거공간을 넘어 자연과 조화를 이룬다. 또한, 소박하지만 기품이 담긴 건축물이 있고, 역사의 굵직한 획을 그었던 인물들에 관한 얘기가 담겨 있는 유서 깊은 곳이다. 게다가 신라시대의 문화로 대변되는 경주에서 조선시대의 생활문화를 엿볼 수 있는 대표적인 명소로 손꼽힌다.

2010년 7월 세계문화유산 등재와 함께 탐방객의 수가 급증하고 있는 양동마을은 설창산과 성주산, 형산강을 끼고 있다. 풍수를 얘기할 때 가장 먼저 얘기하는 배산임수의 형국을 띤 길지이다. 안동 하회마을과는 같은 길지이면서도 몇 가지 다른 점이 있다. 하회마을은 강을 끼고 있지만 양동마을은 평지가 아닌 산기슭을 삶의 터전으로 삼았다. 그리고 풍산 류씨 집성촌인 하회와는 달리 특이하게도 두 성씨가 한데 어울려 수백 년 동안 마을을 이루고 있다. 양동마을에 사는 대부분의 사람은 월성 손씨와 여주 이씨이다. 본래 오씨, 장씨, 류씨 성을 가진 사람들이 살았다는 설도 있으나 문헌상에는 조선시대 초기의 '적개공신(敵愾功臣)' 손소(1433~1484년)를 입향조(어떤 마을에 맨 처음 들어와 터를 잡은 조상)로 기록하고 있다. 적개공신이란 1467년 '이시애의 난' 때 공을 세워 받은 2등 공신의 칭호이다. 손소는 우재 손중돈의 아버지이며, 회재 이언적의 외할아버지이기도 하다.

관가정에서 바라본 향단

왼쪽 손씨 문중 소유의 서백당 **오른쪽** 강학당 근처에 있는 심수정

양동마을에서는 그동안 출중한 인물을 많이 배출했다. 양동마을 출신의 조선시대 과거 급제자 116명(문과 26명, 무과 14명, 사마 76명) 가운데 가장 돋보이는 인물은 손중돈(1463~1529년)과 이언적(1491~1553년)이다. 양동마을을 얘기하면서 빼놓을 수 없는 두 사람이다. 손중돈은 이조판서와 우참찬을 지냈고 청백리에 올랐다. 일두 정여창, 한훤당 김굉필, 정암 조광조, 퇴계 이황 등과 함께 '동방오현'으로 추앙받는 이언적은 좌찬성까지 오른 인물이다. 공평하게도 손씨와 이씨 문중에서 똑같이 걸출한 인물을 냈다. 처음 집터를 잡아준 풍수가는 앞으로 양동마을(서백당 머릿방)에서 큰 인물 셋이 태어날 것이라고 예언을 했다. 이제 남은 한 명은 과연 어느 문중에서 언제 나오게 될지……

양동마을의 상징적인 건축물인 서백당은 손씨 문중의 대규모 가옥으로 1454년 손소에 의해 지어졌다. 아산의 맹씨행단에 이어 우리나라에서 가장 오래된 민가이다. 양동마을의 진산인 설창산의 기가 응집되어 있다는 곳으로 손중돈과 이언적도 이 집의 머릿방에서 태어났다. 사랑채인 '서백당'의 당호는 '하루에 참을 인(忍) 자 백 번 쓴다'는 뜻을 담고 있다.

서백당과 대비되는 무첨당은 여주 이씨의 가옥이다. 이언적의 장손인 이의윤의 호를 따서 '무첨당'이라는 이름을 붙였다. 당호에는 '조상에게 욕됨이 없게 한다'는 의미가 담겨 있다. 이 건물의 대청마루에는 대원군이 잠시 머물렀던 것을 기념해서 '좌해금서(左海琴書)'라 쓴 편액이 걸려 있다. 이 편액에는 '영남(左海)의 풍류(琴)와 학문(書)이 있는 집' 또는 '선비는 책을 읽어야 하지만 풍류도 알아야 한다'는 뜻이 담겨 있다. 대원군은 편액의 글씨를 대나무 섬유로 만든 죽필(竹筆)로 썼다고 한다.

양동마을에서 서백당과 무첨당 다음으로 관심을 끄는 건축물은 일종의 이동 집무실인 향단이다. 이언적은 조선 제11대 왕인 중종의 신임을 받던 인물이다. 그래서 중종은 이언적에게 여러 관직을 내렸으나 어머니를 돌봐야 한다는 이유로 고사했다. 사정을 알게 된 중종은 고향과 가까운 곳에서 일할 수 있게 경상도관찰사(당시 감영은 경주에 있었다)로 내려보내고 아흔아홉 칸짜리 멋진 집도 하사했다. 지금은 56칸만이 남아 있는 그 집이 향단이다. '향단'이라는 당호는 이언적 동생의 손자인 이의수의 호를 따서 지었다.

안락천과 안강 들판이 한눈에 들어올 만큼 전망 좋은 곳에 관가정이 자리 잡고 있다. 손중돈이 부친으로부터 분가해 살던 집으로, 당호에는 '곡식들이 자라는 모습을 보듯 자손들이 커 가는 모습을 본다'는 의미가 담겨 있다. 관가정 외에도 양동마을에는 유난히 정자가 많다. 10개의 정자 가운데 관가정, 수운정, 안락정은 월성 손씨 소유이며 영귀정, 심수정, 설천정사, 양졸정, 동호정, 내곡정, 육위정은 여주 이씨 소유이다.

양동마을은 야트막한 산을 배경으로 마을 배치가 이루어졌다. 200년이 넘은 50여 채의 고가를 포함해 모두 150여 채에 이르는 옛 가옥이 네 개의 골짜기(내곡, 물봉골, 거림, 하촌)와 두 개의 능선(물봉동산, 수졸당 뒷산) 곳곳에 산재해 있다. 따라서 제대로 마을을 둘러보려면 많은 시간을 할애해야 한다. 시간이 여의치 않을 경우 무엇을 어떻게 볼 것인지 미리 결정하고 마을을 방문하는 것이 좋다. 권할 만한 코스로 하촌 코스(심수정-강학당-안락정-이향정, 약 20분 소요), 물봉골 코스(하촌-무첨당-영귀정-설천정사-대성헌-물봉정상-물봉동산, 약 1시간 소요), 수졸당 코스(물봉정상-육위정-경산서당-수졸당 뒷산-수졸당, 약 30분 소요), 내곡 코스(근암고택-상춘헌-사호당-서백당-낙선당-창은정사-양졸정-내곡정, 약 1시간 소요) 등이 있다.

🗨 **송 박사의 미주알고주알**

한국의 세계문화유산 세계유산(World Heritage)은 유네스코(UNESCO, 국제연합교육과학문화기구)에 의해 인정을 받은 인류의 소중한 자산이다. 세계유산은 크게 문화유산, 자연유산, 복합유산으로 구분된다. 문화유산은 유적지와 건축물, 자연유산은 지질학적 또는 생물학적으로 보편적 가치가 있는 자연지역, 복합유산은 문화유산과 자연유산의 특징을 모두 갖춘 유산을 가리킨다. 세계유산 가운데서도 문화유산은 지구촌 곳곳에 산재해 있는 문화재 중 가장 소중한 유산이다. 문화유산에 등재되려면 유네스코 세계문화유산위원회(WHC) 정기총회에 등록 신청을 해 놓고 정밀 심사를 받아야 한다. 이 같은 과정을 거쳐 문화유산 목록에 등재되면 유네스코로부터 지속적인 재정을 지원받고 세계적인 관광명소로 떠오르게 된다. 현재 세계 157곳에 962점(2013년 5월 기준)의 세계문화유산을 보유하고 있다. 이 가운데 우리나라에는 총 9점의 세계문화유산이 있다. 해인사 장경판전(1995년), 석굴암과 불국사(1995년), 종묘(1995년), 창덕궁(1997년), 수원화성(1997년), 경주역사유적지구(2000년), 고창·화순·강화 고인돌유적(2000년), 조선왕릉(2009년), 한국의 역사마을 하회와 양동(2010년)이 세계문화유산으로 등재되었다. 2007년에는 제주 화산섬과 용암굴이 세계자연유산으로 등재되었다. 세계유산과는 별도로 유네스코에 의해 판소리, 강릉단오제, 남사당놀이, 강강술래, 아리랑 등 15건이 인류무형유산으로 등재되었다. 훈민정음, 『조선왕조실록』, 『승정원일기』, 『동의보감』 등 9건은 세계기록유산으로 당당하게 이름을 올렸다.

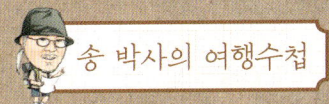

🚌 근처명소

❶ 옥산서원

양동마을에서 8km쯤 떨어진 경주시 안강읍 옥산리에는 아계 이산해와 추사 김정희의 글씨가 편액으로 걸린 옥산서원(사적 제154호)이 있다. 문원공 회재 이언적 선생을 봉향하기 위해 경주부윤 이재민을 주축으로 1572년에 세워졌다. 회재는 조선 중종 때의 성리학자이자 문신으로 조선시대 성리학의 방향을 정립하는 데 선구적인 역할을 했다. 경내의 건물 체인묘에는 이언적의 위패를 모셔 놓았다. 또한, 구인당은 여러 행사와 학문회의 장소로 이용되었다. 조선 말 흥성대원군이 서원철폐령을 내렸을 당시 훼철되지 않은 47곳의 서원 중 한 곳이기도 하다. '사산오대'라 일컬어지는 서원 앞의 계곡은 천혜의 절경을 자랑한다. '사산'이란 계곡을 둘러싸고 있는 화개산, 자옥산, 무학산, 도덕산을 가리키며 '오대'란 계곡에 있는 증심대, 탁영대, 관어대, 영귀대, 영심대 등을 가리킨다. 옥산서원은 서원 앞 계곡에 놓인 외나무다리, 자그마한 폭포, 울창한 노송과 함께 5월의 이팝나무가 특히 인상적인 명승지이다.

❷ 독락당

독락당은 회재 이언적이 낙향해서 살던 곳으로 옥산정사라고도 불린다. 그래서 독락당에는 두 개의 편액이 걸려 있다. 독락당은 아계 이산해, 옥산정사는 퇴계 이황의 글씨이다. 독락당 뒷마당에는 회재 이언적이 1532년에 심은 중국 주엽나무(천연기념물 제115호)가 자라고 있다. 이 나무의 가시가 조각자라는 한약재로 쓰이기 때문에 흔히 조각자나무라 불리기도 한다. 독락당은 '축경사상'을 뛰어넘어 '차경사상'을 생활화한 흔적을 엿볼 수 있다. 특히 독락당 대청에 앉아 담장의 살창을 통해 계곡을 조망하려 했던 500년 전의 번뜩이는 아이디어가 압권이다. 작은 살창으로 계절의 변화를 볼 수 있는 것은 물론 계곡물 흐르는 소리를 들을 수 있다. 그런가 하면 살창을 통해 들어오는 시원한 바람도 온몸으로 느낄 수 있다. 독락당의 백미는 '계정(溪亭)'이라 불리는 휴식공간이다. 계곡을 향해 담장 바깥으로 건물 일부를 빼내면서 난간을 받치는 기둥을 자연석 위에 그대로 올려놓았다. 계곡 건너편에서 계정을 바라보면 영락없는 누각의 형태를 하고 있다.

빨간 동백꽃으로 이름난 바다의 꽃섬

전남 여수
오동도

여행정보

🌐 **오동도** www.odongdo.go.kr

📞 **오동도 관광안내소** 061-664-8978

🚗 호남고속도로 서순천나들목 ···▶ 17번 국도 ···▶ 오동도

🍴 한일관(한정식, 061-654-0091), 구백식당(생선구이,
061-662-0900), 오죽헌(한정식, 061-685-1700)

🛏 벨라지오관광호텔(061-686-7977), 베니키아호텔여
수(061-662-0001), 해맞이펜션(061-644-6789)

추천코스

📍 **당일여행** 오동도 ···▶ 선소 ···▶ 진남관
1박2일여행 오동도 ···▶ 선소 ···▶ 진남관 ···▶ 돌산대교 ···▶ 향
일암

오동도라는 섬 이름을 지어 부르게 한 오동나무는 애석하게도
찾아보기 어렵다. 먼 옛날 섬 전체를 가득 메웠다는
오동나무 대신 지금은 동백나무가 그 자리를 메우고 있다.

전라남도의 여수 앞바다에 자리 잡고 있는 오동도는 1년 내내 관광객의 발길이 끊이지 않는 명소이다. 특히 동백꽃이 절정을 이루는 3월에는 전국 각지에서 많은 사람이 오동도로 모여든다. 우리나라의 대표적인 동백꽃여행지 가운데 하나로 오동도의 동백꽃은 다른 지역에 비해 작고 촘촘하게 피어나는 것이 특징이다. 꽃의 색깔도 다른 동백꽃에 비하여 진하며 푸른 나뭇잎에서는 윤기가 난다. 오동도 동백꽃은 해마다 조금씩 차이는 있지만 대략 3월 중순경에 절정을 이룬다.

오동도는 길이 768m의 방파제에 의해 육지와 연결되어 있다. '바다의 꽃섬' 또는 '동백섬'이라 불리기도 한다. 임진왜란 당시에는 오동도 일대에 충무공 이순신 장군이 손수 심고 키워서 화살을 만들어 썼다는 신우대가 많아서 '대섬'이라 불리기도 했다. 현재 오동도 곳곳에는 명물인 동백나무와 신우대를 비롯해 참식나무, 후박나무, 팽나무, 쥐똥나무 등과 같은 다양한 종류의 나무가 군락을 이루고 있다. 이 가운데서도 특히 우리나라 남해안의 섬 지방에 자생하고 있는 참식나무는 늦가을에 꽃과 열매를 같이 볼 수 있는 독특한 수종이다. 그러나 지금 '오동도'라는 이름을 지어 부르게 한 오동나무는 애석하게도 섬에서 찾아보기 어렵다. 먼 옛날 섬 전체를 가득 메웠다는 오동나무 대신 지금은 동백나무가 그 자리를 메우고 있다.

오동도에 동백나무가 많은 것과 관련해서 전설이 하나 전해 내려오는데, 그 전설을 토대로 해서 한 시인은 다음과 같은 시를 지었다.

멀고 먼 옛날 오동을 후거져 오동도에 수많 봉황이 단아와 오동열매 따식 밀하니 늘었느데 봉황이 깃들 곳에늘 새 왕를 나신다' 소문이 나자 왕명으로 오동숲을 베었대/그라고 긴 새입이 흐른 후 오동도에늘 아다마운 한 아인과 어부가 살았다

왼쪽부터 오동도 전설비, 깔끔한 자태의 동백꽃, 작고 촘촘한 동백꽃

래/어느 날 토적떼에 쫓기던 여인/낭떠랑 장파에 몸을 던졌드래/바다에서 돌아온 지하빈/소리소리 숨겨울며/오동도 기슭에 무덤을 지었드래/북풍한설 내리치는 그해 겨울부터/하얀 눈이 쌓인 무덤가에는/여인의 붉은 순정 동백꽃으로 피어나고/그 푸른 정절 시누대로 돋았드래

　오동도의 전설 「동백꽃으로 피어난 여인의 순정」 전문

　이처럼 애틋한 사연 때문에 이 고장 사람들은 오동도의 동백꽃을 가리켜 '여심화(女心花)'라 부르기도 한다. 오동도 전설비가 있는 '전설로' 근처의 조그만 삼거리 한가운데에는 커다란 동백나무 한 그루가 버티고 서 있다. 오동도에서 가장 오래된 동백나무로 수령은 약 300년 정도로 추정된다.

　오동도 곳곳에는 울창한 동백림 사이로 산책로가 잘 닦여져 있어서 어르신은 물론 어린아이도 그리 힘들지 않고 꼭대기까지 오를 수 있다. 섬 꼭대기에는 하얀색 등대가 자리 잡고 있는데, 이 등대를 둘러싸고 산책로가 여러 갈래로 뻗어 있다. 등대 주변에 조성된 동백림은 오동도에서 가장 큰 동백 군락이기도 하다. 오동도에서 가장 먼저 꽃을 피우는 동백나무도 이 군락 안에 있다. 보도블록이 가지런하게 깔린 산책로에서 벗어나 신우대숲 사이로 난 오솔길을 따라가면 곧장 바닷가로 이어진다. 바닷가의 절벽 끝에 서면 그림 같은 다도해의 절경이 시원하게 펼쳐져 한려해상국립공원이 시작되는 지점이라는 사실을 새삼 실감 나게 한다. 파도가 부딪치는 절벽 아래의 바위 위에서 파도소리를 벗 삼아 바다낚시를 즐기는 강태공들의 모습도

💬 송 박사의 미주알고주알

바람의 냄새 '3월'이 주는 메시지는 매우 강하다. 왠지 기분 좋은 일이 생길 것 같고, 길을 걷거나 여행지의 한 모퉁이를 서성이다 반가운 사람을 만날 것 같다. 답사 프로그램을 많이 진행하는 내게 있어 3월은 곧 시작을 의미한다. 그래서일까. 학교의 테두리를 벗어난 지 꽤 오랜 시간이 흘렀지만 3월이 되면 나는 새 학기를 맞는 학생처럼 여전히 설렌다. "혹시 바람의 냄새를 맡아본 적이 있는지요?" 3월이 되면 내가 만나는 사람들에게 자주 던지는 질문 가운데 하나이다. 이런 질문을 던졌을 때 대부분의 사람은 별 반응을 하지 않는다. 반응이야 어떻든 나는 이 질문을 즐기는 편이다. 심지어 고정 출연 중인 라디오 방송 진행자에게도 사전 예고 없이 '바람의 냄새'를 운운한다. 그런 날은 필시 내가 정확하게 바람의 냄새를 맡은 날이다. 2월 말이나 3월 초 무렵에 서울 도심에서도 가끔 남도 어느 한 자락에서나 맡을 수 있는 바람의 냄새가 난다. 그 냄새를 맡는 순간 나는 잠시나마 그 바람의 고향을 떠올린다. 눈(目)으로 여행하는 사람이 있고, 마음(心)으로 여행하는 사람이 있다. 어떤 게 좋은 것인지는 아무도 단정 지을 수 없다. 개개인의 취향과 사정에 따라 그때그때 다를 수 있기 때문이다. 중요한 것은 떠나는 것이다. 일단 떠나고 봐야 어떤 것이 더 좋은지 알 수 있고, 진짜 바람의 냄새를 맡을 수 있는지도 알 수 있다.

왼쪽 오동도등대 **오른쪽** 오동도 전경

보인다. 오동도 일대에서는 주로 감성돔 따위가 많이 잡히는데 바닷장어라든가 노래미 등도 심심치 않게 걸려든다.

오동도 입구의 방파제가 시작되는 지점부터 오동도까지는 동백열차가 운행되고 있다. 열차의 종착역 주변은 잔디광장으로 꾸며져 있는데 광장에 있는 거북선과 판옥선이 특히 눈길을 끈다. 임진왜란 당시 왜군에 맞서 수많은 전과를 올린 선박들인 터라 더욱 친근하게 느껴지는 명물이다. 전시장 앞의 비석에는 이순신 장군의 명언인 '만일 호남 땅이 없었다면 나라도 없었을 것'이라는 뜻의 '약무호남(若無湖南) 시무국가(是無國家)'가 새겨져 있다. 잔디광장과 맞붙어 있는 식물원 뒤에는 동백림으로 들어가는 산책로가 이어져 있다. 마치 섬의 형태가 오동나무 잎사귀를 닮았다고 하는 오동도의 전경을 보려면 근처에 있는 자산공원에 오르는 것이 좋다. 자산공원은 오동도 입구의 매표소에서 가파른 층계와 구불구불 이어진 산길을 따라 약 15분쯤 올라간 언덕 위에 자리 잡고 있다. 언덕 위에는 지난 1967년 4월 28일에 제막된 이순신 장군의 동상이 우뚝 솟아 있다. 동상의 양옆에는 "충무공 오! 충무공 영원히 꺼지지 않는 민족의 태양이여"로 시작되는 「충무공 찬가」와 "이 땅 겨레의 혈관 속 줄기찬 전통의 힘을 뭉쳐"로 시작되는 「거북선 찬가」가 새겨진 노래비가 세워져 있다.

자산공원에서는 오동도와 방파제, 그리고 그 뒤로 시원스레 펼쳐진 다도해의 여러 섬이 한눈에 들어온다. 지금으로부터 400여 년 전에 이순신 장군이 왜군들을 쫓다 최후를 맞은 관음포, 우리나라에서 아홉 번째로 큰 섬인 돌산도, 산뜻한 주황색이 인상적인 돌산대교의 모습도 볼 수 있다.

🚗 근처명소

❶ 진남관

여수 시내의 야트막한 언덕 위에 자리 잡고 있는 진남관(국보 제304호)은 본래 이순신 장군이 전라좌수영의 본영으로 사용했던 곳으로 훗날 객사로 개조되었다. 굵은 나무기둥 70여 개가 떠받치고 있는 길이 75m의 이 건축물 앞에 서면 대부분의 사람은 우선 그 웅대한 규모에 금세 압도당하고 만다. 사람들의 눈이 웬만한 사찰에서 쉽게 만날 수 있는 고만고만한 옛 건축물에 너무나도 자연스럽게 익숙해져 있는 까닭이다. 진남관 앞뜰의 담장 밑에 세워져 있는 조그만 석인상은 진남관 못지않게 귀중한 문화적 가치를 지니고 있는 명물이다. 이순신 장군이 왜적의 극심한 공세를 막으려는 방편으로 여수항 근처에다 석인상을 여러 개 세워 놓았는데 유일하게 남은 것이 진남관의 석인상이다.

❷ 선소

여수 가막만을 끼고 있는 선소는 고려시대 때 조선소가 있던 곳으로 임진왜란 당시 거북선을 만든 곳으로 전해지는 명소이다. 주변에 선박을 수리하고 보관했던 굴강, 무기를 보관하던 군기고, 수군들이 칼을 갈았다는 세검정지, 무기를 만들던 곳으로 추정되는 대장간, 그리고 일반인들의 출입을 통제하던 표석인 돌벅수 등이 있다.

❸ 향일암

향일암은 여수 시내에서 25km쯤 떨어진 바닷가 산 중턱에 자리 잡고 있다. 다도해해상국립공원의 그림 같은 절경과 함께 일출의 장관까지 볼 수 있는 명소이다. 신라 선덕여왕 때인 644년에 원효대사가 창건했으며 당시의 이름은 원통암이었다. 향일암은 임진왜란 당시에 이순신 장군을 도와 일본군에 맞서 싸웠던 승군의 본거지이기도 하다. 향일암이라는 이름은 조선 숙종 때인 1715년부터 불리기 시작했다. 동해의 일출과는 달리 남해의 한적한 암자에서 맞는 일출은 느긋함과 여유로움이 있어서 좋다.

'노블레스 오블리주'를 실천한 호남의 양반가

전남 구례
운조루

여행정보
🌐 **운조루** www.unjoru.com
📞 **구례군청 문화관광과** 061-780-2390
🚗 익산-순천고속도로 화엄사나들목···▸19번 국도···▸운조루
🍴 예원(산채정식, 061-782-9917), 선미옥다슬기(다슬기토장탕, 061-781-6756), 할매된장국집(버섯비빔밥, 061-783-6931)
🛏 오미은하수행복마을(한옥체험, 061-781-2402), 지리산온천랜드호텔(061-780-7800), 지리산스위스관광호텔(061-783-0156)

추천코스
📍 **당일여행** 운조루···▸사성암···▸화엄사
1박2일여행 운조루 ···▸ 사성암 ···▸ 화엄사 ···▸ 산수유마을 ···▸ 연곡사···▸구례장터(3일, 8일)

오늘날 운조루가 많은 사람의 관심을 끄는 것은 꼭 명당이라는
이유만 있는 것은 아니다. 검소하고, 이웃에게 정을 베풀었던
인정 많은 한 가문의 흔적을 찾아볼 수 있기 때문이다.

　전남 구례군 토지면 오미리는 오랜 옛날부터 우리나라 3대 길지 가운데 하나로 손
꼽히던 곳이다. 바로 이곳에 호남 지방의 전형적인 양반가옥인 운조루가 자리 잡고
있다. 오랜 옛날부터 풍수가들은 금환락지(金環落地), 금귀몰니(金龜沒泥), 오보교
취(五寶交聚) 형국을 길지로 여겼는데 오미리는 이 세 가지 형국을 모두 갖추고 있
다. '오미(五美)'라는 이름은 마을 안산(案山)인 오봉산, 포근한 뒷산, 맑은 샘물, 비
옥한 땅, 좋은 집터 등 다섯 가지가 아름답다고 해서 붙여졌다.

　오늘날 운조루가 많은 사람의 관심을 끄는 것은 길지라는 이유 말고도 조선시대
후기의 건축양식을 충실하게 따르고 있다는 데 있다. 운조루는 낙안군수를 지낸 유
이주라는 사람이 지었다. 1776년에 공사를 시작해 7년 만인 1782년에 완공했으니
230여 년의 역사를 지닌 집이다. '운조루'라는 이름은 이 집의 누마루인 운조루에서
따왔는데 '구름 위에서 노니는 학'이라는 뜻을 담고 있다. 그 유래는 도연명이 지은
「귀거래사」의 한 대목인 "운무심이출수(雲無心以出峀, 구름은 무심히 산골짜기를 돌
아 나오고), 조권비이지환(鳥倦飛而知還, 날다 지친 새는 둥지로 돌아올 줄을 아네)"
에서 찾아볼 수 있다.

　운조루는 풍수지리학적으로 최고의 명당이라는 금귀몰니, 즉 '금거북이가 진흙
속에 묻혀 있는 터'에 자리를 잡은 건축물이다. 하지만 오늘날 운조루가 많은 사람

운조루 큰사랑채

왼쪽부터 운조루 안채, 중문간채의 뒤주(타인능해), 문간채

의 관심을 끄는 것은 꼭 명당이라는 이유만 있는 것은 아니다. 검소하고, 여성을 배려하며, 자식을 엄하게 키우고, 이웃에게 정을 베풀었던 인정 많은 한 가문의 흔적을 찾아볼 수 있기 때문이다. 그래서 운조루는 시간을 넉넉하게 갖고 건물 하나하나를 꼼꼼히 살펴보아야 그 진정한 가치를 알 수 있다. 유심히 보지 않으면 결코 알 수 없는 재미있는 얘기들이 운조루 곳곳에 숨겨져 있는 까닭이다. 우선 운조루 솟을대문 앞에 흐르는 개울을 눈여겨보자. 마을 앞에 흐르는 섬진강 물줄기와 반대 방향으로 흐른다. 마을의 기운이 어느 한 방향으로 치우치지 않고 균형을 이루고 있는 것이다. 서울의 한강과 청계천이 반대 방향으로 흐르고 있는 것처럼……. 솟을대문 양쪽에는 담장 대신 많은 방이 길게 이어져 있다. 본래 양쪽에 12칸씩 있어 모두 24칸이 있었는데 지금은 18칸(동쪽 11칸, 서쪽 7칸)이 남아 있다. 줄지어 늘어서 있는 행랑채 끄트머리에는 가빈터가 있다. 조상에 대한 이 집 자손의 '효행'을 엿볼 수 있는 곳으로 장례를 치르고 나서도 뒤늦게 문상을 오는 손님을 위해 시신을 3개월이나 모셨던 곳이다. 또한, 운조루에서는 여성을 배려한 흔적을 지금도 곳곳에서 찾아볼 수 있다. 그 대표적인 공간이 부엌 위에 있는 다락방이다. 다락방에는 바깥을 내다볼 수 있는 작은 창과 문이 하나씩 있다. 집안일을 하다가 잠깐 올라와서는 창으로, 나물을 다듬거나 바느질을 하면서는 문을 열어 놓고서 여유롭게 바깥세상을 구경하도록 해 놓은 것이다. 다락방으로 이어지는 계단도 하나는 며느리의 방에서, 다른 하나는 마루에서 올라가도록 해 놓았다. 마루 쪽 계단은 주로 하인들이 사용했다. 다락방에서는 텃밭과 대문 밖 구만들, 그리고 멀리 오봉산까지 한눈에 들어온다. 사방이 막혀 있는 안채에서 생활해야 하는 여성들에게 있어 이 공간은 소중한 해방구 역할을 했을 것이다.

사랑채와 안채를 연결하는 중문간채 위에도 다락방을 만들어 놓았다. 사랑채에 머무는 이와 안채에 머무는 이가 급히 만나야 할 일이 생길 때 요긴하게 쓰인 공간이다. 그렇다고 아무 때나 이용하는 것은 아니었다. 꼭 필요한 경우에 한하여 작은 사다리를 이용해 다락방에 올라갈 수 있었던 것이다. 우리의 한옥은 겉으로 보기에 남자와 여자, 주인과 하인의 공간이 엄격하게 구분되어 있다. 하지만 더욱 빠르고 정확한 소통을 위해 이처럼 감춰진 공간을 만들어 활용했다. 안채 한 모퉁이에는 마치 절구통처럼 생긴 커다란 돌확이 하나 있다. 지붕에서 흘러내리는 빗물을 받아 두는 물통 역할을 하는 것으로 빗물은 손을 씻거나 간단한 빨래를 하거나 마당에 뿌리는 등 허드렛물로 사용되었다. 그냥 지나치기 쉬운 도구이지만 돌확에서는 낙숫물조차 그냥 흘려보내지 않았던 선조의 지혜와 검소함을 엿볼 수 있다.

운조루에서는 자식을 엄하게 키웠던 흔적도 남아 있다. 운조루 사랑채 뒷마당에는 유난히 작은 출입문이 달린 방이 하나 있다. 지붕도 낮고 방의 크기도 무척 작다. 바로 이 작은 방의 주인은 때가 되었음에도 아직 관직에 나가지 못한 아들이다. 거의 엎드리다시피 고개를 숙이고 들어가야 하는 좁은 문, 일어서면 머리가 닿을 정도로 낮은 천장, 게다가 창문도 없는 작은 방. 이처럼 답답한 공간에서 벗어나는 길은 하루라도 빨리 관직에 나가는 방법밖에 없었다. 그런데 이 같은 압박이 주효했을까? 실제로 이 방에서 조선시대 당시 과거 급제자가 여럿 나왔다고 하니 어느 정도 효과는 본 셈이다.

그 어렵던 시절 운조루 중문간채의 커다란 뒤주에는 항상 쌀이 가득 채워져 있었다. 그리고 뒤주에다 '타인능해(他人能解)'라고 써 붙였다. 누구라도 필요하면 가져가도 되는 쌀이었다. 하지만 꼭 필요한 양만 가져가도록 퍼내는 입구를 좁게 만들었다. 욕심이 과해 쌀을 많이 쥐면 손은 빠지지 않는다. 여기에는 어려울수록 서로 도와서 힘든 시기를 극복하자는 교훈이 담겨 있다. 어느 정도 시간이 지났는데도 뒤주의 바닥이 보이지 않을 때는 대문을 활짝 열어 두라는 안방마님의 불호령이 떨어졌다고 한다. 이처럼 운조루는 각박한 세상을 사는 우리에게 많은 물음표를 던지고 있다.

💬 송 박사의 미주알고주알

한옥의 비밀스러운 공간, 뒷사랑방 한옥은 남자들의 공간인 사랑채와 여자들의 공간인 안채로 엄격하게 구분되어 있다. 하지만 외관상으론 그렇다 치더라도 내부적으로는 서로 통하던 비밀스러운(?) 공간이 있다. 굳이 이름을 붙인다면 일종의 '면회소' 역할을 했던 뒷사랑방이다. 이름 그대로 소박한 뒷사랑방은 사랑채와 안채를 연결하는 지점에 자리 잡고 있으며 출입문이 두 개이다. 하나는 사랑채, 다른 하나는 안채에서 드나드는 문이다. 뒷사랑방은 안채에서 만들어진 음식이나 술상을 사랑채로 옮기는 용도로 쓰였던 곳이다. 여자들이 음식상을 들고 사랑채로 갈 수도 없고, 남자들이 음식상을 받으러 안채로 들어갈 수도 없는 시대였으니 꼭 필요한 공간이었으리라. 하지만 음식을 전달하는 주된 용도 외에 집안의 대소사를 의논하기 위해, 또는 서로 오해하고 있는 부분을 해소하기 위해 큰 어른과 안방마님도 이용했을 것이다. 때로는 시집간 딸을 보기 위해 먼 길을 달려온 사돈어른도 이용하지 않았을까? 나는 한옥을 답사할 때마다 뒷사랑방 근처에서 꽤 많은 시간을 보낸다. '기다림'과 '느림' 그리고 '소통'에 대해 깊이 생각할 수 있는 곳이기 때문이다. 요즘은 화가 나는 일이 있으면 대부분의 사람은 전화기부터 집어 든다. 그리고 미처 정리하지 못한 말을 상대방에게 마구 쏘아 댄다. 그리고는 곧 후회한다. '아! 그 말만은 하지 말았어야 했는데……. 내가 조금만 참았어야 했는데…….' 이 같은 실수를 반복하는 요즘 사람들에게 꼭 필요한 공간이 바로 '뒷사랑방' 아닐까.

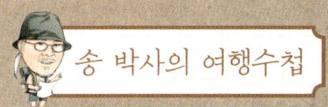
🚐 근처명소

❶ 산수유마을

3월의 구례 땅은 어느 곳을 가더라도 꽃 천지이다. 섬진강 변에서는 향기 그윽한 매화를, 화엄사 각황전에서는 고고한 자태를 자랑하는 홍매를 만날 수 있다. 산동면 상위마을에서 산수유꽃이 노란 꽃망울을 터뜨리는 시기도 3월이다. 산동면에서 산수유꽃을 볼 수 있는 곳은 크게 상위마을, 중위마을, 하위마을 등으로 나뉜다. 상위마을에는 오래된 돌담길을 따라, 중위마을에는 계곡을 따라, 하위마을에는 큰길을 따라 산수유꽃이 예쁘게 피어 있다. 이른 봄에 노란색의 예쁜 꽃망울을 터뜨리는 산수유꽃은 수백 그루가 한데 어울려 꽃동산을 이루는 모습이 환상적이다. 이런 장관을 볼 수 있는 대표적인 곳이 전남 구례군 산동면의 산수유마을(상위마을)이다. 다른 봄꽃도 다 그렇지만 산수유 역시 꽃이 피는 시기가 해마다 조금씩 다르다. 2월이나 3월 초의 날씨에 따라 많은 영향을 받기 때문이다. 하지만 특별하게 이상기후의 영향을 받지 않는다면 산수유마을에서는 3월 말 무렵에 소담스러운 산수유꽃을 만날 수 있다.

❷ 사성암

섬진강을 사이에 두고 지리산 맞은편에 있는 작은 마을인 구례군 문척면 죽마리. 이 마을에는 지리산과 섬진강을 한눈에 조망할 수 있는 멋진 포인트가 있다. 바로 해발 542m의 오산이다. 바로 오산의 해발 531m 지점에 사성암이 자리 잡고 있다. 사성암은 그리 널리 알려진 곳은 아니지만 꼭꼭 숨겨진 여행지를 찾아다니는 여행자들에게는

그야말로 보석과도 같은 명소이다. 사성암은 백제 성왕 때인 544년에 지리산 화엄사를 창건한 연기조사가 창건한 것으로 알려졌다. '사성암'이라는 이름은 원효대사, 의상대사, 도선국사, 진각국사 등이 수도했다는 데서 그 유래를 찾을 수 있다. 암자 근처 바위에는 원효대사가 손톱으로 직접 조성했다는 전설이 담긴 마애약사여래불이 있다.

❸ 화엄사

화엄사는 우리나라의 '화엄 10대 사찰' 중 하나로 장육전 벽을 화엄석경으로 치장했던 지리산의 대표적인 사찰이다. 화엄석경은 신라 명필 김생의 글씨로 만든 것이었다. 하지만 아쉽게도 장육전과 화엄석경은 임진왜란 당시 완전히 소실되고 말았다. 장육전은 조선 숙종 때인 1699년에 공사를 시작해 1702년 중건되었다. 이름도 각황전으로 바뀌었다. 현판 글씨는 당시 글씨에 능했던 형조참판 이진휴가 썼다. 각황전 앞에 세워져 있는 우람한 석등은 그 높이가 6.3m로 우리나라의 석등 가운데 가장 크다. 통일신라시대 당시의 찬란했던 불교예술의 정수를 엿볼 수 있게 하는 명물이다. 각황전 뒤편의 효대에는 신라 선덕여왕 때인 645년에 자장율사가 세운 사사자삼층석탑(국보 제35호)이 있다. 탑 안에는 자장율사가 당나라에서 가져온 부처님 진신사리 73과가 봉안되어 있다. 탑 앞에는 공손한 자세로 차를 올리는 모습의 공양탑이 세워져 있다. 탑을 받치고 있는 암수 두 쌍의 사자 얼굴에는 각각 희, 로, 애, 락이 표현되어 있어 찬찬히 들여다보는 재미가 있다.

'눈 속에서 칡꽃이 피었다' 하여
화개라 했던가

경남 하동
화개마을

여행정보
- 🌐 **하동관광** tour.hadong.go.kr
- 📞 **화개면사무소** 055-880-2813
- 🚗 남해고속도로 하동나들목 ···▶ 19번 국도 ···▶ 하동군 하동 읍 ···▶ 화개마을
- 🍴 쌍계수석원식당(돌솥밥, 055-883-1716), 지리산산채 식당(산채백반, 055-883-1668), 쉴만한물가(참게탕, 061-782-7628)
- 🛏 바로물가(055-883-1985), 그랜드모텔(055-884-3245), 황토방별장(055-883-7605)

추천코스
- 🚶 **당일여행** 화개마을(화개장터) ···▶ 하동차문화센터 ···▶ 쌍 계사
  1박2일여행 화개마을(화개장터) ···▶ 하동차문화센터 ···▶ 쌍계사 ···▶ 칠불사 ···▶ 평사리 ···▶ 청학동

4월은 분명 아름다운 시절이다. 흔히 '계절의 여왕'이라
부르는 5월보다 훨씬 아름답다. 이 아름다운 시절과 너무나도
잘 어울리는 마을, 그곳이 바로 벚꽃으로 이름난 하동 화개마을이다.

해마다 맞는 4월이지만 그 느낌은 늘 새롭기만 하다. 온 세상을 아름답게 수놓는 예쁜 꽃들과 함께 겨우내 시들어 있던 '마음의 꽃'이 피어나는 계절이기 때문이다. 영국의 대문호 셰익스피어는 "그녀의 눈 속에 4월이 있다. 그것은 사랑의 봄"이라 노래하기도 했다. 4월은 분명 아름다운 시절이다. 흔히 '계절의 여왕'이라 부르는 5월보다 훨씬 아름답다. 얼었던 땅이 녹고, 그 속에서 새싹이 돋아나고, 또 산과 들에 예쁜 꽃들이 피어나 온 세상을 화사한 꽃동산으로 만들기 때문이다. 이 아름다운 시절과 너무나도 잘 어울리는 마을, 그곳이 바로 벚꽃으로 이름난 하동 화개마을이다. 지리산 맑은 물과 섬진강이 만나는 곳에 자리 잡고 있는 화개마을. '눈 속에서 칡꽃이 피었다' 하여 화개(花開)라 했던가. 예로부터 산수가 아름답고 골이 깊은 화개를 가리켜 선인들은 '화개동천(花開洞天)'이라 불렀다. 마치 전설 속에 나오는 마을과도 같은 화개는 김동리의 단편소설「역마」의 주 무대로도 잘 알려졌다.

"하동(河東), 구례, 쌍계사(雙溪寺)의 세 갈래 길목이라 오고가는 나그네로 하여, 「화개장터」엔 장날이 아니라도 언제나 흥성거리는 날이 많았다. 지리산(智異山) 들어가는 길이 고래로 허다하지만, 쌍계사 세이암(洗耳岩)의 화개협 시오 리를 끼고 앉은 「화개장터」의 이름이 높았다."라고 「역마」는 화개를 노래하고 있다. 화개마을을 더욱 돋보이게 하는 명물은 '십리벚꽃길'이다. 화개장터에서 쌍계사 초입까지 이어지는 약 5km의 도로변은 봄날이면 그야말로 환상적인 벚꽃 터널을 이룬다. 마치 꿈길과도 같은 벚꽃길은 일명 '혼례길'이라고도 불린다. 사랑하는 연인이 손을 꼭 잡고 이 벚꽃길을 걸으면 반드시 결혼에 성공한다고 해서 붙여진 이름이다. 오래된 벚나무들이 밀집한 지점에는 아담한 전망시설도 마련되어 있다.

왼쪽 벚꽃이 만개한 화개 십리벚꽃길 **오른쪽** 경상도와 전라도를 잇는 남도대교

화개마을 앞에는 섬진강이 흐르고 있다. 전라북도 진안군 팔공산에서 발원하는 섬진강은 지리산의 뱀사골과 피아골, 그리고 화개골의 협곡을 타고 내려와 화개마을을 거쳐 경상남도 하동군의 남해로 흘러 들어간다. 섬진강에는 농약 냄새만 맡아도 죽는다는 깨끗한 은어가 산다. 은어는 물이 맑기로 이름난 섬진강의 물만큼이나 깔끔하고 아름다운 자태를 자랑한다.

화개마을은 경남 하동군과 전남 구례군이 서로 만나는 지점에 자연스럽게 형성된 조그만 마을이다. 예로부터 지리산 근처의 많은 산간 마을을 잇는 교통 중심지 역할을 해 왔다. 그래서인지 지금처럼 교통이 좋아지기 전에는 오일장(1일, 6일)이 되면 장터가 비좁을 정도로 많은 사람이 모여들어 커다란 장을 이루었다. 옛날에는 남해에서 만들어진 소금을 조그만 목선을 이용해 하동포구에서 화개나루까지 운반했다고 한다. 그래서 자연히 나루터에는 사람들이 모여 내륙지역에서 생산된 쌀, 약초, 목기 등의 생활필수품과 바다에서 나는 소금, 해산물을 가지고 물물교환이 이루어졌다. 하지만 오늘날의 화개장터는 예전의 장터가 아니다. 화개장터를 처음 찾아오는 사람의 대부분은 크게 실망한다. '전라도와 경상도 사람들이 만나는 장터'라는 유명세에 비해 그리 크지 않기 때문이다. 우리가 생각하는 옛 장터 풍경도 거의 남아 있지 않다. 이에 화개마을 사람들은 명성에 걸맞은 장터를 새로 만드려 노력했다. 새로 문을 연 장터에는 대장간, 팔각정, 화개장터비, 음식점, 기념품 판매점, 특산물 판매점, 좌판 등이 들어서 있다.

💬 송 박사의 미주알고주알

차(茶)의 명산지, 하동 화개천 섬진강 변의 백운산 자락과 하동 화개천, 순천 선암사, 진주 다솔사, 고창 선운사, 강진 백련사, 보성 다원 등은 차(茶)로 유명한 곳이다. 이 가운데서도 지리산 자락 화개천이 야생 녹차의 명산지로 유명하다. 초의선사도 『동다송(東茶頌)』을 통해 "화개는 좋은 차를 생산하기 위한 조건을 잘 갖추고 있다."라고 칭송한 바 있다. 녹차는 예로부터 바위틈에서 자란 것을 으뜸으로 치는데 화개녹차의 상당량이 골짜기와 바위틈에서 수확되고 있다. 화개녹차는 보통 4월 하순부터 5월 하순 사이에 수확한 찻잎으로 만든다. 채취 시기에 따라 크게 우전, 세작, 중작, 대작으로 구분되며 대부분 야생 차나무의 잎을 따서 전통적인 방법으로 만들기 때문에 독특한 향과 맛을 지니고 있다. 화개마을은 우리나라 차의 최초 재배지로서의 자존심이 강한 곳이다. 신라 흥덕왕 때인 828년에 김대렴이 당나라에서 가져온 차의 종자를 왕명에 의해 지리산 일대에 심었다는 기록이 있기 때문이다. 『삼국사기』를 비롯해 『동국여지승람』, 『동국통감』(서거정), 『지봉유설』(이수광), 『동다송』(초의선사), 진감선사대공탑비(최치원) 등에서 우리 녹차에 관한 기록을 찾아볼 수 있다.

쌍계사의 진감선사대공탑비

십리벚꽃길이 끝나는 지점에 있는 쌍계사는 화개마을뿐만 아니라 지리산을 대표하는 유명 사찰이다. 쌍계사로 오르는 길에 가장 먼저 만나게 되는 볼거리는 길 양쪽 큰 바위에 '쌍계(雙溪)'와 '석문(石門)'이라고 새겨진 글씨이다. 얼핏 보기에도 예사롭지 않아 보이는 글씨를 쓴 사람은 신라 말기의 문필가였던 고운 최치원이다. 전하는 말에 의하면 최치원은 이 글씨를 지팡이로 썼다고 한다. 쌍계사는 신라 성덕왕 때인 722년에 대비화상과 삼법화상에 의해 창건되었다. 당시의 이름은 옥천사였으나 훗날 신라 정강왕에 의해 쌍계사로 이름이 바뀌었다. 쌍계사 좌우 골짜기에서 흘러내려 온 물이 합쳐져 '쌍계사'라 지었다고 한다. 임진왜란 당시에 대부분의 전각이 소실되었으며 조선 인조 때인 1632년에 벽암대사에 의해 중건되었다.

의상대사의 제자인 삼법화상은 어느 날 꿈을 통해 육조 혜능선사로부터 자신의 두정골을 동방 강주에 묻으라는 계시를 받는다. 그래서 직접 강주(지금의 경상남도 진주)로 가서 지리산 호랑이의 안내를 받아 도착한 곳에 혜능선사의 두정골을 모셨다. 지금도 '설리갈화처(눈 속에서도 칡꽃이 피는 곳)'라 여겨지는 쌍계사 금당의 육조정상탑에는 혜능선사의 두정골이 봉안되어 있다. 혜능선사는 달마대사의 가르침을 전수받은 중국 선종의 6대 조사 중 한 명으로 남종선(南宗禪)의 시조로 유명한 선승이다. 쌍계사 대웅전 앞마당에 있는 오래된 비석은 국보 제47호로 지정된 진감선사대공탑비이다. 77세의 나이로 옥천사에서 입적한 진감선사 혜소의 높은 법력을 기려 885년에 신라 헌강왕이 탑비를 세우도록 명하고 신라 진성여왕 때인 887년에 완성되었다. 탑비의 비문은 그 유명한 최치원의 「사산비문」 가운데 하나이다.

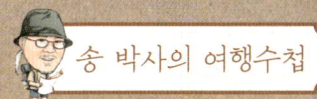

🚙 근처명소

❶ 하동차문화센터

쌍계사 입구의 화개천 근처에 자리 잡고 있다. 우리나라 차 문화의 전통을 이어 가고 하동녹차의 우수성을 널리 알리기 위해 지난 2005년에 개관했다. 이곳은 전시관과 체험관으로 나뉘어 있다. 전시관에는 우리나라에서 가장 오래된 차나무에서 딴 찻잎으로 만든 천년차를 비롯하여 우리나라 차와 관련된 유물, 차 문화의 발달 과정과 차의 제조 과정을 알 수 있는 자료가 전시되어 있다. 체험관에서는 사전 예약하여 직접 찻잎을 이용해 전통 수제 덖음차를 만들어 보는 체험을 할 수 있다. 체험관에 있는 다실에서는 자원봉사자들의 도움을 받아 다례를 배울 수 있으며, 하동녹차의 색과 향, 맛을 음미할 수 있다.

❷ 칠불사

칠불사는 쌍계사 입구에서도 화개천 상류를 따라 10km쯤 더 들어간 깊은 산중에 있는 사찰이다. 화개 하면 가장 먼저 쌍계사가 떠오르지만 최근 들어서는 칠불사를 찾는 사람들의 발길도 눈에 띄게 늘어나고 있다. 칠불사는 지리산 반야봉과 벽소령 사이의 토끼봉(해발 1,534m) 남쪽 해발 800m 지점에 자리 잡고 있다. 신라 말기의 풍수지리 대가인 도선국사는 칠불사가 있는 지형을 가리켜 '소가 누워 있는 형상의 명당'이라 평가하기도 했다. 칠불사는 가락국 시조인 김수로왕의 일곱 왕자와 깊은 관련이 있다. 서기 101년 무렵, 일곱 왕자가 출가해서 현재 칠불사가 있는 곳에다 운상원을 짓고 수행을 시작했다. 그리고 2년 만에 모두 성불했다. '칠불사'라는 사찰 이름은 이 같은 연유에서 비롯되었다. 칠불사는 아궁이에 한 번 불을 지피면 백일 동안이나 따뜻한 온기를 유지했다는 아자방선원(亞字房禪院)이 있는 곳으로도 유명하다. 방바닥이 마치 한문의 '버금 아(亞)' 자를 닮았다 해서 이 같은 이름이 붙었다. 방바닥 네 귀퉁이의 약간 높은 곳은 좌선하는 공간이고, 가운데 낮은 곳은 경행(행선)을 하는 공간이다. 서산대사, 초의선사 등과 같은 고승들도 칠불사에서 수행했다.

선암사를 보기 전에는
봄꽃에 대해 얘기하지 말지어다

전남 순천
선암사

여행정보

- 🌐 선암사 www.seonamsa.net
- 📞 선암사 종무소 061-754-5247
- 🚗 호남고속도로 승주나들목 ···▶ 857번 지방도 ···▶ 선암사
- 🍴 길상식당(산채백반, 061-751-9153), 낙안읍성 3호점
  (팔진미백반, 061-754-3021), 낙안읍성 2호점(흑두
  부전골, 061-754-6912)
- 🛏 순천전통야생차체험관(한옥체험, 061-749-4202), 궁
  전모텔(061-754-6951), 은행나무집민박(061-754-
  3032)

추천코스

- 🚩 당일여행 선암사 ···▶ 금둔사 ···▶ 낙안읍성
  1박2일여행 순천만 ···▶ 낙안읍성 ···▶ 금둔사 ···▶ 선암사 ···▶
  송광사 ···▶ 불일암

다른 곳은 몰라도 선암사만큼은 꼭 봄에 찾아가야 한다.
그것도 사찰 전체가 아름다운 꽃동산으로 변하는 4월 하순 무렵이
아주 제격이다. 꽃들이 저마다의 자태를 뽐내는 모습이 황홀경이다.

　전라남도 순천의 조계산 자락에 있는 선암사는 대한불교 태고종의 총본산인 태고
총림이 있는 곳이다. '총림'이란 수행공간인 선원, 경전 교육기관인 강원, 계율 교육기
관인 율원을 모두 갖춘 곳을 말한다. 현재 우리나라에는 태고총림과 조계종 5대 총림
(조계총림, 덕숭총림, 고불총림, 영축총림, 가야총림) 등 모두 6개의 총림이 있다.

　고즈넉한 절집의 품위가 돋보이는 선암사는 봄에 찾아가면 좋은 사찰이다. 좋은
여행지를 찾아가는 데 굳이 절기를 따질 필요는 없다. 하지만 다른 곳은 몰라도 선암
사만큼은 꼭 봄에 찾아가야 한다. 그것도 사찰 전체가 아름다운 꽃동산으로 변하는
4월 하순 무렵이 아주 제격이다. 영산홍을 비롯해 산철쭉, 자목련, 동백 등이 저마다
의 자태를 한껏 뽐내는 모습은 그야말로 황홀경을 연상케 한다. 선암사 경내의 여러
나무 가운데서도 선암매, 차나무, 와송, 영산홍, 자산홍 등은 특히 유명하다. 칠전선
원(호남제일선원) 입구에서 만날 수 있는 영산홍과 자산홍, 지난 2007년 11월에 천
연기념물 제488호로 지정된 선암매, 그리고 옆으로 멋지게 퍼지면서 자라는 와송 등
은 그 수령이 약 600년 정도로 추정된다.

　일반인들의 출입을 엄격하게 통제하고 있는 칠전선원은 그 유명한 '칠전선원차'가
만들어지는 공간이자 스님들의 수행공간이다. 칠전선원의 달마전 앞에는 근사한 석

왼쪽 칠전선원의 자산홍　**오른쪽** 선암사 강선루

정(돌우물)인 4단 다조(茶槽)가 있다. 4단은 각각 상탕, 중탕, 하탕, 말탕이라 불리는데 상탕은 차를 끓이거나 불전에 올리는 청정수로, 중탕은 밥을 하거나 마시는 물로, 하탕은 세수를 하는 물로, 말탕은 빨래하는 물로 사용된다. 같은 물인데도 이렇게 등급을 매겨 놓은 것이 재미있다.

그 이름부터 아름다운 선암사는 순천시 승주읍의 조계산(해발 884m) 기슭에 터를 잡고 있다. 백제 성왕 때인 529년에 아도화상이 초창했고 신라 말기에 도선국사가 선암사라는 이름으로 정식 창건해 오늘에 이르고 있다. 신선과 관련된 전설이 많이 전해 내려올 정도로 빼어난 주변 경치를 자랑하는 선암사는 그동안 인근 송광사의 그늘에 가려 제대로 그 빛을 발하지 못했다. 그러나 호젓하면서도 운치 있는 명소를 즐겨 찾는 여행자들 사이에서 꼭 가봐야 할 여행지 가운데 하나로 알려지기 시작하면서 지금은 송광사에 못지않은 유명 사찰로 자리를 잡았다. 선암사 입구에는 옛날 일곱 선녀가 내려와 목욕을 하고 올라갔다는 아름다운 계곡이 길게 이어져 있다. 바로 이 계곡에 다소곳이 자리 잡고 있는 강선루와 승선교는 선암사의 아름다움을 대표하는 명물이다. 아치형 돌다리인 승선교의 반달형 홍예를 통해 바라보는 강선루의 단아한 자태는 그야말로 한 폭의 잘 그려진 그림을 떠올리게 한다. 약 6년 동

원통전 뒤편의 겹벚꽃길

안의 오랜 공사 끝에 조선 숙종 때인 1698년에 완공된 승선교는 현재 보물 제400호로 지정되어 있다. 선암사 일주문 아래에 있는 삼인당은 부처님의 말씀인 삼법인(제행무상, 제법무아, 열반적정)을 줄여서 이름 지은 인공 연못이다. 삼법인을 풀이하면 '변하지 않는 것은 없으며, 집착하는 자아도 없다는 것을 깨달아 해탈에 이르라'는 뜻이다.

팔상전 뒤에 있는 원통전은 선암사의 유명한 전각이다. 원통전의 창건과 관련해서는 다음과 같은 이야기가 전한다. 조선 숙종 때 호암대사가 중창불사를 할 당시 일이 뜻대로 되지 않자 자신의 몸을 공양할 생각으로 선암사 뒷산의 배바위에서 뛰어내렸다. 그러자 어디선가 코끼리를 타고 나타난 한 여인이 보자기로 호암대사의 목숨을 구했다. 정신을 차린 호암대사는 이는 분명 관음보살의 현신이라 믿고 원통전을 지어 자신이 직접 본 모습대로 불상을 조성해 모셨다.

원통전은 사찰 건물로는 특이한 '정(丁)' 자형 건축물이면서 조선 23대 왕인 순조의 탄생과도 깊은 관련이 있다. 후사가 없어 걱정이 많던 정조는 눌암스님에게 백일기도를 부탁했고 그 결과 순조를 얻었다는 것이다. 이후 순조는 자신의 친필로 '천(天)', '인(人)' 자와 '대복전'이라는 글씨를 현판에 써서 하사했다. 원통전 내부에는 지금도 대복전 현판이 붙어 있다.

💬 **송 박사의 미주알고주알**

순천만국제정원박람회 생태도시 전남 순천에서 4월 20일부터 10월 20일까지 2013순천만국제정원박람회가 열린다. '지구의 정원, 순천만'이라는 주제로 열리는 박람회에서는 네덜란드와 미국을 비롯한 10개국의 전통정원과 함께 지방자치단체와 국내외 기업이 조성한 60여 개의 정원도 선보인다. 정원(원예)박람회는 150여 년 전 유럽에서 처음 시작되었다. 그 이름에서 알 수 있듯 친환경적인 박람회이다. 박람회가 끝난 후에 시설물을 철거해야 하는 산업박람회와는 달리 시간이 지날수록 수목이 울창해져서 그 가치가 높아지는 장점을 가지고 있다. '연안습지' 또는 '해안습지'라 불리는 갯벌은 생태계에서 매우 중요한 역할을 한다. 특히 오염물을 정화하는 기능이 뛰어나 '지구의 허파'라 불리기도 한다. 그런가 하면 자연재해를 예방하고 기후변화에 대한 조절 기능까지 갖추고 있다. 이처럼 생태적으로 가치가 높은 습지(늪과 갯벌)를 보호하기 위해 마련된 국제조약이 람사르협약이다. 우리나라는 1997년부터 람사르협약 회원국으로 가입해 활동하고 있다. '세계 5대 연안습지' 가운데 하나인 순천만에는 220여 종의 철새와 120여 종의 염생식물이 살고 있다. 드넓은 갯벌과 함께 건강한 갈대숲이 펼쳐져 있고, 농경지와 산이 있다. 그리고 그곳에 사람이 더불어 살고 있다. 세계적으로 자랑할 만한 연안습지의 조건을 고루 갖추고 있다. 그런데 언제부턴가 '생태여행'에 대한 관심이 높아지면서 순천만을 찾는 사람이 급증했다. 그 인원이 무려 1년에 300만 명에 달한다. 차량의 숫자만 해도 주말은 4,000여 대에 육박한다. 순천만의 생태계가 사람들에 의해 훼손될 수도 있다는 고민을 하기에 이르렀다. 순천만을 찾아오는 사람들의 유입을 줄일 수 있는 완충지대의 필요성이 대두하였다. 현재 순천만국제정원박람회가 열리는 생태공원이 바로 그 에코벨트 역할을 하는 곳이다. 다시 말해 순천만국제정원박람회는 순천만을 보호하기 위한 첫걸음인 셈이다.

🚐 근처명소

❶ 낙안읍성

낙안읍성은 충남 서산의 해미읍성과 함께 평지에 축성된 우리나라의 대표적인 읍성 가운데 하나이다. 이처럼 해안 지역의 평지에 성을 쌓은 것은 고려시대 말기에 왜구의 침략이 빈번했기 때문이다. 옛 기록에 의하면 고려 말 40년 동안 500여 차례나 왜구들의 침략이 있었다고 한다. 특히 고려 우왕(1374~1388년)이 재위했던 14년 동안에만 무려 387회나 침략을 일삼았다. 조선시대의 읍성 가운데 가장 보존이 잘 되어 있는 낙안읍성은 1397년에 흙으로 처음 축성되었다. 그 후 조선 인조 때인 1626년에 낙안군수 임경업 장군에 의해 석성으로 증축이 시작된 것으로 알려졌다. 낙안읍성은 성곽의 총 길이가 1,410m에 이른다. 성곽 위로는 3~4m 너비의 넓은 길이 비교적 양호한 상태로 잘 보존되어 있다. 이 길을 거닐며 초가집들이 옹기종기 모여 있는 마을의 구석구석을 찬찬히 살펴볼 수 있다. 낙안읍성은 사계절 아무 때나 찾아도 좋은 곳이지만 늦가을과 초겨울 사이 또는 봄꽃들이 화사하게 피어나는 이른 봄에 찾으면 더욱 제격이다.

❷ 불일암

전라남도 순천의 조계산 자락에 있는 송광사는 우리나라 '삼보사찰' 가운데 하나이다. 송광사에는 보조국사 지눌스님이 창건한 보조암을 비롯해 모두 16개의 암자가 있었던 것으로 전해진다. 하지만 그 가운데 현재는 광원암, 천자암, 감로암, 부도암, 불일암, 판와암 등이 남아 있다. 이 가운데서도 가장 많은 관심을 끄는 암자는 불일암이다. 불일암은 원래 이름이 자정암이었는데 송광사 제7대 국사인 자정국사가 창건했다. 그 후 많은 스님에 의해 중수되었으며 1975년 법정스님이 중건하면서 '불일암'이라는 편액을 걸었다. 불일암은 법정스님이 1975년부터 17년 동안 머물던 암자이다. 평생 청빈한 수행자로 살기를 원했던 법정스님은 불일암에서 많은 저서를 집필하며 무소유의 삶을 실천했다. 스님의 성품만큼이나 소박하고 정

갈한 모습의 불일암은 지금도 방문객들에게 끊임없이 무언의 가르침을 주고 있다. 법정스님은 생전에 말씀하셨다. "'무소유'란 무조건 아무것도 갖지 말라는 것이 아니라, 자신에게 필요하지 않은 것을 갖지 않는 것"이라고…….

❸ 금둔사

낙안읍성에서 선암사 가는 길을 따라 4km쯤 가면 오른편에 금둔사 올라가는 안내판이 보인다. 최근 복원된 금둔사는 비록 옛 고찰의 정취는 다소 모자라지만, 이른 봄 매화여행지로 아주 제격인 곳이다. 제주도를 제외하고는 우리나라에서 가장 먼저 매화를 만날 수 있는 곳이기 때문이다. 금둔사에서 3월 초에 꽃망울을 터뜨리는 소담스러운 홍매는 납월(음력 12월)에도 꽃을 볼 수 있다고 해서 '납월매'라고도 불린다.

벚꽃이 있어 더욱 아름다운 4월의 마이산

전북 진안
마이산

여행정보

🌐 **진안군청** www.jinan.go.kr

📞 **진안군청 문화관광과** 063-430-2227

🚗 익산-장수고속도로 진안나들목 ···▸ 진안읍 ···▸ 마이산

🍴 국태가든(표고버섯탕, 063-433-5588), 소나무회관
   (흑돼지삼겹살, 063-433-3634), 진안관(애저찜, 063-
   433-2629)

🛏 마이산모텔(063-432-4201), 에덴장여관(063-433-
   9125), 단양리681펜션(063-432-7300)

추천코스

📍 **당일여행** 북부 마이산 ···▸ 은수사 ···▸ 탑사 ···▸ 남부 마이산
   ···▸ 전주한옥마을
   1박2일여행 마이산 ···▸ 전주한옥마을 ···▸ 송광사 ···▸ 화암사

진안고원 한가운데 불쑥 솟아오른 두 개의 봉우리.
우리나라 어디에서도 이처럼 기묘하게 생긴 바위산은 찾아보기 어렵다.
마이산은 지역 사람들이 무척이나 신령스럽게 생각하는 영산이다.

마이산의 4월은 꽃이 있어 더욱 아름답다. 4월 중순이 되면 마이산 입구의 호수인 탑영제 근처가 새하얀 벚꽃으로 뒤덮인다. '마이산'은 잘 알려졌다시피 그 생김새가 마치 말의 귀를 닮았다 해서 붙여진 이름이다. 인삼, 고추, 더덕, 표고버섯 등과 같은 특산물로 유명한 진안고원 한가운데 불쑥 솟아오른 두 개의 봉우리. 우리나라 어디에서도 이처럼 기묘하게 생긴 바위산은 찾아보기 어렵다. 진안읍에서 3km쯤 떨어져 있는 마이산은 지역 사람들이 무척이나 신령스럽게 생각하는 영산이다. 게다가 마이산을 사이에 두고 북쪽에는 금강 발원지, 남쪽에는 섬진강 발원지가 자리 잡고 있어 그 신령스러움을 더한다. 신라시대 당시의 마이산은 서다산이라 불렸다. 고려시대 이후에는 용출산, 속금산 등으로 불리다가 조선시대에 이르러 '말의 귀를 닮은 형상'으로 인해 태종으로부터 마이산이라는 이름을 얻었다. 마이산은 외형적인 특성 때문에 오랜 옛날부터 많은 시인묵객이 즐겨 찾았다. 조선시대 초기의 문장가였던 김종직은 "기이한 봉우리가 하늘 밖에서 떨어지니/쌍으로 쭈뼛한 것이 말의 귀와 같구나/높이는 몇 천 길인지 연기와 안개에 우뚝하도다"라는 마이산에 대한 시를 읊었다. 또 시인묵객들은 마이산의 두 봉우리에다 계절별로 봄에는 돛대봉, 여름에는 용각봉, 가을에는 마이봉, 겨울에는 문필봉이라는 근사한 이름도 붙였다.

마이산의 두 봉우리는 각각 수마이봉(해발 673m)과 암마이봉(해발 667m)이라 불리고 있다. 바라보는 방향에 따라 다소 차이는 있지만, 옆으로 살짝 기울어진 봉우리가 암마이봉이다. 수마이봉과 암마이봉 사이에는 등산로가 이어져 있다. 마이산의 들머리는 북쪽과 남쪽으로 나뉘어 있다. 각자의 취향과 접근성에 따라 어느 쪽을 선택해도 별 무리가 없지만, 기왕이면 북부 마이산에서부터 걷는 것이 좋다. 처음

왼쪽부터 마이산 탑사, 탑영제, 벚꽃길

왼쪽 수마이봉과 은수사 **오른쪽** 은수사의 청실배나무

계단을 오를 때 조금 힘이 들기는 해도 일단 약수터와 화암굴이 있는 곳까지만 오르고 나면 내리막길을 따라 더 여유롭게 마이산의 진면목을 즐길 수 있다.

마이산 남쪽 기슭에는 탑사, 은수사, 금당사 등과 같은 사찰들이 있다. 탑사는 오래전부터 돌탑으로 유명한 곳으로 임실 출신의 이갑룡이라는 처사가 10여 년에 걸쳐 손수 쌓았다는 돌탑들이 100년이 지난 지금도 건재하다. 본래는 120기의 돌탑이 있었다고 하나 현재는 15m 높이의 천지탑을 비롯해 모두 80여 기의 돌탑이 곳곳에 산재해 있다. 다듬지 않은 자연석으로 쌓은 돌탑이 강한 비바람에도 쓰러지지 않는 것은 과학적으로 입증할 수 없는 신기한 현상이다. 탑사의 돌탑들은 현재 '한국의 불가사의' 가운데 하나로 손꼽는다.

탑사 위쪽에 있는 은수사는 국내에서 보기 드문 청실배나무(천연기념물 제386호)가 있는 곳으로 유명하다. 태조 이성계가 조선을 개국하기 전, 은수사에 들러 기도를 한 뒤 심은 씨앗이 자라 오늘날과 같은 거목이 되었다고 한다. 배나무의 수령은 약 640년 정도로 추정되고 있다. 이성계는 고려 말인 1380년, 지금의 전북 남원시 운봉면의 황산대첩에서 왜구를 물리치고 귀환하던 중 잠시 마이산에 들렀다. 그리고 지금의 은수사가 있는 자리에서 샘물을 마신 뒤 '물맛이 은처럼 맑다'고 했다. '은수사'라는 사찰 이름은 여기에서 유래되었다. 아울러 은수사는 한겨울에 그릇에다

물을 떠 놓으면 약 10~15cm 길이의 얼음 기둥이 생기는 이른바 '역고드름 현상'이 나타나는 특이한 지대이기도 하다.

또한, 은수사에는 다른 사찰에는 없는 태극전이 있어 눈길을 끈다. 태극전에서는 단군의 천진과 함께 금척수수도(몽금척도)와 일월오악도(일월곤륜도)를 볼 수 있다. 금척수수도는 이성계가 산신령에게 금척을 받는 모습을 그린 그림이며, 일월오악도는 궁궐에서 왕이 앉는 용상 뒤에 놓인 병풍 속의 익숙한 그림이다. 물론 은수사의 금척수수도와 일월오악도는 최근에 새로 그려진 것이지만 조선의 개국과 관련이 있는 그림이어서 눈길을 끈다. 고려 장군 시절의 이성계는 은수사에 오기 전에 기이한 꿈을 꾸었는데 꿈속에서 산신령으로부터 금척을 받았다고 한다. 탑사 아래쪽에 있는 금당사는 신라시대 헌강왕 때인 876년에 창건된 매우 유서 깊은 사찰이다. 법당에 모셔져 있는 목조삼존불은 수령 1,000년이 넘은 은행나무를 재료로 사용했다고 전해진다. 탑사와 금당사 사이에는 약 2km에 걸쳐 벚나무길이 이어져 있고, 그 중간쯤에는 아담한 호수인 탑영제가 있다. 특히 벚꽃이 만개했을 때의 호반의 정취가 매우 낭만적이다. 마이산의 벚꽃 만개 시기는 대략 4월 18~20일 무렵이다.

🗨 송 박사의 미주알고주알

머리로 치는 왕목탁 전남 보성을 대표하는 사찰 가운데 하나인 대원사는 백제 무령왕 때인 503년에 아도화상에 의해 창건되었다. 올해로 개산 1510년을 맞이하는 호남불교의 얼이 깃든 사찰이다. 봄날이면 사찰 바로 앞까지 이어지는 약 6km의 벚꽃길은 대원사를 찾아가는 사람들의 마음을 한층 설레게 하는데 호남에서 가장 아름다운 벚꽃길 가운데 하나로 손꼽힌다. 마치 고향 집처럼 편안한 느낌을 주는 대원사에는 유난히 볼거리가 많다. 사찰 뒤편의 대나무  숲과 나지막한 토담, 그리고 경내 곳곳에 있는 작은 연못의 모습은 잘 꾸며진 정원처럼 느껴진다. 대원사 극락전으로 들어가는 연지문(蓮池門) 앞에는 대원사의 명물 '머리로 치는 왕목탁'이 있다. 그런데 이곳에 왕목탁이 매달리게 된 사연이 있다. 연지문 앞에는 오래전부터 사철나무 두 그루가 마치 금실 좋은 부부처럼 마주 보고 서 있었다. 불과 2m의 거리도 멀었는지 나무는 자라면서 점점 서로에게 가까이 다가갔다. 마침내 나무의 윗부분이 서로 엉킬 정도로 붙어 지나가는 사람들이 자꾸만 이 나무에 머리를 부딪혔다. 스님의 처지에서는 큰 고민이 아닐 수 없었다. 참배객들의 편의를 위해서는 나무 윗부분을 잘라야 하는데 그렇다고 멋지게 자란 '연인목'에 함부로 손을 댈 수도 없고……. 스님은 오랜 고민 끝에 이 나무에다 커다란 목탁을 걸기로 했다. 이름 하여 '머리로 치는 왕목탁'. 그리고 친절하게 왕목탁에 대한 설명까지 "하나, 나쁜 기억 사라져라. 둘, 나의 지혜 밝아져라. 셋, 나의 원수 잘 되어라."라고 써 붙여 놓았다. 왕목탁이 걸린 이후로 나무에 머리를 부딪히는 사람은 눈에 띄게 줄었고, 설령 머리를 부딪히더라도 항의를 하는 사람은 없었다. 오히려 대원사의 명물로 알려지게 되면서 일부러 머리로 왕목탁을 치는 사람까지 생기게 되었다. 하마터면 애물단지 취급을 받을 뻔했던 나무가 하루아침에 귀한 대접을 받게 되었다. 이처럼 세상의 모든 일은 생각하기에 따라 독이 될 수도, 약이 될 수도 있다.

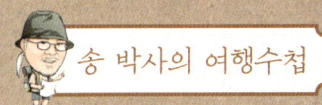

근처명소

❶ 전주한옥마을
전주시 풍남동과 교동 사이에 자리 잡고 있는 전주한옥마을에는 다양한 크기의 한옥이 좁은 골목을 끼고 오밀조밀하게 밀집되어 있다. 을사늑약(1905년) 이후 많은 일본인이 전주시 외곽에 모여 살았다. 1907년 전주와 군산을 잇는 전군가도가 개통되면서 더욱 많은 일본인이 전주로 왔고 급기야 전주성의 일부가 강제로 철거되기에 이르렀다. 이를 계기로 일본인들은 전주 시내로 주거지를 옮기려 호시탐탐 노리고 있었다. 하지만 전주 사람들은 집을 보수할 때도 건물과 건물 사이를 최대한 좁히는 등 일본인들이 들어올 틈을 주지 않았다. 성곽을 허물면서까지 성안으로 진출하려던 일본인들의 야욕을 물리친 역사의 현장이다. 현재 한옥마을 안에는 경기전과 어진박물관, 전동성당, 승광재(대한제국 마지막 황손 이석 씨가 사는 집) 등을 비롯한 많은 볼거리가 있다.

❷ 송광사
전북 완주군 소양면에 있는 송광사는 벚꽃이 화사하게 피어나는 봄날에 찾으면 좋다. 4월 중순이면 사찰 아랫마을인 소양면 소재지에서 일주문까지 이르는 도로변이 멋진 벚꽃 터널을 이룬다. 전라남도 순천에 있는 송광사와 곧잘 혼동되는 완주 송광사는 신라 경문왕 때인 867년에 고승 도의선사가 창건했다. 창건 당시의 이름은 백련사였으나 조선 인조가 청나라에 볼모로 잡혀간 두 아들의 무사환국과 국난의 아픔을 치유하기 위해 대대적인 중창을 하면서 사찰 이름을 바꾼 것이다. 법당 안에는 보물 제1274호인 소조삼불상(석가여래좌상, 약사여래좌상, 아미타여래좌상)이 모셔져 있다. 일명 '땀을 흘리는 부처님'으로 잘 알려진 이들 불상 가운데서 주불인 소조석가여래좌상이 대표적인 수작이다.

❸ 화암사
전북 완주군에 있는 화암사는 그리 큰 사찰이 아니지만, 지난 1976년에 화암사가 우리 건축계를 떠들썩하게 만든 적이 있다. 그동안 국내 건축물에서는 볼 수 없었던 '하앙'을 가진 건축물(화암사 극락전)이 발견된 것이다. 이 발견으로 일본 문화계가 발칵 뒤집혔다. 하앙구조는 중국에서 우리나라를 거치지 않은 채 곧바로 일본에 전승된 것으로 줄곧 주장했기 때문이다. 이러한 하앙구조는 우리나라에 현존하는 건축물 가운데는 유일한 것이다. 이 구조는 하앙부재를 지렛대처럼 이용해 바깥 처마를 훨씬 길게 내밀 수 있는 장점을 지니고 있다. 하앙구조는 강수량이 많은 평야 지대에서는 다른 지역보다 처마가 더 길어야 했기 때문에 주로 백제에서 많이 사용했다고 전해진다.

철마다 새로운 꽃으로 옷을 갈아입는
천상의 화원

강원 인제
곰배령

여행정보

🌐 **산림청** www.forest.go.kr
 *Tip 곰배령에 입산하기 위해서는 홈페이지에서 입산신
 고를 해야 한다.

📞 **점봉산생태관리센터** 033-463-8166

🚗 중앙고속도로 홍천나들목 ⋯ 44번 국도 ⋯ 철정검문소
 ⋯ 451번 지방도 ⋯ 31번 국도 ⋯ 방대교 ⋯ 418번 지방
 도 ⋯ 곰배령

🍴 진동산채가(산채백반, 033-463-8484), 나무꾼과선녀
 (시골밥상, 033-463-1100), 불바라기펜션(산채백반,
 033-673-4589)

🛏 세쌍둥이네풀꽃세상(033-463-2321), 설피민국(033-
 463-4289), 풍경소리(033-463-1209)

추천코스

📍 **당일여행** 곰배령 ⋯ 미천골자연휴양림 ⋯ 낙산사
 1박2일여행 곰배령 ⋯ 미천골자연휴양림 ⋯ 불바라기약
 수터 ⋯ 낙산사 ⋯ 휴휴암

천상의 화원을 연상케 할 정도로 이국적인 정취를 자아내는 곰배령은
들꽃들이 꽃잔치를 펼치는 곳이다. 5월 초의 얼레지를 시작으로
들꽃들이 일주일 또는 열흘 단위로 옷을 갈아입는다.

에코투어리즘의 명소인 점봉산 곰배령은 강원도 인제군 기린면 진동리와 인제군
인제읍 사이에 자리 잡고 있다. 곰배령의 들머리인 진동리에는 설피밭마을이 있다.
'설피밭'이라는 이름은 한겨울에 눈이 많이 내리면 설피(신발 위에 신는 덧신) 없이
는 살 수 없다고 해서 붙여졌다. 일대는 해발 700m의 고지대로 겨울이면 보통 1m
가 넘는 눈이 쌓여 마을 주민은 요즘도 설피를 신고 이웃집 나들이를 한다.

유네스코에 의해 지난 1993년 생물권보전지역(핵심지역)으로 지정된 점봉산(해발
1,424m)은 생태계가 잘 보존된 원시림을 보유하고 있다. 여기서 발원하는 진동계곡
은 중간에 방태산에서 내려오는 방동천을 만나 긴 계류를 이룬다. 1급수의 물에서
만 서식하는 열목어의 보호지역으로 지정된 진동계곡은 그야말로 원시의 모습을 그
대로 간직한 우리나라의 몇 안 되는 깨끗한 계곡이다. 점봉산을 포함한 진동리 일대
의 울창한 숲은 현재 산림유전자원보호구역(천연보호림)으로 지정되어 있다. 천상
의 화원을 연상케 할 정도로 이국적인 정취를 자아내는 곰배령은 들꽃들이 꽃잔치
를 펼치는 곳이다. 5월 초의 얼레지를 시작으로 봄부터 가을까지 각양각색의 들꽃들
이 일주일 또는 열흘 단위로 옷을 갈아입는다.

진동리와 강선리를 지나 곰배령으로 오르는 길도 일부를 제외하고는 경사가 거의
없는 완만한 길이라 걷기에 큰 무리가 없다. 점봉산생태관리센터를 출발해 곰배령
을 다녀오는 데는 약 3시간~3시간 30분이 소요된다. 곰배령을 포함한 점봉산 일대
는 매우 건강한 생태계를 유지하고 있다. 최근 300~400년 동안 산불이나 전쟁, 개
발 등으로 말미암은 훼손이 없었기 때문이다. 현재 점봉산 일대에는 등대시호, 한계

왼쪽 얼레지꽃 군락 **오른쪽** 곰배령 등산로의 이정표

5월 초 곰배령 오르는 길에 만날 수 있는 야생화

령풀, 점봉산엉겅퀴 등과 같은 희귀 식물과 모데미풀, 금강초롱꽃, 진부애기나리 등과 같은 36종의 한국특산식물을 포함해 모두 854종의 식물과 31종의 포유류가 서식하고 있다.

곰배령을 찾아가는 즐거움 가운데 하나는 야생화를 많이 볼 수 있다는 것이다. 5월 초에 곰배령을 찾으면 탐방로 곳곳에서 연보라색의 얼레지꽃 군락을 만날 수 있다. 얼레지꽃은 예쁜 모양새와는 달리 꽃말이 '질투'이다. 이른 봄 수줍게 모습을 드러낸 자태가 질투심이 날 정도로 곱다고 해서 붙여 놓은 꽃말이 아닌가 싶다. 게다가 별명은 '바람난 처녀꽃'이다. 꽃의 끄트머리가 마치 치마가 바람에 날리듯 위로 말려 올라가 있기 때문에 이 같은 별명을 얻었다. 영문으로는 'Dog Tooth Violet(개 이빨 제비꽃)'이라 표기하고 있다. 여섯 장의 꽃잎 안쪽에 'W'자 문양이 있는데 이 문양이 마치 개의 이빨처럼 생겼다고 해서 붙여진 이름이다.

얼레지는 잎이 두 장인 쌍떡잎식물이다. 누군가가 잎을 한 장 뜯으면 그해에 더는 싹이 나지 않는다. 그리고 이듬해에는 한 장의 잎만 나오는데 이마저 뜯으면 고사하고 만다. 혹시라도 나물을 얻기 위해 잎을 채취하더라도 한 장의 잎은 남겨 둬야 멸종을 막을 수 있다. 얼레지는 씨앗을 뿌리면 이듬해에 싹이 나오지만, 꽃은 4~5년 이상 지나야 그 자태를 드러내는 매우 귀한 야생화이다. 이름이 조금은 생소한 모데미풀은 우리나라에서만 자라는 고유 식물이다. 1935년에 지리산 자락의 전북 남원시 운봉면 모데미마을에서 처음 발견되었다. 하얀 꽃과 꽃받침 잎이 각각 다섯 장이며 잎 가장자리에 뾰족한 톱니가 있는 것이 특징이다. 꿩의바람꽃 역시 곰배령에서 쉽게 볼 수 있는 봄꽃이다. 길고 가는 타원형 꽃받침 잎이 9~13장이며 꽃은 흰색이다. 키는 작지만, 꽃이 예쁜 현호색 또한 많은 사람의 사랑을 받는 봄꽃이다.

곰배령은 마음만 먹으면 언제라도 갈 수 있는 곳이 아니다. 다소 불편하긴 해도 인터넷을 통해 사전 예약을 해야만 탐방할 수 있다. 탐방 인원도 1일 2~3회에 200명으로 제한된다. 5월 16일부터 10월 31일까지는 하루 3회(오전 9시, 10시, 11시), 12월 16일부터 2월 29일까지는 1일 2회(오전 10시, 11시) 입산할 수 있다. 탐방 중에는 산나물이나 야생화를 훼손하면 안 되며 반드시 지정된 탐방로를 이용해야 한다. 기상특보(폭우 또는 폭설) 발령 시에는 입산이 금지된다.

진동리의 설피밭마을은 곰배령으로 향하는 들머리 이상의 의미를 지닌 마을이다. 일찍이 『정감록』에 의해 천혜의 피난처인 '삼둔사가리'에 포함될 만큼 사람들의 발길이 뜸한 오지인 데다 주변 경관 또한 철마다 독특한 멋을 자아낸다. 점봉산 자락에서 시원스럽게 흘러내리는 물줄기를 사이에 두고 띄엄띄엄 자리 잡은 오두막은 그 자체로 훌륭한 그림이 된다. 마을 초입에 있는 산골분교(기린초등학교 진동분교) 역시 이방인의 눈길을 머물게 하기에 충분하다. 해마다 가을 운동회가 열리는 날은 산골분교의 운동장이 진동리 사람들의 축제장으로 변한다.

진동리에서 가장 유명한 집은 '세쌍둥이네 집'이다. 이미 인터넷을 통해 또는 신문과 잡지를 통해 '풀꽃세상'이라는 이름으로 꽤 많이 알려진 산장이다. 야트막한 언덕배기에 세워진 통나무집도 근사하지만, 무엇보다 산장을 운영하는 세쌍둥이 엄마(이하영 씨)의 소탈하면서도 깔끔한 미소가 마음에 든다. 세쌍둥이네 집에 가서 해야 할 일 가운데 하나는 반드시 맛있는 음식을 맛보아야 한다는 것이다. 세쌍둥이 엄마의 주메뉴는 점봉산 일대의 청정지역에서 나는 깨끗한 산나물들로 마련한 웰빙식단. 청정지역의 산장에서 집주인이 정성스레 만든 음식을 함께 나누는 그 자체가 멋진 추억거리이다.

🗨 송 박사의 미주알고주알

미천골 불바라기약수터 양양 미천골의 깊숙한 곳에 숨어 있는 불바라기약수터는 우리나라에서 가장 멋진 곳에 자리 잡고 있는 약수터로 미천골자연휴양림의 명예정에서 임도와 계곡길을 따라 4.8km쯤 걸어가야 만날 수 있다. 비가 내린 후에는 약수터 앞 계곡에 물이 불어 바지를 무릎까지 걷고 걸어야 한다. 약수터 근처에 이르면 양쪽의 커다란 두 폭포가 먼저 눈에 들어온다. 각각 청룡폭포와 황룡폭포로 불린다. 불바라기약수터는 청룡폭포의 허리 부분에 자리 잡고 있다. 우리나라의 많은 약수터 가운데 이처럼 폭포 중간에 있는 약수터는 불바라기가 유일하다. 불바라기약수터는 힘들게 찾아온 사람들에게만 그 모습을 드러내는 만큼 물맛보다도 약수터를 직접 보았다는 사실만으로 커다란 감동과 흥분을 불러일으키는 명물이다. 예전에는 물기 머금은 절벽을 어렵게 올라온 소수의 사람에게만 그 물맛을 허용했다. 하지만 지금은 안전상의 문제로 원천에서 고무호스를 연결해 폭포 아래에서도 물맛을 볼 수 있도록 해 놓았다. '불바라기'라는 이름은 약수의 강한 탄산 성분 때문에 한 모금만 마셔도 입안이 뜨겁게 느껴질 정도로 얼얼하다고 해서 붙여졌다.

🚗 근처명소

❶ 미천골자연휴양림

에코투어리즘에 대한 관심이 높아지면서 자연휴양림을 찾는 사람들도 그만큼 늘었다. 특히 산림청에서 운영하는 자연휴양림들은 숙박시설, 안전시설, 야영시설, 접근로 등이 잘 마련되어 있어 점차 그 인기를 더해 가고 있다. 강원도 양양군과 홍천군 사이의 구룡령 자락에 위치한 미천골자연휴양림도 그 가운데 하나로 진동리에서 조침령터널을 이용하면 비교적 쉽게 찾아갈 수 있다. 1993년에 문을 연 미천골자연휴양림은 말 그대로 심심산골에 있는 청정지역이다. 자연적으로 형성된 건강한 천연림을 비롯해 아기자기한 볼거리도 많다. 미천골은 자연휴양림으로 조성되기 이전부터 깨끗하고 아름다운 계곡으로 그 명성이 자자하던 곳이다. 오염되지 않은 깨끗한 물줄기가 계곡을 이루고, 곳곳에 드러난 기암괴석은 빼어난 절경을 자랑한다. 계곡을 끼고 구불구불 이어지는 비포장도로를 따라 곳곳에 쉼터와 야영장 등이 잘 마련되어 있으며 계곡 일부는 재래봉(토종꿀) 보호구역으로 지정되어 있다.

❷ 휴휴암

강원도 양양군 현남면의 한적한 바닷가에 있는 휴휴암(休休庵)은 1997년 홍법스님에 의해 창건되었다. 근대 불교무술의 달인인 허주스님의 제자로 알려진 홍법스님은 정선 정암사, 영월 법흥사의 주지 스님을 역임했다. 이름에 '쉬고 또 쉬는 암자'라는 의미를 담고 있는 휴휴암의 큰 법당은 묘적전이다. 당호 '묘적'에는 '묘한 인연으로 모든 일이 묘하게 술술 풀린다'는 뜻이 담겨 있다. 법당 안에는 천수천안관음보살상이 모셔져 있다. 묘적전 아래 바닷가에는 마치 활짝 핀 연꽃을 닮은 넓은 바위인 연화대가 있다. 발바닥바위, 발가락바위 등이 있는 연화대에서는 바닷가에 누워 있는 관음보살과 거북바위 등도 찾아볼 수 있다. 관음보살은 휴휴암을 지은 후에 우연히 발견되었다. 휴휴암의 또 하나의 명물은 바닷가 언덕 위에 세워진 지혜관음보살상이다. 반야용선을 타고 있는 지혜관음보살상 양쪽에는 동해용왕상과 남순동자상이 세워져 있다.

❸ 낙산사

낙산사는 신라 문무왕 때인 671년 당대의 고승 의상대사가 창건했다. 2005년의 화재로 큰 화를 입었으나 조금씩 옛 모습을 찾아가고 있다. 낙산사의 얼굴과도 같은 16m 높이의 해수관음상은 1977년에 완성되었다. 좌대의 각 면에는 쌍용상, 비천상, 사천왕상 등이 조각되어 있다. 낙산사를 창건한 의상대사의 이름을 딴 의상대는 푸른 바다가 한눈에 내려다보이는 바닷가 절벽 위에 자리 잡고 있다. 1년 내내 멋진 해돋이를 구경하려는 사람들의 발길이 끊이지 않는 명소이다. 낙산사에서도 가장 운치가 있는 곳은 바닷가 석굴 위에 있는 법당 홍련암이다. 홍련암의 마룻바닥에는 사각형 구멍이 뚫려 있다. 오랫동안 들여다보고 있으면 더럭 겁이 날 정도로 거친 파도를 실감할 수 있는 곳이다. 아침기도나 특별한 법회가 열리는 시간을 제외하고는 일반인도 법당 안으로 들어갈 수 있다.

❶

❷

❸

종교를 초월한 조선 말기의
가장 아름다운 만남

전남 강진

다산초당과 백련사

여행정보

🌐 **백련사** www.baekryunsa.net

📞 **백련사 종무소** 061-432-0837

🚗 영암-순천고속도로 강진무위사나들목 ···▶ 2번 국도 ···▶
강진군 강진읍 ···▶ 백련사(다산초당)

🍴 청자골종가집(한정식, 061-433-1100), 강진만한정식
(한정식, 061-433-0234), 다산명가(백반, 061-433-
5555)

🛏 벨라지오모텔(061-433-0570), 아미산모텔(061-433-
2136), 자연이좋은사람들(061-433-4445)

추천코스

🚩 **당일여행** 다산초당 ···▶ 백련사 ···▶ 영랑생가
1박2일여행 다산초당 ···▶ 백련사 ···▶ 무위사 ···▶ 영랑생가
···▶ 강진청자박물관

다산은 유배 중 자신이 기거하던 주막의 골방에다 '사의재(四宜齋)'란 이름을 붙였다. 이는 "생각은 맑게, 용모는 단정하게, 말은 과묵하게, 행동은 느리게"라는 의미를 담고 있다.

전라남도 강진은 '남도답사 1번지'라는 명성에 조금도 손색이 없는 여행지이다. 인근의 다른 지역에 비해 유난히 일조량이 많아 겨울에도 큰 추위를 겪지 않는 복 받은 고장이다. 이처럼 멋진 고장 강진에 가면 가장 많이 듣는 단어가 '강진삼절'이다. 이는 곧 고려청자, 다산 정약용, 영랑 김윤식을 일컫는다. 이 밖에도 강진은 한정식과 동백꽃으로도 유명하다.

다산초당은 전남 강진군 도암면 만덕리의 귤동마을 뒷산에 자리 잡고 있다. 주변이 울창한 동백나무숲에 둘러싸인 다산초당은 조선시대 후기의 실학자 다산 정약용과 깊은 관련이 있는 명소이다. 다산은 신유박해(1801년) 당시 강진으로 유배를 와서 18년을 보냈다. 처음 4년(1801년 겨울부터 1805년 겨울까지)은 강진읍 동문 밖 주막(동문매반가)의 골방에서 보냈다. 그 당시 다산은 주막을 운영하던 주모와 외동딸의 도움을 많이 받은 것으로 알려졌다. 다산은 자신이 기거하던 골방에다 '사의재(四宜齋)'란 이름을 붙였다. 이는 '생각, 용모, 말, 행동을 바로 행하는 사람이 사는 집'이라는 뜻으로 '생각은 맑게, 용모는 단정하게, 말은 과묵하게, 행동은 느리게'라는 의미를 담고 있다. 사의재에서의 생활 이후 4년은 백련사 혜장선사의 주선으로 고성암에 딸린 보은산방과 제자 이학래의 집에서 보냈다. 나머지 10년은 지금의 다산초당에서 보냈다. 1818년 유배가 풀려 고향으로 돌아갈 때까지 다산은 이곳에서 『목민심서』와 『경세유표』를 비롯한 많은 저서를 집필했다.

다산초당에는 다산이 머물던 당시의 흔적을 살펴볼 수 있는 '다산사경'이 지금도 잘 보존되어 있다. 다산사경이란 다산의 친필 석각인 '정석(丁石)', 손수 만든 연못인

왼쪽 백련사 대웅보전 **오른쪽** 백련사로 오르는 호젓한 숲길

왼쪽부터 백련사 대웅보전의 청룡, 백련결사를 상징하는 편액, 삼존불과 후불탱화

'연지석가산(蓮池石假山)', 샘물인 '약천(藥泉)', 차를 우려내던 '다조(茶竈)'를 가리킨다. 다산초당에 걸려 있는 한문 현판은 추사 김정희의 글씨를 집자한 것이며, 다산이 기거하던 동암에 걸려 있는 한문 현판은 다산의 글씨를 집자한 것이다.

다산초당에서 고즈넉한 오솔길을 따라 산책하듯 30분 정도 걸으면 백련사가 나타난다. 약 800m 길이의 오솔길은 우리나라에서 가장 아름다운 얘깃거리가 있는 산책로 가운데 하나이다. 중간 중간 바다가 보이는 전망 포인트가 있고 길도 그리 가파르지 않아서 좋다. 다산은 수시로 이 오솔길을 따라 백련사를 찾아가 혜장선사와 차를 마시며 세상에 대한 이야기를 나누었다. 반대로 혜장선사가 다산초당을 찾아오기도 했다. 다산과 혜장선사의 종교를 초월한 우정은 '조선시대 말기의 아름다운 만남'으로 회자되고 있다. 1806년 봄에 다산이 쓴 「산행잡구(山行雜謳)」를 보면 두 사

💬 송 박사의 미주알고주알

길 위에서 만난 스님들 그동안 내가 만난 스님들 가운데 가장 잘생긴 스님으로 여기는 분은 청양 장곡사에 계셨던 대일스님이다. 칼바람 불던 겨울날 언 감 몇 개와 따끈한 구기자차를 내주시던 스님. 잘생긴 외모 못지않게 마음 씀씀이가 고왔던 스님……. 10여 년 전 어느 봄날, 스님은 몇 달 후에 다른 절집으로 간다며 눈물을 글썽였다. 세상과 인연을 끊고 살아가는 수행자의 몸이지만 수년 동안 맺

백련사 여연스님

어온 인연과의 이별만큼은 못내 아쉬웠던 모양이다. 나 역시 섭섭한 마음 금할 길 없었지만, 스님에게 어디로 가는지 묻지 않았다. 그것이 수행자에 대한 예의이고, 인연이 된다면 다시 만날 수 있을 거라고 생각했기 때문이다. 영광 불갑사에 계셨던 일선스님 역시 보고 싶은 스님 가운데 한 분이다. 일선스님은 뭐라 표현하기 어려운 묘한 매력과 신비함을 가진 스님이다. 걸음을 걸을 때 눈을 반쯤 감은 채 사뿐사뿐 걷는 모습이 특이하다. 유난히 목소리가 낮은 것도……. 일선스님은 내게 천냥차를 내주시곤 했다. 하지만 이제 불갑사에서 천냥차의 구수한 향기는 물론 일선스님의 낮은 목소리와 뜻 모를 미소도 만날 수 없다. 다른 절집으로 옮겨 가셨기 때문이다. 또 한 분의 스님은 강진 백련사에 계시는 여연스님이다. 꽤 오랫동안 해남 대흥사의 일지암에 계셨던 스님이다. 일지암이 우리나라 '다도의 성지'인 만큼 여연스님은 차에 관한 한 타의 추종을 불허한다. 스님과 차를 마시는 것 자체가 귀한 만남으로 여겨질 정도이다. 지난여름, 백련사에 갔을 때 스님께서 차 한잔하고 가라 하셨다. 그러나 나는 일행이 있었던 탓에 정중히 사양할 수밖에 없었다. 툇마루에 걸터앉아 스님과 사진 하나 남기는 것으로 대신해야 했다. 스님! 백련사 동백이 하나둘 피어날 때 차 마시러 꼭 가겠습니다.

맛과 향이 그윽한 연꽃차

람이 얼마나 가깝게 지냈는지 짐작할 수 있다. 다음은 전체 20수로 된 「산행잡구」의 한 구절이다.

"산정에 비가 내려 나뭇잎 때리더니/술을 놓고 팽팽이 하나 왔다오/혜상과는 참으로 인분이 있는지/젖건 묻음 밖 길모로 얻어 놓았다네"

다산과 혜장선사의 아름다운 우정과 관련해서는 다음과 같은 일화가 전해진다. 유배 생활을 하던 다산에게는 얘기가 통하는 친구가 절실했을 것이다. 이런 그에게 좋은 말벗이 되어준 인물이 백련사의 혜장선사였다. 한번은 다산초당을 나선 다산이 백련사에 이를 무렵 갑자기 소나기가 쏟아졌다. 이때 절 입구까지 마중 나왔던 혜장선사는 급히 달려가 다산을 반갑게 맞았다. 그리고 집 안으로 들어갈 생각은 안 하고 두 손을 꼭 잡은 채 처마 밑으로 발걸음을 옮겨 안부를 물었다. 얼마나 반가웠으면 서로 그 두 손을 놓지 못했을까?

혜장선사는 다산보다 열 살이 적었다. 성품은 논리적인 다산에 비해 고집이 세고 다른 사람들에게 지기 싫어하는 편이었다. 한번은 다산이 혜장선사에게 "고집을 조금 버리고, 아이처럼 순해졌으면 좋겠다."라고 조언을 했다. 이에 대해 다산의 진심 어린 조언을 받아들인 혜장선사는 스스로 '아암(兒菴)'이라 칭하며 예의를 갖췄다. 아마 다른 사람의 말이었다면 듣지 않았을 수도 있었을 것이다.

다산과 혜장선사의 만남은 1805년 봄부터 1811년 가을까지 6년 동안 지속하였다. 더 오랜 만남이 가능했을 터이나 1811년 가을에 마흔 살의 나이로 혜장선사가 입적을 하면서 안타까운 이별을 해야 했다. 다산의 슬픔은 이루 말할 수 없었다. 마음이 통하는 유일한 벗을 잃은 다산의 아픔은 그가 지은 만시(輓詩)와 「아암장공탑명(兒菴藏公塔銘)」에 잘 나타나 있다. 「아암장공탑명」은 혜장선사의 탑비에 쓰인 비문으로 탑비는 현재 해남 대흥사 부도밭에 세워져 있다.

혜장선사가 주지로 있었던 백련사는 신라 문성왕(839~857년 재위) 때 무염대사가 창건하고, 고려 희종 때인 1211년에 원묘국사 요세스님이 중창한 것으로 전해지는 고찰이다. 그리 큰 규모의 사찰은 아니지만, 전라남도에서 순천 송광사 다음으로 고승을 많이 배출한 사찰로 널리 알려졌다. 그동안 백련사에서는 고려시대 때 8명의 국사(원묘국사, 정명국사, 원환국사, 진정국사, 원조국사, 원혜국사, 진감국사, 목암국사)와 조선시대 때 8명의 종사(소요대사, 해운대사, 취여대사, 화악대사, 설봉대사, 송파대사, 정암대사, 연파대사)를 배출했다. 조선시대 8종사 가운데 여덟 번째인 연파대사가 혜장선사이다.

백련사의 큰 법당인 대웅보전은 1762년 중건되었다. 법당 안에는 1710년에 조성된 삼존불(석가모니불, 약사여래불, 아미타불)이 모셔져 있다. 삼존불 뒤에는 본래 1773년에 그려진 후불탱화가 있었으나 1990년에 도난당하고 말았다. 지금은 새로 그려진 탱화가 걸려 있다. 법당 안에서는 도끼를 문 용(또는 뱀)을 찾아볼 수 있다. 법당 안에서는 물론 바깥에서도 독기가 있는 말로 인한 '구업(입에서 나오는 말을 통해 짓는 죄)'을 경계하라는 교훈을 담고 있다. 대웅보전의 현판은 조선시대 후기의 명필로 동국진체(일명 원교체)를 완성한 원교 이광사의 글씨이다. 백련사는 고려 말기 쇠퇴하고 타락하는 귀족 불교를 비판하는 신앙운동인 '백련결사'의 본거지로도 유명하다. 백련결사는 1236년 원묘국사 요세스님이 문도에 있던 천책스님으로 하여금 백련결사문을 작성하게 하면서 시작되었다. 이는 보조국사 지눌스님이 주축이 되어 송광사에서 1190년에 일어난 수선결사와 그 맥을 같이 한다. 단지 다른 점이 있다면 수선결사는 지식층이 주축이 된 반면, 백련결사는 지식층은 물론 철저한 신앙생활을 추구하는 일반 서민들까지 참여한 불교개혁운동이라는 것이다. 또한, 백련사는 차와 동백나무숲으로도 유명하다. 주변에 차나무가 많아 사찰 뒷산인 만덕산을 '다산(茶山)'이라 부르기도 했다. 백련사 초입부터 수령 400년의 배롱나무가 있는 곳까지 펼쳐진 동백나무숲(약 7,000그루)은 천연기념물 제151호로 지정되어 있다.

왼쪽 백련사 대웅보전 내부 **오른쪽** 다산초당으로 오르는 뿌리길

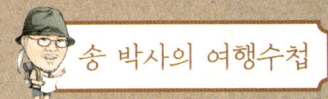
🚗 근처명소

❶ 영랑생가

영랑생가는 우리나라 근대문학의 큰 별 가운데 하나인 영랑 김윤식이 태어난 집이다. 현재 영랑생가는 작업공간과 주거공간이 구분되어 있으며 마당 곳곳에는 모란이 심어져 있다. 작품의 소재가 되었을 오래된 동백나무를 비롯해 돌담, 장독대, 우물, 장독대 등도 비교적 잘 보존되어 있다. 영랑의 시를 읽다 보면 곳곳에서 고향의 평온함을 엿볼 수 있다. 시의 소재들을 대부분 집 근처에서 얻었기 때문이다. 영랑은 1903년 1월 16일에 현재의 영랑생가에서 태어났고 1920년에 일본으로 건너가 영문학을 공부했다. 하지만 1923년 9월에 발생한 관동대지진 때문에 학업을 중단하고 귀국해 시 문학 활동에 전념했다. 1930년에는 정지용, 박용철, 이하윤, 정인보 등과 함께 『시문학』을 창간했으며 1934년 4월에는 「모란이 피기까지는」을 발표했다. 우리에게 잘 알려진 영랑의 작품으로는 「모란이 피기까지는」을 비롯해 「돌담에 속삭이는 햇발」, 「내 마음을 아실 이」, 「오-매 단풍 들것네」, 「마당 앞 맑은 새암을」 등이 있다.

❷ 무위사

남도의 명산 가운데 하나인 월출산은 강진과 영암 사이에 자리 잡고 있다. 그 유래는 알 수 없으나 산 하나를 놓고 영암 사람들은 앞산, 강진 사람들은 뒷산이라 부르고 있다. 바로 이 월출산의 낙쪽 지락에 유서 깊은 사찰 무위사가 있다. 최근 들어 새롭게 불사가 이뤄졌지만 큰 법당인 극락보전 석축과 삼층석탑 등에서 오랜 세월의 흔적을 찾아볼 수 있다. 무위사 극락보전은 그 자체가 보물창고로 법당 건물은 국보 제13호, 법당 안에 봉안된 목조아미타삼존불상은 보물 제1312호, 아미타불후불벽화는 보물 제1313호, 후불벽화 뒤에 있는 수월관음벽화는 보물 제1314호로 지정되어 있다. 본래 무위사 극락보전 안은 모두 29점의 벽화로 가득 차 있었다. 하지만 지금은 아미타불후불벽화와 백의관음도를 제외한 나머지 27점의 벽화는 벽화보존각에서 따로 전시하고 있다.

연초록색으로 피는 청벚꽃을 본 적이 있는가

충남 서산
개심사

여행정보

🌐 서산문화관광 www.seosantour.net

📞 개심사 종무소 041-688-2256

🚗 서해안고속도로 서산나들목 ⋯▸ 32번 국도 ⋯▸ 운산면 ⋯▸
한우개량사업소 ⋯▸ 개심사

🍴 돌밥집(돌솥밥, 041-663-4654), 효정가든(돼지갈
비, 041-663-4547), 신토불이(두부전골, 041-663-
3550)

🛏 유기방가옥(한옥체험, 010-3060-4326), 백제의미소
(041-663-0890), 황토마당민박(041-662-0129)

추천코스

📍 **당일여행** 해미읍성 ⋯▸ 개심사 ⋯▸ 서산마애삼존불 ⋯▸ 보원
사지

1박2일여행 개심사 ⋯▸ 서산마애삼존불 ⋯▸ 보원사지 ⋯▸
해미읍성 ⋯▸ 해미순교성지(여숫골) ⋯▸ 부석사 ⋯▸ 간월암

개심사 심검당은 범종각처럼 오래된 나무의 자연스러움을 고스란히
건물로 옮겨 놓은 것이 가장 큰 특징이다. 제멋대로 뒤틀리고 휘어진
목재들을 다듬지 않은 채 그대로 건물의 부재로 사용했다.

충남 서산시 운산면 상왕산 기슭에 자리 잡은 개심사는 백제 의자왕 때인 654년
혜감선사에 의해 창건되었다. 당시의 이름은 개원사였다. 그 후 고려 충정왕 때인
1350년에 처능대사가 중창하면서 개심사로 이름이 바뀌었다. '마음을 여는 절'이라
는 뜻의 예쁜 이름을 가진 개심사는 들어가는 길에서부터 기분을 좋게 한다. 최근에
새로 지은 일주문을 지나 조금만 걸어가면 야트막한 오르막길이 나타나는데 그 초
입에 '세심동'이라 쓰인 표지석이 세워져 있다. 표지석 근처에는 붉은 진달래가 흐드
러지게 피므로 잠시 발걸음을 멈춰 감상하며 호흡과 마음을 정리하게 하는 쉼표 기
능을 가진 표지석이다.

세심동 표지석에서 오르막길을 따라 5~10분쯤 오르면 마침내 개심사의 범종각이
눈에 들어온다. 범종각 앞에는 직사각형의 인공 연못이 조성되어 있고 그 한가운데
에 외나무다리가 놓여 있다. 개심사 뒷산이 풍수지리학적으로 코끼리 형상을 하고
있어서 물을 많이 마시는 코끼리를 위해 일부러 만든 연못이다. 일종의 '비보(裨補)'
인 셈이다. 비보란 모자라는 부분을 채워 완벽하게 만드는 풍수 용어를 가리킨다.
반대로 너무 지나친 기운을 낮춰 주는 것은 '염승(厭勝)'이라 한다.

외나무다리를 건너면 종루인 범종각이 길을 막는다. 마치 높은 망루처럼 보이는
범종각의 아래층은 시멘트로, 위층은 목조로 이뤄져 있다. 조형미가 뛰어난 2층 종
루의 구조는 조금 낯설지만 힘들게 산길을 올라온 사람들을 처음 맞이하는 건축물
답게 시원스러운 느낌을 준다. 우선 위층의 사모지붕을 받치고 있는 4개의 나무기
둥이 눈길을 끈다. 자연스럽게 휘어진 고목들을 길이만 맞춰 그대로 지붕 밑에 끼워

왼쪽 개심사 범종각과 안양루 **오른쪽** 개심사 일주문

넓은 형상이다. 말 그대로 '제멋대로 생긴 나무기둥'을 보면 저절로 마음이 편안해진다. 그리고 지붕 아래를 장식하는 겹처마 역시 범종각이 시원스럽게 보이도록 하는데 일조하고 있다.

개심사 대웅보전으로 들어가기 전에 만나게 되는 건물은 안양루이다. 예서체로 '상왕산개심사(象王山開心寺)'라고 쓰인 편액은 명필 해강 김규진 선생의 필체이다. 안양루를 유심히 살펴보면 건물 자체가 동쪽으로 조금 틀어져 있는 것을 알 수 있다. 누각에서 개심사 주변의 절경을 조금이라도 잘 보려고 일부러 살짝 틀어서 지은 것이다. 실제로 안양루는 개심사에서 가장 시원스러운 경치를 감상할 수 있는 조망 포인트로 인기가 높다. 잠시 신발 끈을 풀어 놓고 안양루에 올라 세심동에서 올라오는 골바람을 맞는 그 순간이 바로 마음이 쉴 수 있는 시점이 아닐까?

불교에서 '안양(安養)'은 극락세계를 의미한다. 다시 말해 안양루를 지나면 곧바로 아미타불이 관장하는 '서방정토(극락세계)'에 든다는 것을 의미한다. 개심사에서는 안양루 오른쪽의 해달문을 통해 대웅보전으로 들어갈 수 있다. 대웅보전 왼쪽에는 요사채인 심검당, 오른쪽에는 스님들이 기거하는 승방인 무량수각이 있다. 대웅보전 안에는 주불인 아미타불과 함께 협시불(脇侍佛)인 지장보살과 관음보살이 봉안되어 있다.

조선시대 성종 때인 1475년에 개심사 근처에서 큰 산불이 났다. 당시의 산불 때문에 개심사의 전각이 대부분 소실되고 말았다. 중창이 이뤄진 것은 산불이 발생한 지 9년이 지난 1484년 무렵이었다. 맞배지붕에 다폿집과 같은 조선시대 초기의 건축적 특징을 잘 보여 주는 개심사 대웅보전은 바로 이 시기에 복원된 것이다. 그런데 법당

위 개심사의 청벚꽃 아래 개심사의 겹벚꽃

안을 살펴보면 겉모습과는 달리 공포가 주심포로 되어 있다. 다시 말해 '맞배지붕에 주심포'로 대변되는 고려시대 건축양식이 조선시대로 접어들면서 다포집으로 발전하는 과정을 잘 보여 준 것이다.

개심사 대웅보전에서 또 하나 눈길을 끄는 것은 마치 칼로 자른 것처럼 일직선으로 되어 있는 처마의 선과 그 위에 일렬로 박혀 있는 자그마한 조형물이다. 마치 연꽃 봉오리처럼 생긴 조형물의 정체는 '연봉'이다. 경사도가 큰 지붕의 경우 고정이 제대로 되지 않으면 기와가 흘러내릴 위험이 있다. 이를 방지하기 위해서는 처마의 선에 있는 수키와 끄트머리를 기와못인 와정(瓦釘)으로 고정해야 한다. 그다음 빗물이 들어가지 않도록 연꽃 모양의 덮개를 씌우는데 이렇게 완성된 것을 가리켜 '연봉'이라 한다. 개심사 대웅보전의 연봉은 기능적인 특성 외에 법당을 아름답게 장식하는 '불진장엄(佛殿莊嚴)'의 기능까지 갖춰 그 가치를 더한다.

개심사 심검당은 범종각처럼 오래된 나무의 자연스러움을 고스란히 건물로 옮겨 놓은 것이 가장 큰 특징이다. 제멋대로 뒤틀리고 휘어진 목재들을 다듬지 않은 채 그대로 건물의 부재로 사용했다. 자연스러움을 넘어 시원시원한 대담함이 느껴진다. 심검당 기둥의 높이와 기둥 사이의 넓이가 거의 '황금비'에 가까운 비율을 보이는 점도 눈길을 끈다. 그런데 잘 다듬은 목재로 집을 지으면 훨씬 쉬울 텐데 왜 굳이 다듬지 않은 나무를 사용했을까? 그 옛날 선조의 뜻이 궁금하다. 마음을 조금 더 열면 그 답을 알 수 있으려나…….

왼쪽 개심사 입구를 알리는 표지석 **오른쪽** 개심사의 명물인 청벚꽃

개심사는 1년 내내 언제 찾아도 좋은 절집이다. 하지만 아무래도 연초록빛의 희귀한 청벚꽃을 비롯해 각양각색의 겹벚꽃이 꽃동산을 이루는 5월 초에 찾으면 더욱 좋다. 개심사가 1년 중에서 가장 아름다운 모습을 보여 주는 시기이기 때문이다. 개심사의 벚꽃 개화는 다른 지역보다 10일 정도 늦어서 우리나라에서 가장 늦다고 할 수 있다. 개심사에서 황홀할 정도로 멋진 벚꽃을 감상하기 좋은 장소는 심검당과 명부전이다. 심검당 앞마당의 주인공인 흰색과 빨간색의 겹벚꽃은 서로 대비되면서도 묘한 조화를 이룬다. 오래전 정성스레 묘목을 심었을 그 스님의 혜안이 놀라울 정도이다. 가랑비가 내리는 5월의 어느 봄날, 혹시라도 심검당 처마 밑에서 꽃구경을 할 수 있다면 그건 대단한 행운이다. 5월의 명부전 주변은 말 그대로 꽃동산이다. 흰색과 연분홍색의 겹벚꽃이 지천이다. 연초록의 희귀한 꽃잎을 가진 청벚꽃나무도 이곳에 있다. 전국에서 유일하게 청벚꽃을 만날 수 있는 곳이 개심사로 전국에서 청벚꽃을 보기 위해 많은 사람이 몰려든다. 또한, 서까래를 자연스럽게 드러낸 명부전 내부의 연등천장은 여행자의 마음을 더욱 푸근하게 한다.

💬 **송 박사의 미주알고주알**

산사나무가 주는 교훈 먼 옛날 자신의 외모 때문에 심한 스트레스를 받는 한 여인이 있었다. 어느 날 그 여인은 존경받는 도인을 찾아가 도움을 청했다. "도인님! 저 좀 도와주세요. 어떻게 하면 남들처럼 예쁜 미인이 될 수 있을까요?" 한참을 생각하던 도인은 "정 그렇다면 익지 않은 산사나무 열매 세 알만 먹어 보시오."라고 말했다. 비법(?)을 들은 여인은 산사나무 열매를 구해 우선 한 알을 입에 넣고 씹었다. 그러나 역한 맛과 냄새 때문에 조금도 견디지 못하고 입을 헹굴 수밖에 없었다. 며칠 후, 그 여인은 다시 도인을 찾아갔다. "도인님! 산사나무 열매가 너무 역해서 한 알도 먹을 수 없는데요?" 그러자 도인이 말했다. "본래 그 열매는 먹을 수 없는 것이오. 타고난 외모를 바꿀 수 없는 것처럼……. 그러니 앞으로는 외모 대신 아름다운 마음씨를 가져 보도록 노력해 보시오."라고 조언했다.
사람의 얼굴은 타고나기도 하지만 어떤 마음을 가지고 어떻게 사느냐에 따라 변하기도 한다. 그래서 산사나무는 오늘을 사는 우리에게 '얼굴보다 마음이 예쁜 사람이 되라'는 교훈을 던져 주고 있다. 내면의 아름다움보다 외모를 더 중시하는 요즘에 참으로 가슴에 와 닿는 교훈이다. 산사나무(Large Chinese Hawthorn)는 5월에 하얀 꽃을 피우고 10월에 빨간 열매를 맺는다. 꽃말은 '유일한 사랑'이며 잎의 모양이 독특해 관상수로 쓰이기도 한다. 5월에 꽃이 피는 특성 때문에 유럽에서는 '메이플라워(Mayflower)'라 부르고, 한방에서는 산사나무 열매를 '산사자(山査子)'라 부른다. 우리나라의 산사나무 가운데 가장 유명한 것은 천연기념물 제506호로 지정된 영휘원(永徽園) 산사나무로 수령은 150년 정도로 추정된다. 이 산사나무는 그 높이가 무려 9m에 이른다. 서울시 동대문구 청량리동에 있는 영휘원은 고종황제의 계비이자 영친왕(이은)의 어머니인 순헌황귀비가 잠들어 있는 곳이다. 순헌황귀비는 신교육에 관심이 많아 양정의숙(양정고등학교 전신), 진명여학교(진명여고 전신), 명신여학교(숙명여고 전신) 등의 개교에도 큰 기여를 했다.

🚗 근처명소

❶ 해미읍성

충남 서산시 해미면에 있는 해미읍성은 형태가 잘 보존된 조선시대 초기의 대표적인 읍성 가운데 하나이다. 조선시대 태종 때인 1417년에 토성으로 처음 축성되었으나 훗날 돌로 다시 쌓았다. 성을 쌓는 데는 청주, 충주, 공주, 부여, 서천 등지에서 많은 사람이 차출되었다. 해미읍성은 1421년부터 230여 년 동안 종2품의 병마절도사가 주둔했던 곳이다. 1652년 이후에는 호서좌영이 되어 문무를 겸한 겸영장이 관할했다. 조선 선조 때인 1579년에는 이순신 장군이 군관으로 10개월 동안 근무했던 곳이기도 하다. 또한, 1800년대 중엽에 이르러서는 한국 천주교의 순교지로 탈바꿈했다. 특히 천주교에 대한 박해가 극에 달했던 병인년(1866년)과 무진년(1868년) 사이에는 성 안팎에서 하루에도 수십 명씩 끔찍한 방법으로 공개 처형이 자행되었다. 해미읍성의 옛 감옥터 앞에는 오래된 회화나무 한 그루가 있다. 천주교 박해 당시 신자들의 시신을 매달아 놓았던 나무로 현재 '순교목'이라 불린다.

❷ 서산마애삼존불

국보 제84호인 서산마애삼존불은 충남 서산시 운산면의 용현계곡 초입의 가파른 절벽에 조성되어 있다. 이른바 '백제의 미소'라 불리는 우리나라 최고의 마애불이면서 고구려의 미소를 백제화한 독특한 형태의 불상이다. 본존불인 석가여래입상을 중심으로 양쪽에 제화갈라보살입상과 마름반가사유상이 조성되어 있다. 백제 후기의 작품인 서산 마애삼존불은 금방이라도 바위 속에서 누군가 튀어나올 것처럼 생동감이 넘치는 명물이다. 햇빛에 비쳐 환한 미소를 짓는 모습은 바라보는 것 자체만으로도 묘한 행복을 느끼게 해 준다. 서산마애삼존불은 1959년에 발견된 이후로 보호각을 씌워 관리해 왔으나 최근 본래 모습대로 보호각을 걷어 관리하고 있다. 환하게 웃는 모습을 보기에 가장 좋은 시간대는 오전 10~11시, 오후 3~4시이다.

❸ 보원사지

서산마애삼존불에서 용현계곡을 따라 조금 더 들어가면 꽤 큰 절터인 보원사지가 나타난다. 길가에 있는 '당간지주'를 지나면 자그마한 개울이 나타나고, 개울을 건너면 보존 상태가 양호한 오층석탑이 나타난다. 먼 옛날 이 일대에 아흔아홉 개의 사찰이 있었는데 마지막 100번째 사찰이 완공될 무렵 모두 잿더미가 되고 말았다는 전설이 전해 온다. 현재 보원사지에는 당간지주와 오층석탑 말고도 법인국사보승탑, 법인국사보승탑비 등이 있다. 보원사지는 걷기 좋은 길인 '서산아라메길'을 따라 찾아가면 좋다. 서산아라메길 1구간은 해미읍성을 출발해 일락사, 보원사지, 마애삼존불, 고풍저수지 등을 지나 유기방가옥까지 이어지는 약 18km의 친환경 트레킹 코스이다. 아라메길의 '아라'는 바다, '메'는 산을 뜻한다.

문학, 미술, 음악을 한자리에서 만난다

경기 파주
헤이리예술마을

여행정보

🌐 헤이리예술마을 www.heyri.net
📞 헤이리 종합안내소 070-7704-1665
🚗 자유로 성동나들목 ···▶ 368번 지방도 ···▶ 헤이리예술마을
🍴 샤브샤브와한정식(미니한정식, 031-949-9246), 헤이
리묵도토리밥상(묵요리, 031-946-9920), 복청(복어
요리, 031-941-4538)
🏨 칼튼호텔(031-942-3955), 위즈호텔(1577-0312), 마
당안숲(031-8071-0127)

추천코스

🚩 당일여행 헤이리예술마을 ···▶ 프로방스 ···▶ 화석정
1박2일여행 헤이리예술마을 ···▶ 프로방스 ···▶ 오두산통일
전망대 ···▶ 반구정 ···▶ 화석정 ···▶ 파주삼릉

헤이리는 마을 자체가 훌륭한 건축전시장이다. 눈을 씻고
둘러봐도 똑같은 건축물이 하나도 없다. 자연과 조화를
이룬 다양한 형태의 건축물을 찾아다니는 것만으로 행복하다.

경기도 파주시 탄현면에 있는 헤이리는 자연 속에서 편안하게 문화예술을 접할 수 있는 공간이다. '헤이리'라는 이름은 이 지역에서 전해 내려오는 전래농요 '헤이리 소리'에서 따왔다. '헤이'는 '즐겁다' 또는 '신 난다'는 뜻이다. 헤이리는 1994년 4월에 작가, 화가, 영화인, 건축가, 음악가 등의 구상에서 탄생했다. 급기야 1998년에 380여 명의 예술인이 회원으로 참여하면서 마을의 설립을 실천에 옮기기 시작했다.

헤이리가 본격적인 윤곽을 드러내기 시작한 것은 불과 10여 년 전이다. 지난 2001년 이후 마을 곳곳에 하나둘 박물관과 북카페, 갤러리 등이 들어서기 시작하면서 틀을 잡아 나가기 시작했다. 점점 참여하는 예술가가 많아지면서 입주를 망설이던 사람들도 서둘러 부지를 마련하고 작업공간이나 전시공간, 주거공간 등을 마련하기 시작했다. 헤이리는 창작, 전시, 공연, 교육 등이 이뤄지는 공간이다. 그저 평범한 생활공간이 아니다. 헤이리예술마을의 사람들은 열심히 창작에 몰두하고, 작품을 발표하고, 새로운 공연도 선보인다.

헤이리의 도로는 대부분 곡선이다. 바닥도 시멘트나 아스팔트 대신 벽돌로 구성해 놓았다. 과속을 방지하면서도 보행자들이 안전하고 편안하게 산책할 수 있도록 배려했다. 또한, 헤이리는 마을 자체가 훌륭한 건축전시장이다. 눈을 씻고 둘러봐도 똑같은 건축물이 하나도 없다. 자연과 조화를 이룬 다양한 형태의 건축물을 찾아다니는 것만으로 행복하다. 느릿느릿 마을길을 걷다가 마음에 드는 곳이 있으면 그 앞에서 사진도 찍고 안에도 들어가 보자. 이처럼 다양한 장르의 예술을 한 장소에서 골고루 만나볼 수 있다는 것은 헤이리예술마을만의 장점이다.

헤이리에서는 건축물을 지을 때 3층 높이 이상 짓지 못하도록 규제하고 있다. 주변 야산의 곡선미나 햇빛의 가치를 존중하자는 취지이다. 소유하고 있는 공간의 일

왼쪽부터 이정규장신구갤러리, 음악감상실 카메라타, 방송인 황인용 씨

정 부분은 문화공간으로 활용해야 하며 본래의 지형을 훼손시키지도 못하게 하고 있다. 환경오염을 방지한다는 의미에서 건축물 외벽에도 페인트를 칠하지 않는다. 건축물 주변의 정원과 화단을 꾸밀 때도 우리 나무와 우리 꽃을 심고 있다.

헤이리에는 현재 많은 전시관과 박물관, 갤러리, 카페, 음악감상실 등이 있다. 하지만 어떤 순서에 따라 마을을 둘러볼 것인가에 대해서는 전혀 고민할 필요가 없다. 그저 마음 내키는 대로, 발길 닿는 대로 다니면 된다. 개개인의 취향에 따라 다르겠지만 권할 만한 곳으로는 북하우스, 이정규장신구갤러리, 스페이스 이비뎀, 카메라타 등을 꼽을 수 있다. 책을 좋아하는 사람이라면 한길사에서 운영하는 북하우스를 찾아가 보자. 헤이리의 탄생에 주도적인 역할을 한 출판인 김언호 씨가 운영하는 종합예술공간으로 지하 1층은 갤러리 겸 콘서트 홀, 1층은 레스토랑, 2층은 서점과 갤러리, 3층은 '윌리엄 모라스'라는 북카페로 구성되어 있다. 서점에서는 종교, 역사, 미술, 음악, 사진과 관련된 서적이 눈에 많이 띈다.

이정규장신구갤러리는 금속공예가 이정규 씨의 작업공간, 전시공간, 주거공간으로 이뤄져 있다. 프랑스와 독일에서 금속공예를 공부한 이정규 씨가 직접 만든 장신구들을 감상할 수 있으며 구매도 가능하다. 스페이스 이비뎀은 2003년 12월에 헤이리에서 가장 먼저 지어진 건축물이다. 건물 외벽에 아무런 치장을 하지 않은 것이 특징으로 갤러리와 카페가 있고, 언론인 정중헌 씨가 생활하고 있다. 음악감상실 카메라타(이탈리아어로 '작은 방'이라는 뜻)는 방송인 황인용 씨가 운영하는 클래식 음악감상실이다. 단순한 콘크리트 외관의 이 건물은 세계적인 건축가 조병수 씨의 작품이다. 강원도 화천에 있는 소설가 이외수 씨의 집과도 비슷한 형태로 카메라타는 2005년에 한국건축가협회로부터 상을 받기도 했다. 특별한 일이 없는 한 황인용 씨는 매일 카메라타에 나와 손님들의 신청곡을 틀어 주고 있다.

💬 송 박사의 미주알고주알

내가 좋아하는 화가 사람들은 대부분 눈으로 세상을 바라본다. 그리고 눈으로 보는 것만이 세상의 전부인 것으로 착각한다. 하지만 따뜻한 가슴으로 세상을 바라볼 때 더욱 아름다운 세상을 만날 수 있다는 것을 우리는 알아야 한다. 내가 좋아하는 화가 김민주는 가장 순수한 모습으로 세상과 소통한다. 그림으로 세상을 만나고, 그림으로 세상을 바라보고, 그림으로 세상을 이야기하기 때문이다. 그녀는 여행을 참 좋아한다. 어떤 여행이 정말 좋은 여행인지도 잘 알

고 있다. 그녀는 여행지에서 만난 인상을 아주 조심스럽게 캔버스로 옮기는 작업을 하고 있다. 그래서일까? 그녀의 그림을 보고 있으면 마냥 기분이 좋아진다. 그녀의 그림에서는 바람의 소리가 들린다. 싱그러운 풀 내음이 난다. 아름다운 꽃의 향기가 느껴진다. 그리고 추억과 낭만, 따뜻함이 있다.

🚗 근처명소

❶ 프로방스

프로방스는 헤이리와 함께 파주의 새로운 명소로 부각되고 있는 특별한 휴식공간이다. 마치 프랑스 프로방스의 한 마을을 그대로 옮겨 놓은 듯한 마을 풍경은 이국적인 정취를 자아낸다. 프로방스는 그 이름에서도 연상할 수 있듯이 마을 전체가 유럽풍으로 예쁘게 꾸며져 있다. 근처에 있는 헤이리가 문화예술적인 공간이라면 프로방스는 홀가분한 마음으로 가볍게 돌아볼 수 있는 낭만적인 공간이라 할 수 있다. 가까운 친구와 점심 식사를 겸해 들러도 좋고, 사랑하는 가족과 오붓하게 외식을 겸해 들러도 좋은 곳이다. 프로방스는 1996년에 이탈리아 레스토랑을 개업하면서 그 역사가 시작되었다. 시간이 지나면서 도자기공방, 커피숍, 퓨전 음식점, 패션빌리지, 허브정원 등이 하나둘 들어서면서 지금은 그 규모가 꽤 커졌다. 프로방스에서 그리 멀지 않은 곳에는 헤이리 말고도 반구정, 오두산통일전망대, 임진각 등과 같은 명소들이 있다. 따라서 프로방스는 단순히 구경만 하고 마는 공간이 아닌 현장학습을 겸한 주말 나들이 코스로도 손색이 없다.

❷ 화석정

임진강 변에 세워져 있는 화석정은 본래 고려 말의 유학자 길재가 조선시대 초기에 후학을 양성하던 곳이다. 그러나 그의 죽은 뒤에 폐허가 되었으며 1443년(조선 세종 25년)에 율곡 이이의 5대조인 이명신이 정자를 다시 세우고, 증조부인 이의석이 중수했다. 율곡은 평소에 제자들과 함께 화석정의 나무기둥과 서까래에 들기름을 칠해 놓았다. 훗날 임진왜란 당시 선조 임금이 폭우 속에서 의주로 피난을 가기 위해 한밤중에 강을 건널 때 백사 이항복이 정자에 불을 질러 그 불빛 덕분에 무사히 건넜다는 얘기가 전해지는 곳이기도 하다. 임진왜란 때 소실된 화석정은 또다시 빈터로 있다가 1673년(조선 현종 14년)에 율곡 선생의 증손인 이후지와 이후방에 의해 다시 세워졌다. 하지만 화석정은 한국전쟁 당시 또 한 번 완전히 소실되고 말았다. 현재의 화석정은 1966년에 파주의 유림이 성금을 모아 복원한 것이다.

❸ 파주삼릉

세계문화유산으로 등재된 파주삼릉은 예전에 공순영릉으로 불리던 곳이다. 공순영릉은 각각 공릉, 순릉, 영릉을 가리킨다. 1461년에 조성된 공릉은 조선 8대 예종의 원비 장순왕후의 능이며, 1474년에 조성된 순릉은 조선 9대 성종의 원비 공혜왕후의 능이다. 두 왕비 모두 상당부원군 한명회의 딸이었다. 1729년에 조성된 영릉은 조선 21대 영조의 맏아들인 효장세자와 세자빈 효순왕후가 잠들어 있는 곳이다. 효장세자는 7세 때 세자로 책봉되었으나 왕위에 오르지 못하고 10세 때 세상을 떠났다. 훗날 양아들이 된 정조가 즉위하면서 진종으로 추존되었다. 파주삼릉에 있는 각각의 능은 조금씩 다른 모습을 하고 있다. 공릉은 세자빈의 신분에 맞춰 조성했기 때문에 병풍석과 난간석이 없으며, 왕비의 신분으로 조성한 순릉은 다양한 석물들을 제대로 갖추고 있다. 하지만 병풍석은 생략되었다. 영릉은 세자와 세자빈의 신분에 맞춰 조성한 쌍릉이다. 훗날 왕릉의 격식을 맞춰 재정비했으나 여전히 병풍석과 난간석은 생략된 채 소박한 모습으로 남아 있다.

배를 타고 찾아가는 호젓한 산사

강원 춘천
청평사

여행정보

🌐 **청평사** cheongpyeongsa.co.kr

📞 **청평사 종무소** 033-244-1095

🚗 서울—춘천고속도로 춘천나들목 ⋯▶ 구봉산 ⋯▶ 46번 국도 ⋯▶ 소양강댐 ⋯▶ 선박 이용 ⋯▶ 청평사

🍴 오봉산장(더덕정식, 033-244-6606), 유천식당(청국장, 033-252-7360), 원조중앙닭갈비(닭갈비, 033-253-4444)

🏨 세종호텔춘천(033-252-1191), 춘천베어스관광호텔(033-256-2525), 시드니모텔(033-241-2417)

추천코스

📍 **당일여행** 청평사 ⋯▶ 중도 ⋯▶ 김유정문학촌
1박2일여행 청평사 ⋯▶ 오봉산 ⋯▶ 중도 ⋯▶ 김유정문학촌 ⋯▶ 구곡폭포

날씨가 좋은 날 영지를 들여다보면 청평사 뒷산인 오봉산이
오롯이 들어와 있다. 영지를 중심으로 한 아름다운 계곡은
고려시대 정원의 진수를 느낄 수 있는 곳이다.

춘천의 옛 이름은 '봄내골' 또는 '봄들내'이다. 그 이름에서 느껴지듯 봄에 찾으면
더욱 좋은 여행지이다. 낭만의 도시 춘천은 누구에게나 친근한 고장이다. 이른 새벽
이나 늦은 밤에 혼자 춘천에 도착하더라도 왠지 낯설지가 않다. 오히려 약간의 생경
스러움이 춘천의 은근한 매력으로 작용하기도 한다. 춘천을 구성하고 있는 다양한
요소들. 이를테면 안개, 호수, 닭갈비, 막국수, 소양강, 공지천 등은 춘천이라는 고
장을 더욱 친근하게 만든다.

'호반의 도시' 춘천이 자랑하는 명소로 많은 곳이 있지만, 그 가운데서도 배를 타
고 찾아가는 청평사를 빼놓을 수 없다. 청평사에 가려면 우선 춘천 시내에서 버스나
택시를 이용해 소양강댐까지 가야 한다. 다목적댐인 소양강댐은 그 자체만으로도
연인들의 좋은 나들이 명소이다. 흙과 돌을 이용해서 만든 사력댐으로 1973년에 완
공되었다. 댐이 완공되면서 자연스럽게 인공 호수인 소양호가 생겼다.

청평사는 고려 광종 때인 973년에 백암선원이라는 이름으로 창건되었다. 고려 문
종 때인 1068년에 이의가 중창하면서 보현원이라 불렸고, 고려 선종 때인 1089년에
이자현이 중창하면서 문수원이라 불렸다. 그 후 조선 명종 때인 1557년에 이르러 보
우선사가 중창하면서 청평사라는 이름을 얻었다. 한때 청평사에 머물기도 했던 매
월당 김시습은 "유객청평사(有客淸平寺, 청평사를 찾은 어떤 나그네) 춘산임의유(春
山任意遊, 봄 산에서 마음대로 노니네)"로 시작하는 한시를 남기기도 했다. 그러나
안타깝게도 한국전쟁을 겪으면서 청평사의 전각 대부분은 소실되고 말았다. 예전
건축물로는 보물 제164호인 회전문만이 유일하게 남아 있다. 최근에 대규모의 불사
가 이뤄지면서 본래의 모습을 조금씩 찾아가고 있다.

소양호선착장에서는 청평사를 오가는 배가 수시로 운행되고 있다. 소양호선착장
에서 청평사선착장까지는 약 15분이 소요된다. 배에서 내린 다음에는 호젓한 오솔길
을 따라 약 40분쯤 걸어가면 청평사에 이르게 된다. 청평사로 향하는 오솔길 옆으로
는 맑은 물이 흐르는 계곡이 이어져 있고 계곡 중간쯤에는 시원한 물줄기를 자랑하
는 구성폭포가 있다. 폭포에서 아홉 가지 소리가 들린다고 해서 이 같은 이름이 붙었
다. '구송폭포'라는 이름으로도 불리는데 이는 폭포 주변에 소나무 아홉 그루가 있다
고 해서 붙여진 이름이다. 다산 정약용은 구송폭포를 가리켜 '구송정폭포'라 부르기

도 했다. 구성폭포에서 청평사를 향해 조금만 더 올라가면 고려시대 때 조성된 인공 연못인 영지(影池)가 나타난다. 아무리 시간이 부족하더라도 영지에서는 최대한 많은 시간을 보내는 것이 좋다. 영지와 관련해서는 다음과 같은 전설이 전해지고 있다.

먼 옛날 중국 당나라의 태종에게는 예쁜 딸이 있었는데 그 이름은 평양공주였다. 그런데 어느 핸가 전국민속경연대회에서 멋진 묘기를 보인 한 청년과 공주가 사랑에 빠지게 되었다. 하지만 그 청년은 신분 문제로 태종의 노여움을 사서 죽임을 당하게 되었고 그의 영혼은 상사뱀으로 다시 태어나 공주의 몸에 붙어 버리고 말았다. 태종과 공주는 상사뱀을 떼어 내기 위해 당대의 명의를 동원해 보았지만 모두 허사로 끝나고 말았다. 결국, 평양공주는 한 촌로의 안내를 받아 지금의 청평사까지 오게 되었다. 그리고 자신의 처지를 한탄하던 공주는 어느 날 영지를 거닐고 있었다. 그때 물에 비친 공주의 모습을 보고 상사뱀이 착각해서 물로 뛰어들었다. 일설에는 평양공주가 영지 아래에 있는 구성폭포를 거닐 때 상사뱀이 물속으로 뛰어들었다는 얘기도 있다.

자신을 괴롭히던 상사뱀을 떼어 낸 평양공주는 그 이후로도 오랫동안 청평사에 머물면서 법당을 다시 짓고 삼층석탑을 세웠다. 지금도 구성폭포 건너편에 있는 삼층석탑을 가리켜 '공주탑'이라 부르고 있다. 그리고 평양공주가 목욕하던 곳이 지금도 계곡에 남아 있는데 '공주탕'이라 불리고 있다. 전설은 말 그대로 전하는 이야기이다. 평양공주의 아버지는 당태종이 아니라 실은 원나라(1271~1368년) 황제인 순제(順帝)라고 얘기하는 사람도 많다. 청평사가 창건된 것은 당나라(618~907년)가 멸망한 뒤인 973년이기 때문이다. 이처럼 전설은 역사적인 사실이나 연대를 훌쩍 뛰어넘기도 한다. 그래서 전설을 들을 때는 '전해 내려오는 재미난 이야기' 정도로 이해하는 것이 바람직하다.

날씨가 좋은 날 영지를 들여다보면 청평사 뒷산인 오봉산이 오롯이 들어와 있다. 영지를 중심으로 한 아름다운 계곡은 고려시대 정원의 진수를 느낄 수 있는 곳이

왼쪽 평양공주 조형물 **오른쪽** 거북바위

다. 담장이나 울타리를 치고서 그 안에 정원을 조성한다는 생각을 뛰어넘어 자연 자체를 정원으로 삼았다는 발상 자체가 정말 대단하다. 그것도 1,000전인 고려시대에……. 영지 속에는 커다란 바위 세 개가 있다. 아마도 신선이 사는 봉래산, 방장산, 영주산을 상징하고 있는 것으로 짐작된다. 참고로 우리나라에서는 금강산을 봉래산, 지리산을 방장산, 한라산을 영주산으로 여기고 있다. 청평사를 병풍처럼 감싸고 있는 오봉산(해발 779m)은 수도권의 많은 산악인으로부터 사랑을 받는 명산이다. 산행 코스는 크게 두 개가 있다. 1코스는 청평사를 출발해 정상을 거쳐 다시 청평사로 내려오는 코스(약 4시간 소요)이며, 2코스는 배후령에서 출발해 정상, 청평사 등을 지나 청평사로 내려오는 코스(약 2시간 30분 소요)이다.

💬 **송 박사의 미주알고주알**

춘천국제마임축제 춘천은 참으로 별명이 많은 도시이다. 호반의 도시, 안개의 도시, 축제의 도시 외에도 닭갈비의 고장 또는 막국수의 고장으로도 불린다. 이처럼 많은 별명 가운데 가장 소박하고 정이 듬뿍 담긴 별명은 단연 '마임의 도시'이다. '마임'이라는 장르 자체가 표정과 몸짓만으로 생각과 느낌을 표현하는 순수예술이기 때문이다. 오늘날 춘천이 마임의 도시로 자리매김하게 된 데는 마임이스트 유진규 씨의 오랜 준비와 숨은 노력이 토대가 됐다. 1980년대

마임이스트 유진규 씨

초, 서울을 떠나 춘천으로 온 유진규 씨는 차츰 춘천 생활에 익숙해져 가면서 서서히 마임의 바람을 일으키기 시작했다. 1988년에는 한동안 손을 놓았던 마임 공연을 시작하게 되고 그것이 계기가 돼 한국마임페스티벌이 춘천에서 열리고 마침내 오늘날과 같은 춘천국제마임축제로 발전하게 되었다. 춘천국제마임축제는 해마다 5월에 열리고 있다. 아시아 최대 규모의 마임축제답게 해마다 10여 개의 해외 극단을 비롯해 총 100여 개 공연 단체가 꾸준히 참가하고 있다. 2008년까지는 고슴도치섬(위도)과 춘천 일원에서 열렸으나 지난 2009년부터는 공지천을 비롯해 마임의 집, 춘천문화예술회관, 춘천인형극장 등 춘천 시내 일원에서 열리고 있다. 음악, 무용, 문학, 굿이 한데 어우러지는 축제의 특성상 축제 내내 춘천 시내는 순식간에 마임 공연장으로 탈바꿈한다.

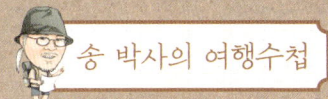
🚐 근처명소

❶ 김유정문학촌

경춘선을 타고 춘천으로 가다 보면 그 이름도 예쁜 김유정역을 지나게 된다. 바로 이 역에서 내려 3분만 걸어가면 누구라도 김유정 소설의 무대 속으로 들어갈 수 있다. 소설 「동백꽃」, 「봄봄」, 「만무방」, 「산골나그네」 등을 쓴 김유정(1908~1937년) 문학의 산실은 춘천이다. 김유정역이 있는 실레마을(춘천시 신동면 증리)이 그가 치열하게 소설을 썼던 곳이다. 그가 쓴 대부분의 소설은 바로 실레마을을 배경으로 하고 있다. 그래서 문학관이라는 명칭 대신 문학촌으로 불리고 있는 것이다. 비록 서른 살의 짧은 삶을 살다 간 작가이지만, 김유정이 남긴 문학적인 업적은 수십 년이 지난 지금까지도 많은 사람의 가슴속에 오래도록 남아 있다. 김유정문학촌에서는 그가 살던 집을 구전에 의해 복원해 놓은 초가집, 작품집들을 전시해 놓은 자그마한 전시관 등을 둘러볼 수 있다. 시간이 된다면 김유정의 소설을 떠올리며 소설의 배경이 되었던 마을 곳곳을 천천히 걸어 봐도 좋다.

❷ 구곡폭포

구곡폭포는 등선폭포와 함께 춘천에서 가장 유명한 폭포이다. 매표소부터 시작되는 등산로는 한적한 산책로 수준이다. 천천히 걸어도 20분 정도면 구곡폭포 앞에 설 수 있다. 계절마다 각기 다른 모습을 보이지만 한겨울에는 폭포가 거대한 빙벽으로 변해 등반 애호가들로부터 많은 사랑을 받고 있다. 보다 강도 높은 트레킹을 원하는 사람들을 위해 걷기 좋은 길도 생겼다. 봄내길 제2코스인 '물깨말구구리길'이 구곡폭포 앞을 지나고 있다. 구곡폭포 주차장에서 출발해 구곡폭포, 문배마을, 봉화산길을 거쳐 다시 구곡폭포 주차장으로 내려오는 코스이다. 전체 길이가 약 7.3km로 약 2시간 30분~3시간이 걸린다. 고즈넉한 문배마을에서 점심을 먹거나 휴식을 취할 계획이라면 예상 시간을 조금 더 여유 있게 잡아야 한다. 구곡폭포는 대중교통을 이용해서도 쉽게 찾아갈 수 있는 곳이다. 경춘선을 이용해 강촌역까지 간 다음 20분 정도만 걸으면 구곡폭포 입구가 나타난다.

❸ 중도

의암호 한가운데 떠 있는 중도는 춘천의 대표적인 호반여행지이다. 1968년에 의암댐이 완공되면서 자연적으로 생긴 섬으로 어린이부터 어르신들까지 편안하게 휴식을 취할 수 있어 가족 나들이 명소로 인기가 많다. 강촌, 청평, 남이섬, 대성리 등과 함께 1980년대 최고의 MT명소로 이름이 높던 곳이다. 섬 안에 넓은 잔디밭, 울창한 숲, 강변 산책로, 야영장 등이 있어 당시 대학생들에게는 그야말로 천국과도 같은 곳이었다. 예전만큼은 아니지만, 중도는 지금도 여전히 낭만적인 호반여행지로서의 옛 명성을 잇고 있다. 중도의 매력 가운데 하나는 배를 타고 들어가야 한다는 것이다. 삼천동 중도선착장에서 출발하는 배가 오전 9시부터 오후 5시 30분(성수기에는 연장)까지 약 30분 간격으로 운항하고 있다. 자전거를 타고 「겨울연가」 촬영지를 달리거나 통나무집 방갈로에서 하룻밤 자는 것 또한 좋은 추억으로 남을 것이다.

❶

❷

❸

봄날의 가슴 설레는 추억을 만나러 떠나자

봄나들이명소
베스트 5

진해군항제

경남 진해(창원시 진해구)는 자연경관이 뛰어난 전원도시이다. 더 이상의 설명이 필요 없는 최고의 벚꽃여행지답게 진해의 벚꽃은 참 탐스럽게 피어난다. 남해안 바닷가 특유의 온화한 기후가 만들어 낸 작품이다. 진해에는 일제강점기 때부터 벚나무가 많이 자라고 있었다. 하지만 해방이 되면서 일본색이 짙은 꽃이라는 이유로 많은 벚나무가 베어지는 수난을 겪었다. 그 후 1962년에 왕벚나무의 원산지가 제주도라는 사실이 확인되면서 다시 사랑을 받게 되었다. 현재 진해 곳곳에는 약 34만 4,000그루의 벚나무가 있다.

해마다 벚꽃이 만개하는 4월이 되면 진해에서는 이른바 '진해벚꽃축제'라 불리는 진해군항제가 열흘 동안 화려하게 펼쳐진다. 진해군항제는 1952년 4월 13일에 우리나라 최초로 이순신 장군 동상을 북원로터리에 세우고 추모제를 올린 것에서 유래되었다. 그 후 1963년부터 이순신 장군의 구국정신을 계승하고 문화예술을 발전시킨다는 취지를 살려 오늘날과 같은 축제의 틀을 갖추게 되었다.

진해에 가면 한 번쯤 들러 볼 만한 특별한 명소가 있다. 중원로터리 근처에 있는 고전음악 감상실 '흑백다방'이 바로 그곳이다. 흑백다방은 해군군악대 출신인 이병기 씨가 1955년 문을 연 '칼멘다방'이 그 효시이고 그 후 화가인 유택열 씨가 인수해 1960년대와 1970년대 진해 문화의 등대 역할을 했던 곳이다. 화가 이중섭, 음악가 윤이상, 시인 유치환, 김춘수, 서정주 등과도 인연이 있는 흑백다방은 현재 유택렬 화백의 딸인 피아니스트 유경아 씨의 피아노 아카데미로 사용되고 있다.

🚗 **찾아가는 길** 남해고속도로 서마산나들목 ⋯› 2번 국도 ⋯› 진해

왼쪽 진해 여좌천의 벚꽃 **오른쪽** 한적한 진해 거리

보성 차밭

전남 보성은 처음 찾아오는 여행자에게 '낯설지 않은 곳'이라는 느낌이 들게 만드는 마력을 지니고 있다. 아마도 남도 특유의 풍요롭고 여유로운 모습에서 마음의 평온을 얻기 때문일 것이다. 아니면 맛과 향과 분위기를 함께 즐긴다는 보성차의 은은한 향에 취한 탓일 수도. 보성에 차밭이 조성된 것은 일제강점기 때인 1930년대 후반에서 1940년대 초반 무렵이다. 차나무는 그 특성상 연간 1,500~1,700mm의 강우량을 필요로 하는데 당시의 조사 결과 보성 일대가 차나무의 재배지로 적합했기 때문이다. 대륙성기후와 해양성기후가 서로 만나는 곳에 있는 보성은 이른 아침과 저녁 무렵에 짙은 안개가 껴서 충분히 수분을 채워 주고 있다.

보성읍에서 18번 국도를 따라 율포 바닷가를 향해 달리다 보면 산비탈 곳곳에 마치 초록빛 융단 같은 차밭이 심심찮게 눈에 들어온다. 주로 봇재 근처의 보성읍 봉산리와 회천면 영천리 일대에 대규모의 차밭이 조성되어 있다. 일반 여행자들이 가장 많이 찾는 차밭으로는 대한다업에서 운영하는 보성다원이 첫손으로 꼽힌다. 텔레비전 광고에 자전거 타는 수녀와 함께 비치던 근사한 삼나무길이 있는 곳이다.

보성다원은 1959년에 대한다업 창업주인 장영섭 회장에 의해 조성되었다. 불모지와 다름없던 민둥산에다 차나무를 심고 조림 사업을 한 결과 지금은 차의 고장 보성을 대표하는 차밭으로 변모했다. 특히 제1농장에는 근사한 삼나무길이 조성되어 있어 고즈넉한 분위기 덕에 찾는 사람이 많다. 보성다원의 삼나무는 고온다습한 기후를 좋아하는 차나무를 위해 방풍림으로 심은 것인데 지금은 보성다원의 대표적인 명물로 자리 잡았다.

찾아가는 길 영암–순천고속도로 보성나들목 ···> 18번 국도 ···> 보성 차밭

아산 외암리마을

충남 아산의 외암리는 충청도 지방의 전형적인 반촌(양반이 많이 사는 마을) 형태를 잘 간직하고 있는 곳이다. 외암리는 약 500년 전에 강씨, 목씨 등이 정착하면서 마을이 형성되기 시작했다. 그 후 조선시대 중엽에 장사랑 벼슬을 지낸 이정 일가가 이곳으로 낙향하면서 예안 이씨의 터전을 일군 것으로 전해지고 있다.

외암리는 유난히 돌담이 많은 곳이다. 마을 입구의 정자를 지나 마을 안으로 들어서면 이 마을의 명물 가운데 하나인 고풍스러운 돌담이 오밀조밀한 골목길 사이로 미로처럼 이어진다. 총 길이가 무려 5km에 이르는 골목길은 어찌나 복잡하게 연결

되어 있는지 한번은 외암리마을에 처음 찾아온 엿장수가 마을 밖으로 나가는 길을 찾지 못해 반나절 내내 같은 길만 뱅뱅 돌았을 정도라고 한다. 하지만 돌담은 결코 위압적이지 않아서 마을을 찾는 사람들로 하여금 소박하고 편안한 고향의 정취를 느끼게 한다.

외암리의 가장 큰 자랑거리는 '자연스러움'이다. 이 같은 자연스러움은 계절적인 아름다움에서도 마찬가지이다. 이른 봄이면 마을 곳곳에서 예쁜 꽃이 피어나고 여름에는 살구와 앵두를 비롯해 유실수에 다양한 열매가 열린다. 적당한 크기의 기와

기와집, 초가집, 돌담이 조화를 이루는 외암리마을

왼쪽 장곡사 상대웅전 **오른쪽** 장곡사 상대웅전으로 오르는 계단

집과 초가집이 서로 어느 정도의 간격을 유지한 채 조화를 이루고 있는 것도 이 마을의 특징 가운데 하나이다. 외지 사람들은 외암리를 처음 찾더라도 전혀 어색해하지 않는다. 오히려 편안함을 느끼는 사람들이 더 많다. 아마도 외암리 특유의 '조화의 미학' 때문이 아닐까 싶다.

🚗 **찾아가는 길** 경부고속도로 천안나들목 ⋯▸21번 국도 ⋯▸39번 국도 ⋯▸외암리마을

청양 칠갑산

충남 청양 사람들이 무척이나 아끼는 칠갑산(해발 561m)은 그리 높은 산이 아니다. 하지만 칠갑산을 한 번이라도 다녀온 사람이라면 4월의 멋진 벚꽃길, 한여름의 신선한 공기, 늦가을의 낙엽 쌓인 산책로를 잊지 못할 것이다. 사실 칠갑산은 김명곤과 주병선이 부른 「칠갑산」이라는 노래를 통해 전국적으로 널리 알려졌다. 그러나 칠갑산은 그 이전부터 호젓한 산길을 좋아하는 사람들로부터 많은 사랑을 받던 산이다. 해발 600m가 채 되지도 않는 산에 등산로가 무려 7개(산장로, 사찰로, 휴양로, 지천로, 장곡로, 청정로, 도림로)나 있다는 사실이 이를 잘 대변하고 있다.

칠갑산 자락에서 근사한 벚꽃을 감상할 수 있는 곳은 칠갑산 옛길이다. 칠갑산 옛길은 천천히 걸으면서 벚꽃을 감상하기 좋다. 터널을 이룰 정도는 아니지만, 드문드문 보이는 날씬한 벚나무가 좋은 길동무가 되어 준다. 가끔 드라이브를 즐기는 승용차들이 지나다니긴 해도 서행을 하기 때문에 걷는 데 크게 방해를 받을 정도는 아니다. 이 길은 본래 청양군 대치면 대치리와 정산면 마치리 사이의 한티재를 넘던 험한 고갯길이었다. 그러나 지난 1983년에 대치터널이 개통되면서 지금은 호젓한 산책로로 바뀌었다.

칠갑산 옛길은 약 3.6km 거리로 천천히 걷더라도 1시간 30분~2시간이면 충분히 걸을 수 있다. 곳곳에 앉아서 쉴만한 벤치가 설치되어 있으며 중간의 한티재 정상의 칠갑광장휴게소에는 면암 최익현 동상이 세워져 있다. 칠갑산 옛길 외에 대치리에서 장곡사로 가는 645번 지방도에도 약 3km의 아름다운 벚꽃길이 조성되어 있다.

🚗 **찾아가는 길** 서천—공주고속도로 청양나들목 ⸱⸱⸱▸ 645번 지방도 ⸱⸱⸱▸ 칠갑산

광양 매화마을

해마다 3월이 오면 너도나도 섬진강으로 달려간다. 조금이라도 빨리 봄을 만나기 위해 길을 나서는 것이다. 섬진강은 전라북도 진안군과 장수군의 경계 지점에서 발원해 임실, 곡성, 구례, 하동, 광양을 지나 남해로 흘러드는 긴 물줄기이다. 이 가운데 구례에서 하동과 광양까지 이어지는 섬진강 하류가 최고의 봄나들이 명소로 손꼽힌다. 하동포구, 평사리, 화개장터, 매화마을 등이 모두 이 구간의 강변에 자리 잡고 있다.

섬진강 변의 전라남도 광양시 다압면은 3월이면 온통 매화꽃으로 뒤덮인다. 그래서 붙여진 별명이 매화마을이다. 오늘날 매화마을이 전국적으로 널리 알려지게 된 데는 청매실농원의 설립자 율산 김오천 선생의 공이 크다. 지난 1988년에 작고한 율산 선생은 일제강점기 때인 1930년대부터 백운산 자락에 매화나무를 심기 시작했다. 주변 사람들은 밤나무 대신 매화나무를 심는 그를 비웃었지만 율산 선생은 숱한 어려움을 겪으면서도 매화나무를 가꾸고 돌보는 일에 온 힘을 쏟았다. 그 결과 시간이 지나면서 매화밭은 조금씩 커지기 시작했고 마침내 매화마을은 우리나라에서 가장 유명한 '매화꽃여행지'로 자리 잡게 되었다. 율산 선생은 우리에게 매실명인으로 잘 알려진 홍쌍리 여사의 시아버지이기도 하다.

현재 매화마을에서 볼 수 있는 매화꽃의 종류는 크게 세 가지. 하얀색의 백매화, 살짝 푸른빛이 도는 청매화, 복사꽃처럼 연분홍빛이 나는 홍매화 등이다. 열매는 그 빛깔에 따라 각각 청매, 황매, 금매로 불리고 있다. 6월 초순에 수확한 매실로는 매실진액을 비롯한 매실원액, 매실환, 매실장아찌, 매실정과, 매실차 등을 만든다.

🚗 **찾아가는 길** 남해고속도로 하동나들목 ⸱⸱⸱▸ 19번 국도 ⸱⸱⸱▸ 하동군 하동읍 ⸱⸱⸱▸ 861번 지방도 ⸱⸱⸱▸ 매화마을

왼쪽부터 청매실농원의 매화밭, 매화동산, 홍쌍리 명인

Part 2
여름

해질 무렵 찾으면 좋은
최고의 낙조 감상 포인트

충남 태안
안면도

여행정보

🌐 태안군청 www.taean.go.kr

📞 태안군청 문화관광과 041-670-2765

🚗 서해안고속도로 홍성나들목 ···› 96번 지방도 ···› 간월도
···› 77번 지방도 ···› 안면도

🍴 일송꽃게장백반(간장게장백반, 041-674-0777), 꽃다
리횟집(활어회, 041-673-1024), 안면도해물칼국수
(해물칼국수, 041-672-0214)

🛏 리솜오션캐슬안면도(041-671-7070), 나문재펜션
(041-672-7634), 안면도자연휴양림(041-674-5019)

추천코스

🚕 당일여행 간월암 ···› 삼봉해수욕장 ···› 꽃지해수욕장 ···› 백
사장포구
1박2일여행 간월암 ···› 삼봉해수욕장 ···› 꽃지해수욕장 ···›
안면도자연휴양림 ···› 백사장포구 ···› 신두리해안사구 ···›
꾸지나무골해수욕장

1638년에 태안군 남면 신온리와 안면읍 창기리 사이를 끊어
뱃길을 만들면서 안면도는 팔자에도 없는 섬이 되었다. 이때 생긴
뱃길인 '백사수도(白沙水道)'는 우리나라 운하의 효시가 되었다.

　　충남 태안은 여름에 찾으면 좋은 여행지이다. 북쪽 끄트머리인 이원면의 꾸지나무
골해수욕장을 비롯해 학암포, 신두리, 만리포, 연포, 몽산포, 꽃지 등 그 이름만 들
어도 가슴 설레는 여름 피서지가 많기 때문이다. 지금처럼 도로 사정이 좋지 않던
1980년대 초반까지만 해도 태안의 해수욕장들은 큰 인기를 누렸다. 특히 연포해수
욕장에서는 1978년에 아나운서 황인용 씨의 사회로 해변가요제가 열려 당시 최고의
여름 피서지로 유명세를 치르기도 했다. 태안은 지난 2007년 12월에 발생한 서해안
기름 유출 사고로 인해 큰 아픔도 겪었다. 하지만 이제는 사고 이전의 아름답던 예전
모습을 거의 되찾았다. 현재 태안반도 일대는 태안해안국립공원으로 지정되어 있다.
　　들쭉날쭉한 리아스식 해안으로 유명한 우리나라의 서해안. 그 중심에 태안반도가
툭 튀어나와 있고 북쪽에는 가로림만, 남쪽에는 천수만이 형성되어 있다. 태안을 대
표하는 관광명소 가운데 하나인 안면도는 태안반도 남쪽 끄트머리에 자리 잡고 있
다. 제주도, 거제도, 진도, 강화도, 남해도에 이어 우리나라에서 여섯 번째로 큰 섬
인 안면도는 가늘고 긴 형태이다. 폭은 평균 5.5km인데 반해 섬의 관문 역할을 하
는 안면대교에서 남쪽 끄트머리의 영목항까지는 약 24km나 떨어져 있다.
　　안면도는 육지와 연결된 연륙교를 이용해 배가 아닌 자동차를 타고 쉽게 찾아
갈 수 있다. 본래 안면도는 태안반도의 남쪽 끝에 삐죽 튀어나온 곳이었다. 그러나
370여 년 전인 1638년에 태안군 남면 신온리와 안면읍 창기리 사이를 끊어 뱃길을
만들면서 팔자에도 없는 섬이 되었다. 이때 생긴 뱃길인 '백사수도(白沙水道)'는 우
리나라 운하의 효시가 되었다. 토목 장비도 제대로 없었던 시절, 그것도 조그마한
시골에 왜 뱃길을 만들었을까? 예전에는 삼남(충청도, 전라도, 경상도)에서 거둬들
인 세곡을 보다 안전하고 빠르게 운반하는 것이 큰 과제였다. 그런데 세곡선이 안

왼쪽부터 안면도 꽃다리, 갯벌 체험을 하는 어린이들

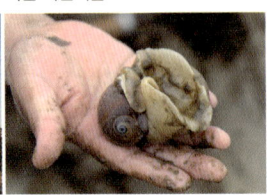

면도(그 당시에는 안면곶) 남쪽을 통과하면서 사고가 빈번했고 시간도 많이 걸렸다. 얼마나 사고가 자주 났는지 바닷가 암초 이름을 '쌀썩은여'라 부르기도 했다. '여(礖)'는 썰물 때는 드러났다가 밀물 때는 바닷물에 잠기는 암초를 가리킨다. 배가 뒤집히는 사고가 워낙 많이 일어나다 보니 당연히 안전한 뱃길에 대한 필요성을 느꼈을 것이다. 그래서 조선시대 인조 때인 1638년에 충청관찰사 김육에 의해 지금과 같은 뱃길을 완공하게 되었던 것이다. 이보다 훨씬 전인 1134년 고려시대 인종 때에는 천수만과 가로림만을 연결하는 굴포운하를 개설하려 했으나 아쉽게도 결실을 보지 못했다. 세월이 흐르면서 안면도가 본래 육지였다는 사실도 점점 잊혀 갔다. 그렇게 흘러간 세월이 330여 년. 마침내 지난 1970년에 신온리와 창기리를 잇는 연륙교가 놓이면서 다시 육지와 연결되어 오늘에 이르고 있다. 하지만 연륙교도 노후되어 지금은 새로 놓인 산뜻한 안면대교가 안면도의 들머리 역할을 하고 있다.

안면도 하면 가장 먼저 머리에 떠오르는 명물은 소나무인데 이른바 '안면송'이라 불리는 껍질이 붉고 곧게 자란 토종 소나무가 섬 전체를 가득 메우고 있다. 그러기에 안면도를 처음 찾은 사람들 대부분은 사방에 널려 있는 울창한 송림에 금세 압도당하고 만다. 조선시대 때는 안면도에 왕실 전용 소나무숲이 있었다. 숲을 지키기 위해 수십 명의 산지기까지 두었다. 조선 왕실에서는 궁궐이나 부속건물을 짓기 위해 안면도의 소나무를 많이 가져다 썼다. 소나무의 질도 좋았지만, 우선은 목재의 운반 시간이 짧은 것이 가장 큰 장점이었다. 안면도에서도 건강한 소나무가 가장 많이 자라고 있는 곳은 안면도자연휴양림이다. 소나무숲 외에도 삼림욕장, 통나무집, 전망대, 산책로 등이 잘 조성되어 있다.

안면도의 서쪽 바닷가에는 군데군데 삼봉, 안면, 방포, 꽃지, 샛별, 바람아래 등과 같은 해수욕장이 줄줄이 이어져 있다. 이 가운데서도 특히 섬 중간쯤에 있는 꽃지해수욕장이 가장 유명하다. 지난 2002년과 2009년에 세계꽃박람회가 열리기도 했던 꽃지는 해질 무렵에 찾는 것이 좋다. 인근의 방포항과 꽃지를 연결하는 아치형 꽃다리에서 바라보는 할미바위와 할아비바위, 그리고 이 두 바위 사이로 떨어지는 낙조가 무척 아름답다. 꽃지의 낙조는 변산반도의 채석강, 강화의 석모도와 더불어 서해안 3대 낙조 가운데 하나로 손꼽힌다.

꽃지 앞바다에 외롭게 떠 있는 할미바위와 할아비바위에는 슬픈 전설이 담겨 있다. 먼 옛날 안면도에는 지역의 군 지휘관이었던 승언이라는 사람이 살고 있었다. 그에게는 아리따운 부인 미도가 있었다. 어느 날 승언은 출정 명령을 받고 전장으로

떠났다. 그 이후로 미도는 매일 바닷가에 나와서 승언을 기다렸다. 그러나 아무리 기다려도 승언은 돌아오지 않았다. 결국, 기다림에 지친 미도는 바닷가에서 쓸쓸하게 숨을 거두고 말았다. 미도가 숨을 거둔 후 꽃지 앞바다에 커다란 바위 두 개가 솟아올랐다. 그 이후로 마을 사람들은 두 바위에게 '할미바위'와 '할아비바위'라는 이름을 붙여 주었다. '승언리'라는 마을 이름도 이 같은 전설에서 비롯되었다. 바닷물이 빠지는 썰물 때에는 걸어서 할미바위와 할아비바위까지 가 볼 수 있다.

안면도의 멋진 낙조

꽃지 근처 방포항에는 방풍림 역할을 하는 폭 5m, 길이 120m의 모감주나무 군락(천연기념물 제138호)이 있다. 모감주나무는 영어로 '골든레인 트리(Goldenrain Tree)'라 표기하고 있다. 7월에 피는 노란색 꽃이 마치 황금색 비가 내리는 것처럼 흩날린다고 해서 붙여진 이름이다. 해마다 9~10월에 매달리는 모감주는 염주를 만드는 데 많이 사용되고 있어서 '염주나무'라 불리기도 한다.

섬 여행지 베스트 3

1. 전북 군산 선유도 군산 앞바다에는 고군산군도에 속한 크고 작은 섬이 점점이 이어져 있다. 새만금방조제 때문에 다소 그 풍광이 떨어지긴 했지만, 여전히 깨끗하고 평화로운 섬들이 한데 어울려 멋진 조화를 이룬다. 고군산군도의 많은 섬 가운데 가장 많은 사랑을 받는 섬은 선유도이다. 선유도의 아름다움은 오랜 옛날부터 많은 사람 사이에 널리 회자되어 왔다. 쌍둥이 봉우리인 망주봉이 깨끗한 백사장과 멋진 조화를 이루고 있으며 마치 기러기가 내려앉은 모습을 한 '평사낙안'은 선유팔경 가운데 하나로 손꼽힌다. 선유도는 여름 피서지로 유명한 섬이다. 섬 한가운데 그 이름도 유명한 명사십리해수욕장이 있다. 이곳에서 바라보는 낙조 또한 장관으로 '선유낙조' 역시 선유팔경 가운데 하나이다. 선유도는 군산에서 배를 타고 찾아가야 한다. 여객선으로 군산여객선터미널에서 선유도까지 쾌속은 약 50분, 고속은 약 1시간 30분이 걸린다.

2. 전남 진도 관매도 진돗개와 아리랑으로 유명한 진도는 많은 새끼 섬을 거느리고 있다. 다도해의 푸른 바다에 점점이 박혀 있는 크고 작은 섬이 무려 260여 개나 된다. 그 가운데서도 다도해해상국립공원에 포함된 관매도가 한적한 여름 피서지로 아주 제격이다. 제1호 국립공원 명품마을로 지정된 곳이기도 하다. 관매도에 가려면 진도의 팽목항에서 배를 타야 한다. 관매도선착장에 도착한 사람들을 가장 먼저 반기는 명소는 관매팔경의 하나인 관매해수욕장이다. 길이 약 2km에 이르는 백사장이 울창한 소나무숲과 함께 멋진 조화를 이루고 있다. 관매도에서는 마을길을 걸어 다니는 것 그 자체가 여행이다. 각각 습지관찰로, 송림길, 돌담길, 해당화길, 야생화길, 매화길, 논두렁길이라 이름 붙여진 투박한 길을 걸어 보자.

3. 전남 완도 보길도 보길도에는 고산 윤선도와 관련된 유적이 많다. 그 대표적인 곳이 부용동원림이다. 현재 부용동원림에는 세연정, 낙서재, 동천석실 등이 남아 있다. 이 가운데서도 세연정을 보길도 최고의 명소로 꼽는다. 세연정은 고산 선생이 직접 조성한 휴식공간으로 자연과 조화를 이룬 건축미가 단연 압권이다. 세연정에서 동천석실까지 이어지는 울창한 동백나무숲길도 좋다. 보길도의 동남쪽 해안에는 여러 해수욕장이 있는데 특히 천연기념물 제40호로 지정된 상록수림(방풍림)과 몽돌밭이 있는 예송리해수욕장이 가장 유명하다. 간혹 예송리의 몽돌을 주워 가는 사람들이 있는데 이는 결코 바람직하지 못하다. 상록수림과 함께 태풍이나 해일의 피해를 막는 기능을 하고 있기 때문이다. 보길도는 완도에서 뱃길로 약 18km, 해남 땅끝마을에서 약 12km 떨어져 있다. 완도(화흥포항)에서 노화도까지 배로 40분, 노화도에서 보길도까지는 버스로 15분이 소요된다. 해남 땅끝마을에서 보길도 청별항까지는 약 1시간이 걸린다.

🚐 근처명소

❶ 간월암

서해안 A지구 방조제와 B지구 방조제 사이에 간월도가 자리 잡고 있다. 물론 방조제가 완공되면서 지금은 육지가 되어 버린 추억 속의 섬이다. 간월도 하면 어리굴젓이 유명하다. 우리가 흔히 얘기하는 서산의 어리굴젓 가운데서도 간월도 어리굴젓을 최고로 친다. 간월도 앞바다에는 조그만 섬이 하나 붙어 있다. 약 50m 길이의 자갈밭으로 연결된 이 새끼 섬에는 간월암이 있다. 먼 옛날 무학대사가 이곳에서 '달을 보며 홀연히 도를 깨우쳤다'고 해서 간월암이라는 이름이 붙었다. 간월암에서 바라보는 천수만의 낙조와 달맞이가 무척 운치 있으니 놓치지 말길.

❷ 천수만

안면도의 동쪽 바닷가는 천수만과 맞닿아 있다. 마치 잔잔한 호수와도 같은 천수만은 최근 들어 우리나라 최대의 철새도래지로 주목받고 있다. 지난 1982년과 1984년에 각각 서해안 B지구 방조제와 A지구 방조제가 완공되면서 철새들이 겨울을 나기에 더할 나위 없이 좋은 보금자리가 되었다. 천수만과 서해안 방조제 일대에서 볼 수 있는 철새의 종류는 크게 4~5종. '겨울의 진객'이라 불리는 고니를 비롯해 청둥오리, 저어새, 황새, 흰고리수리 등이 찾아온다. 철새도래지 최고의 구경거리는 수만 마리의 철새가 군무를 펼치는 모습이다. 하지만 철새들이 떼 지어 날아가는 모습을 보기는 그리 쉽지 않다. 철새들의 습성상 먹이를 찾는 시간 외에는 거의 활동하지 않기 때문이다. 따라서 철새들이 먹이를 찾는 이른 아침 동틀 무렵이나 해질 무렵에 천수만을 찾아야 철새들의 군무를 감상할 확률이 높다.

❸ 꾸지나무골해수욕장

태안반도에는 만리포해수욕장을 비롯해 몽산포, 연포, 학암포, 신두리 등과 같은 많은 해수욕장이 해안선을 따라 줄지어 늘어서 있다. 하지만 태안반도에는 앞의 이름난 해수욕장들 말고도 빼놓을 수 없는 또 하나의 숨겨진 명소가 있는데 바로 꾸지나무골해수욕장이다. 꾸지나무골은 태안군의 가장 북쪽 마을인 이원면에서도 북쪽으로 한참 더 올라간 곳에 자리 잡고 있다. 태안읍에서 꾸지나무골까지는 약 25km. 버스는 물론 일반 자동차들의 통행량도 많지 않은 한적한 바닷가이다. 햇빛을 피할 수 있는 울창한 송림을 따라 활처럼 휘어진 길이 약 1km의 완만한 해안선은 훌륭한 천연 해수욕장의 조건을 잘 갖추고 있다. 하지만 무엇보다 좋은 것은 다른 유명 해수욕장보다 한적하고 바닷물이 깨끗하다는 점이다. 야영하려는 피서객들을 위해 솔밭에는 텐트를 설치할 수 있는 공간도 마련되어 있다.

❶

❷

❸

시인묵객이 즐겨 찾던 천혜의 절승지

경남 거창
수승대

여행정보

- 🌐 **수승대** ssd.geochang.go.kr
- 📞 **수승대 관리사무소** 055-940-8532
- 🚗 88올림픽고속도로 거창나들목 ┅▶ 3번 국도 ┅▶ 마리삼거리 ┅▶ 37번 국도 ┅▶ 수승대
- 🍴 돌담사이로(산내음밥상, 055-941-1181), 삼산이수 (갈비찜, 055-942-1844), 구구추어탕(추어탕, 055-942-7496)
- 🛏 수승대모텔(055-941-1130), 수승대고가민박(055-943-0003), 물레방아민박(016-9508-1589)

추천코스

- 📍 **당일여행** 수승대 ┅▶ 구연서원 ┅▶ 용추계곡
  1박2일여행 수승대 ┅▶ 구연서원 ┅▶ 용추계곡 ┅▶ 감악산 물맞이길

수승대의 멋진 경관을 일찍이 알아챈 사람은 조선시대
중종 때의 요수 신권(樂水 愼權)이다. 그는 이곳에 머물며
아름다운 경치를 감상하면서 틈틈이 제자들을 가르쳤다.

　　경남 거창은 명산인 지리산, 덕유산, 가야산 등을 지척에 두고 있는 고장이다. 곳
곳에 깊은 계곡과 정자가 즐비하고, 물 맑고 인심이 좋아 오랜 옛날부터 시인묵객이
즐겨 찾았다. 지금도 해마다 여름이면 거창국제연극제가 열려 국내는 물론 외국의
많은 관광객이 거창을 찾고 있다. 도로 사정이 그리 좋지 않던 시절의 거창은 말 그
대로 심심산골이었다. 주변이 온통 높은 산에 둘러싸여 있어 심지어 '겨울이 가장 먼
저 오고, 봄이 가장 늦게 오는 고장'이라 불리기도 했다. 이처럼 사람이 살기에는 다
소 불편한 곳으로 여겨지던 거창이 최근 들어 친환경여행지로 주목받고 있다. 오염
되지 않은 천혜의 자연이 이제야 그 가치를 인정받게 된 것이다.

　　명승 제53호인 수승대(搜勝臺)는 거창을 대표하는 최고의 여름 휴양지이다. 남덕
유산의 산자락 끄트머리의 약 33만㎢가 지난 1986년에 국민관광지로 지정되었는데
그 중심이 되는 위천계곡에 수승대가 자리 잡고 있다. 마치 잘 꾸며 놓은 인공 정원
같지만, 자연적으로 조성된 수승대 주변은 언제 찾아도 편안함을 느낄 수 있다. 아
마도 깔끔한 자연미가 주는 묘한 매력 때문일 것이다. 현재의 수승대는 크게 거북바
위를 중심으로 한 문화유적지구와 거북바위 아래에 있는 위락지구로 나뉘어 있다.
최근에는 수승대 주변이 조인성, 송혜교 주연의 드라마 「그 겨울, 바람이 분다」 촬영
지로 등장하면서 찾는 사람이 많아졌다.

　　수승대의 멋진 경관을 일찍이 알아챈 사람은 조선시대 중종 때의 요수 신권(樂水
愼權)이다. 그는 이곳에 머물며 아름다운 경치를 감상하면서 틈틈이 제자들을 가르
쳤다. 요수 신권은 위천계곡 한가운데 있는 커다란 바위가 마치 거북을 닮았다 해서
'암구대'라 이름 붙이고 일대를 가리켜 '구연동'이라 불렀다. 심지어 계곡 옆의 커다
란 바위에는 '요수신선생장수동(樂水愼先生藏修洞)'이라는 글씨를 새겨 은근히 수승

왼쪽부터 수승대 입구의 익살스러운 비선. 수승대 암구대. 바위에 새겨진 요수 신권의 글씨

왼쪽 수승대 입구의 계곡 **오른쪽** 구연서원 관수루

대의 주인임을 과시했다. 이를 못마땅하게 여긴 이웃 마을의 갈천 임훈(葛川 林薰)은 '갈천이 노닐던 곳'을 의미하는 '갈천장구지소(葛川杖屨之所)'라는 글씨를 암구대에 새겼다. 암구대는 남명 조식을 비롯한 은사(隱士)들이 즐겨 찾았던 곳이라 해서 '모현대(慕賢臺)'라 불리기도 했다.

하지만 이처럼 멋진 명승지에도 이름에 대한 슬픈 사연이 담겨 있다. 삼국시대 당시 지금의 수승대 주변은 신라와 백제가 대치한 접경지대였다. 백제에서 공물을 가지고 신라 땅으로 가는 사신들을 눈물로 배웅하던 곳이기도 했다. 그래서 당시에는 '수송대(愁送臺)'라 불렀다. '신라 땅으로 가는 사신이 돌아오지 못할 것을 근심하며 보낸 장소'라는 뜻이다. 하지만 수송대에 대해 '속세의 모든 근심과 걱정을 잊을 정도로 경치가 빼어난 곳'으로 해석하기도 한다. 수송대가 수승대로 바뀌게 된 데는 퇴계 이황과 깊은 관련이 있다. 조선시대 중종 때인 1543년, 퇴계 이황은 영승촌(지금의 거창군 마리면 영승리)에 있는 장인 권질의 집을 찾아 평소에 보고 싶어 했던 '안의삼동'의 수송대에 들러 요수 신권과 갈천 임훈을 만날 계획도 세웠다. 그런데 갑자기 조정에서 급한 전갈이 오는 바람에 수송대는 구경도 못한 채 한양으로 돌아갈 수밖에 없었다. 그래서 아쉬운 마음에 뜻이 좋지 않은 수송대를 수승대로 고쳤으면 좋겠다는 내용의 사율시(四律詩)를 지어 요수 신권에게 보냈다. 시의 내용은 다음과 같다.

　퇴계 이황의 사율시를 받은 요수 신권은 "자연은 온갖 빛을 더해 가는데 대의 이름을 아름답게 지어주셔서"로 시작되는 화답시를 지었다. 갈천 임훈 역시 "꽃은 강 언덕에 가득하고 술은 술통에 가득하네"로 시작되는 시로 화답했다.

　수승대 초입의 수승대교를 건너면 호젓한 소나무숲길이 이어진다. 소나무숲길 중간쯤에는 수승대의 절경을 감상하기 위해 요수 신권이 세운 요수정이 있다. 이곳에서 구연교를 건너 암구대를 지나면 요수 신권이 제자들을 가르치던 구연서원이 나타난다. 구연서원은 구연재가 있던 곳에 세워졌다. 서원의 정문인 관수루는 '흐르는 물은 웅덩이를 채우지 않고는 더는 나아갈 수 없다'는 의미를 담고 있다. 조선시대 숙종 때인 1694년에 세워진 구연서원에서는 현재 요수 신권 외에도 석곡 성팽년, 황고 신수이를 배향하고 있다.

💬 송 박사의 미주알고주알

음악과 여행 내게 있어 음악은 여행의 일부분이라 할 만큼 큰 부분을 차지한다. 라디오에서 혹은 조용한 찻집에서 귀에 익은 음악이 나오면 나는 그 음악과 관련된 여행지를 습관처럼 떠올리곤 한다. 마치 베버의 「무도회의 권유」가 들리면 자신을 부르는 주인의 부드러운 음성을 기다리는 충성스러운 베버의 강아지 '니퍼'처럼…… 앞서 이 세상을 살다 간 많은 예술가도 여행을 통해 자신의 세계를 완성하고 영감을 얻었다. 피카소는 아프리카 소수민족의 화려한 의상에서 모티브를 얻고, 안데르센은 많은 여행을 하며 동화의 소재를 얻었다. 노르웨이의 음악가 그리그 역시 여행을 통해 느낀 대자연의 아름다움을 음악으로 표현했다. 10여 년 전, 나는 보름 동안 호주의 여러 지역을 캠핑 프로그램으로 여행한 적이 있다. 승차감이 그리 좋지 않은 자동차를 타고 매일 이동해야 하는 힘든 일정이었으나 오래도록 추억할 수 있는 매우 유익한 여행이었다. 프로그램을 통해 나는 다윈의 카카두국립공원, 캔버라의 코스쿠스코국립공원, 퍼스의 칼바리국립공원 등을 제대로 돌아볼 수 있었다. 그때 여행했던 호주의 여러 지역 가운데 요즘도 가끔 생각나는 곳은 다윈이다. 내가 다윈에 머물렀을 때는 저녁마다 약한 비가 내렸다. 호텔에 숙소를 정했던 나는 저녁 식사를 마친 후면 자유여행자들이 많이 몰리는 다운타운을 어슬렁거리곤 했다. 그때 어디선가 들려오는 귀에 익은 선율, 그것은 바로 이글스의 대표곡 가운데 하나인 「호텔 캘리포니아」였다. 가까이 가보니 머리카락이 긴 한 남자 여행자가 기타 반주에 맞춰 어눌한 발음으로 「호텔 캘리포니아」를 부르고 있었다. 고향을 떠나 남국의 하늘 아래서 여행 경비를 보태기 위해 노래하는 여행자, 그리고 그 여행자를 바라보며 향수(?)를 달래는 또 다른 여행자들. 여행과 음악은 이처럼 서로 다른 처지의 사람들을 하나로 묶어 주고 있었다. 영화 「아웃 오브 아프리카」의 삽입곡인 모차르트의 「클라리넷 협주곡 가장조」. 이 음악은 나로 하여금 호주 서해안의 한적한 바닷가를 떠올리게 한다. 장엄하게 붉은 태양이 바닷속으로 빨려 들어갈 무렵 어디선가 들려오던 선율. 그 진원지는 바로 낙조 사진을 얻기 원하는 나를 위해 기꺼이 안내를 자청한 가이드의 자동차였다. 아무도 없는 바닷가에서 카스테레오를 통해 듣던 웅장한 오케스트라의 선율은 감동 그 자체였다. 그 이후로 이 음악은 나의 대표적인 애청곡 가운데 하나로 자리 잡았다.

🚐 근처명소

❶ 감악산물맞이길

요즘은 걷기 여행이 대세라 제주올레와 지리산둘레길에서 시작된 생태탐방로가 전국 곳곳에 조성되고 있다. 거창에서도 지난 2012년 행정안전부의 지원을 받아 '감악산물맞이길'이 조성되었다. 기존의 등산로와 옛길을 연결해서 만든 자연친화적인 탐방로이다. '물맞이길'이라는 이름은 감악산 중턱의 연수사 약수탕에서 비롯되었다. 연수사는 먼 옛날 신라 헌강왕(875〜886년 재위)이 찾아와 약수로 목욕을 한 후 오랜 지병을 고쳤다는 얘기가 전해지는 고찰이다. 그 당시는 사찰이 없었으나 병을 고친 헌강왕의 지원을 받아 창건되었다는 설화가 있다. 지금도 연수사에서는 남녀가 구분된 약수탕에서 약수를 직접 맞을 수 있다. 남상면 매산마을에서 시작되는 감악산물맞이길은 선녀폭포, 연수사 등을 지나 감악산(해발 952m) 정상까지 이어져 있다.

❷ 거창국제연극제

거창은 밀양과 함께 여름의 연극제를 성공적으로 이끌어가고 있는 고장 가운데 하나이다. 지난 1989년에 소규모로 시작했으나 지금은 해외 극단도 참여하는 국제적인 연극제로 자리를 잡았다. 해마다 피서 철인 7월 말과 8월 초 사이에 열리며 야외에서 공연을 펼치는 것이 특징이다. 25회를 맞는 2013년에는 7월 26일부터 8월 11일까지 수승대 일원에서 개최될 예정이다. 새소리, 물소리, 밤하늘의 별빛 등이 모두 연극의 효과음이며 배경이다.

❸ 안의삼동

조선시대 당시 안의현은 지금의 함양과 거창의 대부분을 차지하는 꽤 큰 고장이었다. 『열하일기』의 저자 연암 박지원은 안의현감을 지내기도 했다. 일찍이 조선의 선비들이 '영남제일동천'이라 불렀던 절승지인 '안의삼동'은 각각 화림동, 심진동, 원학동을 가리킨다. 이 가운데 용추계곡을 끼고 있는 심진동과 예전에 '팔담팔정'이 있었다는 화림동은 함양군에 속해 있고 수승대가 있는 원학동은 거창군에 속해 있다. '심진동'은 '깊은 계곡의 아름다움 속에서 진리삼매경에 빠진다'는 뜻을 담고 있다. 용추계곡 입구에 심진동의 절경을 감상할 수 있는 심원정이 있다. 남덕유산에서 흘러 내려오는 화림동계곡에는 농월정을 비롯해 군자정, 동호정, 거연정과 같은 근사한 정자가 있다. 아래의 사진은 화림동의 광풍루이다.

편백숲을 거닐며 깊은 명상에 빠지다

전남 장흥
편백숲
우드랜드

여행정보

🌐 **장흥여행** travel.jangheung.go.kr

📞 **장흥군청 문화관광과** 061-860-0224

🚗 영암–순천고속도로 장흥나들목 ┅> 장흥군 장흥읍 ┅> 정남진 편백숲우드랜드

🍴 덕인(백반, 061-863-0082), 신녹원관(한정식, 061-863-6622), 명희네음식점(장흥삼합, 061-862-3369)

🛏 정남진 편백숲우드랜드(061-864-0063), 옥섬워터파크(061-862-2100), 해오름펜션(061-862-2288)

추천코스

🚩 **당일여행** 정남진 편백숲우드랜드 ┅> 보림사 ┅> 천관산문학공원

1박2일여행 정남진 편백숲우드랜드 ┅> 귀족호도박물관 ┅> 보림사 ┅> 천관산문학공원 ┅> 장흥토요시장

120/121

정남진 편백숲우드랜드가 있는 억불산은 장흥에서도 손꼽히는
친환경지역이다. 바로 이 억불산 자락에는 수령
약 40년의 편백이 빽빽하게 들어선 울창한 숲이 있다.

전라남도 장흥은 보성과 강진 중간에 위치한 한적한 고장이다. 평화롭고 푸근한
이미지를 잘 간직하고 있는 장흥은 드라마 「대물」 촬영지로 알려지면서 유명세를 더
해 가고 있다. 장흥은 고려 17대 인종의 왕비인 공예왕후의 고향이기도 하다. '장흥'
이라는 이름은 인종이 '길게 흥하라'는 뜻으로 이름을 하사한 것이 기원이다.

최근 들어 장흥은 '정남진 장흥'이라는 이름을 내걸고 전국에 대대적인 홍보 전략
을 펼치고 있다. 강원도 강릉의 정동진이 유명한 여행지가 된 것에 영향을 받아 '정
남진'을 내세워 내 고장 알리기에 발 벗고 나선 것이다. 서울 광화문에서 정확하게
남쪽 끄트머리에 있다는 정남진은 현재 장흥군 관산읍 신동리 사금마을을 가리킨다.

생태고을 장흥에는 자연과 함께 편안하고 즐거운 시간을 보낼 수 있는 명소가 참
많다. 감춰져 있는 감성을 일깨우는 숲, 산, 강, 바다 등을 고루 갖추고 있기 때문이
다. 그 가운데서도 장흥의 새로운 명물로 떠오르고 있는 명소가 정남진 편백숲우드
랜드로 울창한 편백숲 산책로를 따라 목재문화체험관, 목공예체험장, 편백소금집
등이 있으며 장흥의 제철 무공해 먹을거리를 맛볼 수 있는 음식점도 마련되어 있다.
정남진 편백숲우드랜드에서는 사전 예약을 통해 숲 속에서의 편안한 잠자리를 체험
할 수도 있다. 드라마 「대물」의 마지막 회에 등장한 흙집복층실과 아기자기한 돌로
외벽을 치장한 며느리바위집을 비롯해 해송실, 적송실, 흙집쌍둥이실, 구름방, 편백
한옥실 등 다양한 형태의 숙박시설이 마련되어 있다.

편백숲의 편안한 산책로

왼쪽부터 편백숲우드랜드 전시관 내부, 모과향이 나는 금목서, 황칠나무

정남진 편백숲우드랜드가 있는 억불산(해발 518m)은 장흥에서도 손꼽히는 친환경지역이다. 바로 이 억불산 자락에는 수령 약 40년의 편백이 빽빽하게 들어선 울창한 숲이 있다. 편백은 수많은 나무 가운데서도 피톤치드를 가장 많이 방출하는 것으로 알려졌다. 편백에 이어 피톤치드를 많이 방출하는 나무로는 구상나무, 삼나무, 전나무, 잣나무, 소나무 등이 있다. 이들 침엽수에서는 이른바 '공기의 비타민'이라 일컬어지는 음이온도 많이 방출되는 것으로 알려졌다. 피톤치드는 나무가 자신을 보호하기 위해 뿜어내는 살충과 항균 작용을 하는 물질인데 사람에게는 심신안정, 스트레스 해소, 소염, 아토피 치유, 면역력 강화에 도움을 주고 있다. 그래서 최근 들어서는 삼림욕을 하기 위해 건강한 숲을 찾아가는 '치유여행'을 떠나는 사람을 주변에서 심심찮게 볼 수 있다. 삼림욕은 '울창한 숲 속에서 신선한 공기를 마시며 심신의 활력을 되찾는 자연건강법'을 가리키는 용어이다. 활엽수보다는 침엽수가 많은 곳이 두 배 정도 효과가 높으며 초여름과 늦가을 사이의 오전 10시부터 오후 4시까지가 가장 좋다. 처음에는 숲 속을 걷고, 숨찰 무렵에는 큰 나무 근처에서 심호흡(코로 들이쉬고 입으로 내뱉는다)한 다음에 편안한 자세로 잠시 명상의 시간을 가지면 좋은 효과를 볼 수 있다.

정남진 편백숲우드랜드에서 억불산 정상까지는 나무갑판으로 이뤄진 등산로인 '말레길'이 이어져 있다. '치유의 숲 조성사업'의 일환으로 지난 2011년 12월에 완공되었다. 3.8km에 이르는 이 등산로에는 거의 계단이 없어 장애인을 비롯한 남녀노소가 힘들이지 않고 안전하게 숲길을 걸을 수 있다. 말레길이 끝나는 억불산 정상에서는 장흥의 명물 가운데 하나인 며느리바위를 가까이서 바라볼 수 있다. '말레'는 장흥 사투리로 '대청'을 의미한다. 굳이 억불산 정상까지 올라가지 않더라도 편백숲에 조성된 나무갑판 등산로를 따라 약 1시간 정도의 가벼운 산책을 즐길 수 있다. 이 구간에서는 '황칠갑옷'으로 유명한 황칠나무와 함께 짙은 모과향이 나는 금목서(일명 만리향) 등을 관찰할 수 있다.

장흥은 훌륭한 작가를 많이 배출한 고장으로도 유명하다. 지난 2008년에 타계한 소설가 이청준의 고향은 그의 소설「눈길」의 무대인 회진면 진목마을이다. 대표작으로는 「서편제」(영화 「서편제」의 원작), 「벌레이야기」(영화 「밀양」의 원작), 「선학동 나그네」(영화 「천년학」의 원작) 등이 있다. 이청준과 동갑(1939년생)인 소설가 한승원 역시 장흥군 회진면에서 태어났다. 대표작으로는 「아제아제 바라아제」(영화 「아제아제 바라아제」의 원작), 「포구의 달」, 「해변의 길손」 등이 있다. 현재 한승원은 장흥군 안양면 율산마을의 집필실인 '해산토굴'에서 집필을 하고 있다. 소설가 송기숙 역시 장흥군 안양면 율산마을이 고향이다. 그의 대표작으로는 「녹두장군」, 「은내골 기행」, 「자랏골의 비가」 등이 있다.

장흥에서 해마다 여름 피서철에 개최되는 정남진물축제는 문화체육관광부에서 유망축제로 선정할 만큼 전국적인 인기를 얻고 있다. 장흥의 젖줄인 탐진강과 정남진 편백숲우드랜드 일원에서 펼쳐지는 정남진물축제는 물과 숲, 휴식을 주제로 하는 체험형 축제이다. 징검다리 건너기, 뗏목 타기, 맨손으로 물고기 잡기 등 온 가족이 함께 즐길 수 있는 프로그램으로 짜여 있다는 것도 큰 장점이다. 축제 기간 중에는 정남진 편백숲우드랜드에서 숲속음악회와 함께 목공예체험교실도 운영하고 있다. 2013년 정남진물축제는 7월 26일부터 8월 1일까지 열린다.

🗨 송 박사의 미주알고주알

여행이 우리에게 주는 선물 티롤 알프스의 중심지인 오스트리아 인스브루크에서 있었던 일 하나. 나는 인스브루크에서 꼬마기차로 약 1시간 거리에 있는 조그만 마을의 산장에서 하룻밤을 묵었다. 다음 날, 취리히로 가는 기차를 타기 위해 이른 아침 마을에서 출발하는 기차를 탔다. 그러나 기차는 인스브루크역으로 가는 기차가 아니었다. 부득이 중간에 내려 역까지 걸어가야 하는 상황이 발생했다. 기차 안에는 등교하는 학생들로 북적거렸다. 한 학생에게 우리가 내려야 할 곳을 물으니 자기가 내린 다음에 두 정거장을 더 가서 내리면 된다고 했다. 기차는 서서히 인스브루크 시내로 들어서고 있었다. 그러자 우리에게 내릴 곳을 알려 준 학생이 자리에서 일어나더니 한 학생에게 다가가 "이 사람들이 내릴 곳을 잊지 말고 알려 주라."라고 몇 번이나 당부한 뒤 기차에서 내렸다. 나는 강한 충격을 받았다. 비록 자그마한 일이지만 자기가 맡은 일에 책임을 다하는 그 모습이 정말 아름다워 보였다. "사람은 늙어 죽을 때까지 배워야 한다." 어린 시절 선생님으로부터 귀에 못이 박이도록 들은 말이다. 하지만 그때는 뜻을 제대로 알지 못했다. 단순히 우리에게 공부를 열심히 하라는 말 정도로만 이해했다. 한참의 시간이 흐른 지금, 나는 말의 뜻을 곰곰이 곱씹어 보고 있다. 여행하며 많은 사람을 만나고 다양한 상황과 부닥치다 보니 이제야 선생님의 깊은 뜻을 조금은 헤아릴 수 있게 된 것이다. 일상의 테두리와 책을 통해서는 배우지 못한 새로운 교훈을 얻었을 때의 기쁨은 여행이 우리에게 주는 최고의 선물이다.

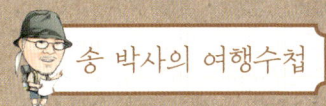
🚚 근처명소

❶ 보림사

보림사는 장흥을 대표하는 사찰이다. 신라시대 헌강왕 때인 860년에 보조선사 체징이 창건했으며 구산선문(또는 선종구산) 가운데 하나인 가지산문을 연 고찰이다. 구산선문이라 함은 9~10세기 무렵 당나라에서 공부한 선승들이 귀국해서 개산한 아홉 개의 사찰을 가리킨다. 880년 보림사에서 입적한 보조선사 체징은 837년부터 840년까지 당나라에서 유학했다. 보림사에는 신라시대 경문왕 때인 870년 무렵에 조성된 삼층석탑 및 석등(국보 제44호), 신라시대 헌안왕 때인 858년에 조성된 철조비로자나불좌상(국보 제117호), 조선시대 중종 때인 1515년에 조성된 목조사천왕상(보물 제1254호), 보조선사 체징의 부도인 보조선사창성탑(보물 제157호) 등이 있다.

❷ 천관산문학공원

천관산(해발 723m)은 장흥을 대표하는 명산으로 지리산, 내장산, 변산, 월출산과 함께 호남의 5대 명산으로 손꼽힌다. 다른 산에 비해 유난히 바위가 많아 산 이름도 여기에서 유래되었다. 산 정상부에 몇몇 바위가 한데 어울려 솟아 있는데 그 모습이 마치 '천자의 면류관' 같다 해서 '천관산'이라 불리게 되었다. 장흥 사람들의 정신적인 고향과도 같은 천관산에는 문학공원이 조성되어 있어 문향으로서의 자긍심을 높이고 있다. 등산로 곳곳에 장흥 출신의 이청준, 한승원, 송기숙을 비롯해 구상, 전상국, 박범신, 이성복 등과 같은 문학인의 작품을 담은 문학비가 세워져 있다. 장흥은 지난 2008년에 지식경제부로부터 우리나라 최초의 문화관광특구로 지정되었다.

❸ 장흥토요시장

장흥의 장날은 2일과 7일이다. 즉 날짜의 끝자리가 2와 7일 때 장날이다. 그러나 이 장날은 거의 유명무실해졌다. 예전처럼 굳이 장날이 아니라도 필요한 물건을 가까운 마트에서 쉽게 살 수 있게 되었기 때문이다. 이 같은 추세에 따라 장흥에서는 전국 최초로 주말관광시장인 장흥토요시장을 개설했다. 주말을 이용해 장흥을 찾아온 관광객들에게 재미있는 구경거리를 제공하는 한편 장흥의 특산물을 저렴하게 판매하기 위해 마련된 것이다. 장흥토요시장은 이제 인기 있는 명물시장이 되었다. 주말마다 전국 각지에서 찾아온 관광객으로 인산인해를 이룬다. 장터 한쪽에 마련된 간이 무대에서는 품바 공연과 연예인 초청 공연을 비롯해 장흥의 특산물인 한우를 내건 다양한 경연대회도 펼쳐진다. 관광객들은 장터에서 바지락회 비빔밥이나 시골식 백반, 우리밀 분식, 소머리국밥 등으로 요기한 후 가벼운 쇼핑을 즐길 수 있다. 장흥의 특산물로는 한우, 키조개, 매생이, 무산김, 표고버섯 등이 있다.

스스로 '피안의 세계'를 찾아간
부처님이 계신 곳

강원 철원
도피안사

여행정보
🌐 철원관광문화 tour.cwg.go.kr
📞 도피안사 종무소 033-455-2471
🚌 43번 국도···▶철원군 동송읍···▶도피안사
🍴 외할머니손두부(두부요리, 033-452-9030), 가평식당
(오징어불고기, 033-452-2596), 철원영양돌솥밥(돌
솥밥, 033-452-7802)
🛏 한탄리버스파호텔(033-455-1234), 드림파크(033-
455-9199), 고석정펜션(033-455-1137)

추천코스
🚶 당일여행 도피안사···▶백마고지전적지···▶직탕폭포···▶고
석정
1박2일여행 도피안사···▶노동당사···▶백마고지전적지···▶
직탕폭포···▶승일교(승일공원)···▶삼부연폭포···▶고석정
···▶철의삼각전망대···▶제2땅굴

도피안사는 '부처가 스스로 피안(彼岸)의 세계에 이르렀다'는 뜻이다.
불교에서는 삶과 죽음이 있는 이 세상을 '차안(此岸)'이라 하고,
모든 고통을 해탈한 영원한 진리의 세계를 '피안'이라 한다.

한국전쟁이 일어나기 이전만 해도 철원은 우리 국토의 심장부로서 남과 북을 잇는 중요한 교통의 중심지였다. 후삼국시대에는 궁예가 세운 태봉의 도읍지가 있던 유서 깊은 역사의 고장이기도 하다. 최근 들어 철원은 통일을 꿈꾸는 미래의 땅으로, 기름진 철원평야에서 수확되는 오대미(五臺米)의 명산지로, 깨끗한 자연환경을 자랑하는 관광명소로, 그리고 분단시대를 살아가는 우리 모두에게 평화의 소중함을 일깨워 주는 안보관광의 명소로 거듭나고 있다.

철원을 대표하는 안보관광지로는 철의삼각전망대를 비롯해 월정리역, 제2땅굴, 백마고지전적지, 노동당사 등이 있다. 이 가운데 백마고지전적지와 노동당사를 제외하고는 모두 민통선(민간인 통제구역) 안에 자리 잡고 있다. 따라서 소정의 출입절차를 거친 후 안내 공무원의 인솔하에 견학할 수 있다. 북한군과 대치하고 있는 최전방의 군작전지역을 견학하는 만큼 약간의 불편함은 감수해야 한다.

철원 사람들이 '되피절'이라 부르는 도피안사는 참 편안한 사찰이다. 우리나라 사찰 가운데 가장 아름다운 이름을 가진 도피안사는 '부처가 스스로 피안(彼岸)의 세계에 이르렀다'는 뜻에서 이 같은 이름을 지었다 한다. 불교에서는 삶과 죽음이 있는 이 세상을 가리켜 '차안(此岸)'이라 부르고, 모든 고통을 해탈한 영원한 진리의 세계를 가리켜 '피안'이라 부르고 있다.

신라시대 경문왕 때인 865년, 철원 지방 신도들 1,500명의 시주로 도선국사는 철조비로자나불좌상(국보 제63호)을 조성하게 된다. 이 불상을 안양사에 봉안하기 위해 스님과 신도들이 옮기던 중 그만 불상이 어디론가 사라져 버리고 말았다. 주변을

왼쪽 도피안사 입구를 알리는 표지석 **오른쪽** 도피안사 금강문과 범종루

샅샅이 뒤졌으나 모두 허사였다. 나중에 불상이 발견된 곳은 지금의 도피안사가 있는 자리였다. 그런데 신기하게도 아무리 힘을 써도 불상이 조금도 움직이지 않았다. 그래서 스님들은 비로자나불이 스스로 계시고 싶은 곳을 찾아가신 것으로 판단해 그곳에 사찰을 짓게 되었다.

도피안사는 창건 이후 오랫동안 철원을 대표하는 사찰로 그 명맥을 이어 나갔다. 하지만 1898년의 화재와 한국전쟁 등으로 사찰이 소실되면서 폐허가 되다시피 했다. 그러던 중 1959년에 육군 제15사단(사단장 이명재 소장)에 의해 재건되어 오늘에 이르고 있다. 한동안 민간인통제구역 안에 있어 일반인들의 출입이 불편했으나 지금은 자유롭게 왕래할 수 있게 되었다.

도피안사 대적광전에 봉안된 철조비로자나불좌상은 화재와 전쟁 중에도 훼손되지 않은 매우 귀중한 유물이다. 불상의 높이는 91cm로 이는 건장한 성인 남자의 앉은키와 비슷하다. 따라서 도피안사의 철조비로자나불좌상은 우리나라에서 가장 친근하고 현실감 넘치는 불상으로 높이 평가받고 있다. 인자하고 온화한 미소, 사실적인 신체 비례는 바라보는 이의 마음을 편안하게 만든다. 불상의 수인은 '중생과 부처는 하나'라는 의미를 지닌 '지권인(智拳印)'을 하고 있다. 불상뿐만 아니라 대좌(받침대)까지 철로 조성된 매우 특이한 예를 보여 주고 있다. 몇 년 전까지만 해도 금색옷(금분)을 입고 있었으나 지금은 철불 본래의 모습을 되찾았다.

도피안사의 자랑이자 숨겨진 비밀은 대적광전 앞 삼층석탑(보물 제223호)에 있다. '금와보살'로 불리는 황금색 개구리들이 예불 때에 맞춰 석탑의 틈새로 가끔 모습

💬 송 박사의 미주알고주알

기구한 운명의 승일교 철원군 갈말읍 내대리와 동송읍 장흥리 사이의 한탄강 위에 놓인 승일교(일명 '콰이강의 다리')는 영화 「빨간 마후라」의 마지막 장면 촬영 장소로 유명하다. 그런데 이 다리에는 기구한 사연이 담겨 있다. 남한과 북한에 의해 각각 절반씩 건설되었기 때문이다. 1948년 무렵 북한 쪽에서 다리를 놓던 중 남침을 하면서 공사를 중단했는데 전쟁이 끝난 후 우리 국군이 절반을 완성했다. 이 같은 연유로 폭 8m, 길이 120m의 승일교는 다리의 아치 모양이 절반씩 서로 다르다. 승일교가 완성된 시기는 1958년, 당시 5군단장이던 이성가 장군에 의해 완성되었다. 다리의 이름인 승일교는 한국전쟁 당시 육사 1기 출신으로 철원 지역 부대장이었던 고 박승일(朴昇日) 대령의 이름에서 따왔다. 박승일 대령은 한탄강을 건너 북진을 하던 중 1950년 평남 덕천에서 중공군과 격전하다 31세로 산화했다. 그냥 지나치기 쉬운 오래된 다리지만, 승일교는 오늘을 사는 우리에게 많은 교훈과 숙제를 던져 주고 있다. 다리는 남북 합작으로 완공되었으나 분단의 역사가 계속되는 한 승일교는 언제까지나 우리에게 '절반의 다리'로 남아 있을 것이다. 현재 승일교는 대한민국 근대문화유산등록문화재 제26호로 지정되어 관리받고 있다. 오직 사람만 지나다닐 수 있으며 차량은 바로 옆에 새로 놓인 한탄대교를 이용할 수 있다.

왼쪽 금와보살이 사는 삼층석탑 **오른쪽** 대적광전에 봉안된 철조비로자나불좌상

을 드러내기 때문이다. 운이 좋고 인연이 닿는 사람이라면 도피안사에 가는 길에 '금와보살님'과 친견을 할 수도 있을 것이다. 황금색 개구리에 관한 이야기는 경남 양산 통도사에서도 전해진다. 자장율사가 통도사에서 수도할 무렵 두 마리의 개구리가 떠나지 않자 율사의 신통력으로 바위에 구멍을 뚫어 개구리를 살게 했다고 한다.

철조비로자나불좌상과 비슷한 시기에 조성된 것으로 추정되는 삼층석탑의 구조 역시 매우 특이한 형태를 보여 주고 있다. 다른 사찰에서 흔히 볼 수 있는 석탑과는 달리 기단부가 불상의 대좌와 비슷하다는 점이다. 탑신이 4각인데 비해 기단은 8각으로 이뤄져 있는 점도 특이하다. 이 석탑 기단의 상단과 하단에는 연꽃 문양이 정교하게 새겨져 있다. 현재 도피안사는 2013년 10월 말까지 복원불사중이다.

그동안 민통선에 의해 철원 지역을 자유롭게 여행하는 데 많은 제약이 있었다. 그러나 민통선 일부 지역이 북쪽으로 상향조정되거나 경원선 노선이 연장되면서 예전보다 훨씬 수월하게 철원의 곳곳을 여행할 수 있게 되었다. 특히 지난 2012년 11월 20일에 경원선 백마고지역이 개통되면서 많은 여행자의 관심을 끌고 있다. 경원선은 본래 서울역과 원산을 연결하던 철도였지만 한국전쟁으로 중단되어 그동안 동두천역과 신탄리역까지만 운행했다. 이로써 신탄리역에 있던 철도중단점 푯말은 5.6km의 철로가 연장된 백마고지역으로 옮겨지게 되었다.

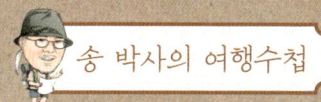

근처명소

❶ 고석정

철원은 안보관광지로 잘 알려졌다. 하지만 그 내면을 살펴보면 뜻밖에 자연경관이 뛰어난 명소가 많다. 그 대표적인 명소가 고석정이다. 철원팔경 가운데 으뜸으로 손꼽히는 고석정은 경치 좋은 한탄강 유역에 자리 잡고 있다. 먼 옛날 신라의 진평왕과 고려의 충숙왕 등이 즐겨 찾은 곳으로도 유명하다. 지금은 당시의 정자 대신 새로 지은 콘크리트 건물이 들어서 있지만 고석정에서 내려다보는 한탄강과 고석암 주변의 아름다운 풍광은 한 폭의 산수화를 펼쳐 놓은 것 같다. 일반 여행자들도 고석암 아래의 한탄강 변까지 내려가 볼 수 있다. 고석정에는 조선 명종 때 활동했던 의적 임꺽정과 관련된 전설도 있다. 고석정 일대를 근거지로 삼았던 임꺽정이 관군이 잡으러 오면 물고기의 한 종류인 꺽지로 변해 위기를 모면하곤 했다고 한다. 지금도 고석정 부근에서는 꺽지가 많이 잡히며 꺽지로 만든 매운탕은 맛이 좋기로 유명하다.

❷ 직탕폭포와 삼부연폭포

철원의 천연적인 아름다움을 대표하는 폭포로는 직탕폭포와 삼부연폭포가 있다. 일명 '한국의 나이아가라폭포'라 불리는 직탕폭포는 수직으로 떨어지는 한탄강의 물줄기가 압권이다. 높이는 불과 4~5m밖에 되지 않지만, 비가 내린 후에 찾아가면 멋진 장관을 감상할 수 있다. 삼부연폭포는 우리나라의 전형적인 아름다움을 갖춘 소담스러운 폭포로 가마솥처럼 생긴 3개의 연못에서 물이 쏟아진다고 해서 '삼부연'이라는 이름을 붙였다. 궁예가 태봉의 도읍지를 정할 당시에 세 마리의 이무기가 용으로 승천했다는 신비스러운 전설을 간직하고 있다. 아래 사진은 삼부연폭포이다.

❸ 백마고지전적지

비무장지대 안에 솟아 있는 천혜의 요새인 백마고지(해발 395m). 한국전쟁 당시 가장 치열한 전투를 벌인 곳으로 1952년 10월 6일부터 10일 동안 2만 명의 사상자가 발생했던 격전지이다. 중공군과 국군 사이에 무려 25차례나 뺏고 뺏기는 접전 끝에 국군의 승리로 끝난 전승지이기도 하다. 백마고지가 한눈에 내려다보이는 야트막한 언덕 위에 백마고지전적비가 당시의 상황을 말해 주는 것처럼 우뚝 서 있다. 백마고지까지 직접 가 볼 수는 없지만, 당시의 아군 사상자 숫자만큼 위령비 아래 놓인 평석들을 바라보고 있노라면 그때의 처절했던 전투를 상상하게 된다.

자연과 조화를 이루는
우리나라 최고의 전통마을

경북 안동
하회마을

여행정보

- 🌐 안동하회마을 www.hahoe.or.kr
- ☎ 안동하회마을 관리사무소 054-854-3669
- 🚗 중앙고속도로 서안동나들목 ···→ 34번 국도 ···→ 안동시 풍산읍 ···→ 916번 지방도 ···→ 하회마을
- 🍴 옥류정(헛제삿밥, 054-854-8844), 황소곳간(한우요리, 054-843-1002), 추임새(간고등어정식, 054-853-4001)
- 🛏 하회마을북촌댁(한옥체험, 010-2228-1786), 화천서원(한옥체험, 054-854-0663), 안동호텔(054-858-1166)

추천코스

- ✈ **당일여행** 하회마을 ···→ 병산서원 ···→ 하회탈박물관
  1박2일여행 하회마을 ···→ 병산서원 ···→ 하회탈박물관 ···→ 봉정사 ···→ 이육사문학관 ···→ 퇴계종택 ···→ 도산서원

하회마을의 특징 가운데 하나는 전형적인 양반마을이면서도
양반의 문화가 서민의 문화와 적절한 조화를 이룬다는 점이다.
그 점이 바로 하회마을이 더욱 높이 평가받는 부분이다.

오랜 옛날부터 우리나라 유림의 본 고장으로 잘 알려져 온 경상북도 안동에는 조
선시대 당시의 옛 모습을 고스란히 간직한 전통마을이 있다. 하회마을이 바로 그곳
이다. 강물이 마을 전체를 휘감고 흐른다고 해서 '하회(河回)'라는 이름이 붙었다. '물
돌이동'이라는 다른 이름도 가지고 있는 하회마을에는 풍산 류(柳)씨의 대종택인 양
진당, 서애 류성룡의 종택인 충효당을 비롯해 하회북촌댁, 하동고택 등과 같은 오래
된 기와집이 자리 잡고 있다.

하회마을은 경주의 양동마을과 함께 지난 2010년에 세계문화유산으로 등재되었
다. 이제는 우리나라뿐만 아니라 세계가 인정하는 전통마을이 된 셈이다. 현재 하회
마을에는 풍산 류씨가 많이 살고 있다. 그러나 "허씨 터전에, 안씨 문전에, 류씨 배
판"이라는 말이 전해 오는 것으로 보아 고려시대 중기에는 허씨, 말기 이후로는 안
씨와 류씨가 터전을 잡고 살아온 것으로 추정된다.

하회마을은 풍수지리학적으로 연화부수형 또는 태극형의 형국을 띠고 있다. 물
줄기에 둘러싸인 마을의 모습이 마치 물 위에 떠 있는 연꽃 같고, 마을을 둘러싼 산
과 물줄기가 'S' 자 모양으로 산태극과 수태극의 형태를 이루고 있다. 낙동강 중상류
의 물줄기가 남서쪽으로 흐르다 하회에 이르러 서쪽, 북쪽, 동쪽, 북동쪽으로 여러
차례 방향을 바꾼 후에 다시 남서쪽으로 흐르면서 천혜의 길지를 만들어 낸 것이다.
마을 사람들은 그동안 하회가 전란이나 풍수해의 피해를 거의 입지 않은 것, 높은
벼슬에 오른 인물을 많이 배출한 것, 풍산 류씨의 후손이 오랜 기간 번창할 수 있었
던 것 등이 모두 하회가 길지이기 때문이라고 믿고 있다.

풍산 류씨들이 하회마을에 들어와 살기 시작한 시기는 고려시대 말기로 추정하고
있다. 서애 류성룡의 6대조인 류종혜가 길지를 찾아 지금의 양진당 자리에 집터를
잡은 것이 그 시초이다. 하지만 류종혜가 마을을 일구기까지의 과정은 조금 특이하
다. 그는 류가 이전에 이미 터를 잡고 살았던 선주민들의 집터와 묘지를 피해 집을
짓기 시작했는데 어찌 된 일인지 집이 완성되기도 전에 자꾸만 무너졌다. 결국, 지
나가던 도인의 말에 따라 마을 앞 큰 고개에 정자를 짓고 3년간 적선을 한 후에야 겨
우 터전을 마련할 수 있었다 한다. 그러자 얼마 되지 않아 풍산 류가에게 벼슬길이
열리기 시작했다. 겸암 류운룡(1539~1601년)과 서애 류성룡(1542~1607년)은 학문

왼쪽 하회마을의 초가집과 텃밭 **오른쪽** 능소화가 핀 하회마을의 담장

이 깊고 인품이 높아 류씨 가문과 하회마을을 탄탄하게 일으켜 세웠다. 특히 류성룡은 나라가 위급할 때 슬기롭게 국난을 극복해 그 명성을 후세에까지 알렸다. 겸암과 서애의 후덕은 훗날 예의 바르고 학문을 숭상하는 하회마을의 기풍을 세우는 토대가 되었다.

하회마을의 특징 가운데 하나는 전형적인 양반마을이면서도 양반의 문화가 서민의 문화와 적절한 조화를 이룬다는 점이다. 하회마을에는 양반의 풍류놀이인 선유줄불놀이가 있는가 하면 민간신앙에서 비롯된 하회별신굿탈놀이가 서민의 문화로 전승되고 있다. 게다가 이 두 문화는 서로의 도움을 받아 공생해 왔다. 양반문화와 서민문화가 공존하고 있다는 점이 바로 하회마을이 더욱 높이 평가받는 부분이다.

풍수지리학적으로 하회마을의 요지에 자리 잡고 있는 양진당(보물 제306호)은 풍산 류씨의 대종택이다. 평지보다 눈에 띄게 높은 축대 위에 건축물이 세워져 있고 쪽마루와 난간이 있어 마치 누각과 같은 느낌을 주는 단아한 건축물이다. 양진당은 서애 류성룡의 형인 겸암 류운룡이 생전에 지은 집으로 입암고택(立巖古宅)이라 불리기도 한다. '입암'은 겸암과 서애의 아버지인 류중영을 가리킨다. 양진당 앞에 있는 충효당(보물 제414호)은 하회마을에서 가장 으뜸가는 건축물이다. 서애 류성룡의 유덕을 기리기 위해 손자인 류원지가 초창한 충효당은 증손자인 류의하에 의해 크

부용대에서 바라본 하회마을

왼쪽부터 하회마을 북촌댁, 삼신당, 충효당

게 증축되었다. 충효당 옆에는 서애 류성룡의 유물을 전시하기 위해 지은 영모각이 있다. 많은 유물 가운데서도 특히 국보 제132호로 지정된 『징비록』이 눈길을 끈다. 『징비록』은 서애 류성룡이 임진왜란 전후의 전황을 기록한 친필 회고록으로 매우 소중한 유물이다. 충효당 행랑채 앞마당에는 영국 여왕 엘리자베스 2세가 하회마을 방문 기념으로 1999년에 심은 구상나무 한 그루가 자라고 있다.

하회북촌댁 역시 하회마을에서 돋보이는 건축물 가운데 하나로 1797년에 작은 사랑과 익랑을 처음 건립한 뒤 1862년에 오늘날과 같은 모습으로 완성되었다. 현재 하회북촌댁에서는 북촌유거(큰사랑채), 화경당(중사랑채), 수신와(작은사랑채), 안채(안방, 윗상방, 아랫상방) 등에서 한옥체험이 가능하다. 최대 10명까지 이용이 가능한 북촌유거의 누마루에서는 하회 3대 풍광이라 불리는 화산(동쪽), 부용대와 낙동강(북쪽), 병산(남쪽)이 한눈에 들어온다.

🗨 송 박사의 미주알고주알

하회별신굿탈놀이 하회별신굿탈놀이의 유래에 대해서는 다음과 같은 이야기가 전해진다. 하회마을에 허가들이 살고 있던 고려시대 중엽, 당시 마을에 재앙이 많이 일어났으나 사람들의 능력으로는 도저히 막을 수 없었다. 이때 하회마을에 살던 허 도령의 꿈에 도인이 나타나 "탈을 12개 만들어 그것을 쓰고 굿을 하면 재앙이 물러갈 것이다."라는 계시와 함께 "탈을 다 만들 때까지 누구도 들여다보게 해  서는 안 된다."라는 금기까지 일러 주었다. 도인으로부터 계시를 받은 허 도령은 그때부터 외부인의 출입을 금하여 '금줄'을 치고 집에서 탈 제작에 몰두했다. 그런데 평소 허 도령을 흠모하던 마을의 한 처녀가 허 도령이 너무나도 보고 싶어 문틈 사이로 몰래 들여다보았다. 그 순간 허 도령은 피를 토하며 죽고 말았다. 그때 마지막으로 만들던 이매탈은 턱을 만들기 전에 허 도령이 죽었기 때문에 지금까지도 턱이 없는 상태로 전해지고 있다. 이후 마을 사람들은 허 도령에 대한 애도의 뜻으로 하회별신굿탈놀이를 시작하게 되었다. 하회별신굿탈놀이는 1928년을 마지막으로 한동안 중단되었다가 30여 년 만에 다시 재현되어 1958년 제1회 전국민속경진대회에서 대통령상을 받았다. 1980년에는 국가지정 중요무형문화재 제69호로 지정되었다. 오늘날의 하회별신굿탈놀이는 마을의 재앙을 물리치고 풍년을 기원하는 행사로 지신밟기, 탈놀이, 당제, 혼례마당, 신방마당 등으로 나뉘어서 열리고 있다. 일반 관광객들은 하회마을 입구에 마련된 상설공연장에서 무료로 하회별신굿탈놀이를 관람할 수 있다.

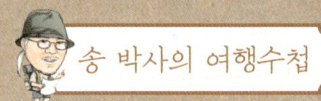
🚐 근처명소

❶ 봉정사

안동시 서후면의 천등산 기슭에 자리 잡고 있는 봉정사는 하회마을, 도산서원 등과 함께 안동을 대표하는 문화명소이다. '봉정사'라는 이름은 신라의 고승 의상조사가 영주 부석사에서 날려 보낸 '종이 봉황'이 내려앉은 곳에 지은 사찰이라는 데서 유래되었다. 몇 년 전에 영국의 여왕 엘리자베스 2세가 다녀간 이후 세계적으로 널리 알려지게 되었으며 우리나라에서 가장 오래된 목조건축물 가운데 하나인 극락전(1200년 무렵 창건 추정)이 특히 유명하다. 이 밖에도 봉정사에는 고려시대 공민왕 때인 1361년에 창건된 것으로 추정되는 대웅전, 우리나라에서 가장 오래된 목조불상인 지조암 목조관음보살상(1199년 제작 추정), 그리고 1428년에 제작된 것으로 추정되는 대웅전의 후불탱화 등이 있다.

❷ 병산서원

고려시대 때 안동 풍산현에 있던 풍악서당이 병산서원의 효시이다. 서애 류성룡의 권유로 지금의 자리로 옮기면서 병산서당이라 불리게 되었다. 1610년 무렵 서애 류성룡을 배향하는 존덕사가 지어지면서 병산서원이라는 이름을 얻었다. 낙동강 물줄기가 굽이쳐 흐르는 한적한 강변에 세워져 있어 조망이 좋다. 서원의 관문인 만대루에 오르면 강 건너편의 병산이 한눈에 들어온다.

❸ 하회세계탈박물관

하회탈뿐만 아니라 세계 여러 나라의 탈을 한자리에서 만날 수 있는 흥미로운 박물관이다. 하회탈 제작자이자 하회별신굿탈놀이 이수자(각시)인 김동표 관장이 세계 각국을 돌아다니며 수집한 탈을 전시하고 있다. 전시관은 모두 5개로 나뉘어 있으며 중국, 일본, 인도, 콩고, 가봉, 세네갈, 프랑스, 그리스, 뉴질랜드, 과테말라 등을 비롯한 여러 나라의 탈을 만나볼 수 있다. 하회세계탈박물관에서 가장 중심이 되는 전시물은 하회탈이다. 하회탈은 현재 국보 제121호로 지정되어 있으며 가면미술

분야의 세계적인 걸작으로 높이 평가받고 있다. 하회탈은 안면의 골격과 근육의 움직임을 응용해 신분적인 특성을 해학적으로 잘 표현하는 것이 특징이다. 하회탈 가운데 양반, 선비, 중, 백정 등은 분리된 턱을 끈으로 매어 달아 얼굴과 턱이 따로 움직일 수 있게 했다. 그리고 모든 탈이 코를 중심으로 좌우 비대칭적이어서 바라보는 위치에 따라 각기 그 모양이 다르다.

백제문화의 모든 것을 만날 수 있는 공간

충남 부여
국립부여박물관

여행정보

🌐 부여군청 www.buyeo.go.kr
　 국립부여박물관 buyeo.museum.go.kr

📞 부여군청 문화관광과 041-830-2010
　 국립부여박물관 관리사무소 041-833-8562

🚗 서천-공주고속도로 부여나들목 ···▶ 규암사거리 ···▶ 부여
　 군 부여읍 ···▶ 국립부여박물관

🍴 구드래돌쌈밥(돌쌈밥, 041-836-0463), 백제의집
　 (연잎밥, 041-834-1212), 백제가든(버섯전골, 041-
　 836-0306)

🏨 백제관(한옥체험, 041-832-2722), 백제관광호텔
　 (041-835-0870), 삼정부여유스호스텔 펜션동(041-
　 835-3101)

추천코스

📍 당일여행 국립부여박물관 ···▶ 부소산성 ···▶ 궁남지 ···▶ 백제
　 원(식물박물관)
　 1박2일여행 국립부여박물관 ···▶ 부소산성 ···▶ 궁남지 ···▶
　 정림사지 오층석탑 ···▶ 백제원(식물박물관) ···▶ 백제문화
　 단지 ···▶ 능산리고분군 ···▶ 무량사

안타깝게도 부여에는 공주와 마찬가지로 백제의
왕들이 살았던 왕궁은 오늘날 어디서도 찾아볼 수 없다.
단지 왕궁터로 추정되는 빈터만 어렴풋이 남아 있을 따름이다.

충남 부여는 백제 패망의 아픔을 간직한 고장이다. 신라의 김유신과 김법민 등이
이끄는 5만 대군에 맞서 싸우던 계백 장군의 5,000결사대가 패하면서 사실상 백제
는 멸망했다. 부여는 538년부터 660년까지 123년 동안 백제의 마지막 도읍지였다.
당시의 이름은 사비성이었다. 26대 성왕 16년에 웅진(공주)에서 지금의 부여 땅으
로 도읍을 천도하면서 '사비'라는 이름을 붙였다. 그 후 27대 위덕왕(554~598년),
28대 혜왕(598~599년), 29대 법왕(599~600년), 30대 무왕(600~641년), 31대 의
자왕(641~660년) 등이 왕위를 이었다. 하지만 안타깝게도 공주와 마찬가지로 백제
의 왕들이 살았던 왕궁은 오늘날 어디서도 찾아볼 수 없다. 단지 왕궁터로 추정되는
빈터만 어렴풋이 남아 있을 따름이다.

국립부여박물관은 부여 일대에서 출토된 백제의 유물들이 전시된 공간이다.
1929년에 부여고적보존회라는 이름으로 창립되어 총독부박물관 부여분관(1939년),
국립박물관 부여분관(1945년) 등으로 불리다 1975년에 국립부여박물관으로 승격했
다. 전시물들은 크게 선사유물, 백제유물, 불교유물, 기증유물, 야외유물 등으로 구
분되어 일반에 공개되고 있다. 이곳에 있는 모든 유물이 귀중하지만, 특히 백제금
동대향로(국보 제287호), 백제창왕명석조사리감(국보 제288호), 금동관음보살입상
(국보 제293호), 칠지도(복제품), 서산마애삼존불(복제품) 등이 특히 눈길을 끈다.

1993년 능산리고분군 서쪽의 절터에서 우연히 발견된 금동대향로(높이 61.8cm,
무게 11.85kg)는 백제의 문화와 종교관, 예술성 등이 집약된 귀중한 유물이다. 받
침대, 몸체, 덮개 등으로 구분되어 있는데 학자에 따라 맨 윗부분의 봉황을 따로 구

왼쪽 국립부여박물관 입구 **오른쪽** 연꽃구름 무늬 벽돌

왼쪽부터 칠지도(복제품), 금동관음보살입상, 백제금동대향로

분하기도 한다. 중국 이화원의 용처럼 다섯 발가락을 모두 힘 있게 펼친 용 한 마리가 받침대 역할을 하고 있으며 몸체에는 '천상의 새'라 불리는 가릉빈가를 비롯해 사슴, 학, 물고기 등 27마리의 동물과 2명의 사람이 새겨져 있다. 덮개에는 74개의 봉우리, 5명의 악사, 42마리의 동물, 6종류의 식물, 17명의 인물과 함께 산길, 시냇물, 폭포 등이 정교하게 표현되어 있다. 향로가 지닌 가장 멋진 부분은 연기가 퍼져 나오는 구멍이다. 봉황의 가슴에 있는 두 개의 구멍을 비롯한 곳곳의 구멍에서 마치 안개처럼 신비스럽게 연기가 스멀스멀 피어오른다. 연기 구멍들은 새가 앉아 있는 봉우리 뒤에 다섯 개, 5명의 악사 앞에 솟은 봉우리 뒤에 다섯 개가 감춰져 있다.

칠지도는 말 그대로 7개의 칼날을 가지고 있는 길이 74.9cm의 도검이다. 진품은 일본 나라현의 이소노카미신궁에 소장되어 있는데 지난 1953년에 일본의 국보로 지정되었다. 칼의 앞면과 뒷면에는 흐릿하게 61자의 글자가 상감되어 있다. 그 내용은 우리나라와 일본, 중국이 각기 다르게 해석하고 있지만 대략 다음과 같다. "태○ 4년 ○월 16일 병오일 정오에 무쇠를 백 번이나 두들겨 칠지도를 만든다. 이 칼은 백병(재앙)을 피할 수 있다. 마땅히 후왕(왜왕을 가리킴)에게 줄 만하다. 그동안 아무도 이런 칼을 가진 일이 없는데 백제왕은 왜왕 지(旨)를 위해 만든다. 후세에 길이 전할 것이다." 칠지도의 명문에 대해 우리나라에서는 4세기 후반에 근초고왕이 왜왕에게 하사한 것, 일본에서는 백제왕이 왜왕에게 바친 것, 중국에서는 백제를 통해 왜왕에게 전달한 것 등 서로 대립된 주장을 펴고 있다. 하지만 일반적으로 도검은 윗사람이 아랫사람에게 하사한다는 점, 왜왕의 이름인 '지'를 지칭했다는 점, 일본에서 오랫동안 감추어 두었다가 1874년에 이르러서야 공개를 했다는 점 등으로 미뤄 우리는 백제왕이 일본에 하사한 것으로 생각한다. 이에 국립부여박물관에서는 백제의 뛰어난 제철술을 자랑하는 칠지도를 복제품으로 만들어 전시하고 있다.

백제창왕명석조사리감은 백제금동대향로가 발견될 당시 같이 발굴된 유물이다. 백제 창왕 13년인 567년에 공주가 사리를 공양했다는 글자가 사리감에 새겨져 있다. 금동관음보살입상은 보관에 새겨진 화불, 손에 쥐고 있는 보주, 부드러운 치맛자락 등이 백제의 높은 예술성을 보여 주는 수작이다. 혹자는 우스갯소리로 이 금동불상을 가리켜 '미스 백제'라 부르기도 한다.

💬 송 박사의 미주알고주알

내가 좋아하는 맛집 베스트 5 좋은 여행을 위해서는 몇 가지 조건이 잘 맞아야 한다. 여행지가 최우선이지만 동반자, 계절, 날씨, 몸의 컨디션 그리고 무엇보다 먹는 것이 중요하다. 혹자는 "속인은 음식을 허기로 대하고, 현인은 음식을 정성으로 대한다."라고 말한다. 하지만 현실은 그렇지 못하다. 여행이 아주 좋았다고 하더라도 음식이 안 좋으면 금세 시무룩해지고, 여행 중에 기분이 조금 상했더라도 좋은 음식

을 만나면 금세 풀어진다. 그만큼 여행에서 먹는 것이 차지하는 비중은 매우 크다. 내가 여행지에서 음식점을 선택하는 기준은 명확하다. 첫째, 무조건 맛있어야 한다. 물론 모든 사람의 입맛을 다 맞출 수는 없다. 그러나 최소한 먹는 사람의 입맛에 맞추려는 음식점 주인의 성의는 있어야 한다. 둘째, 음식의 주재료가 될 수 있으면 그 지역에서 재배되거나 생산되는 것이어야 한다. 여행을 가서 현지의 별미를 맛보는 재미가 있어야 하기 때문이다. 셋째, 서비스가 좋아야 한다. 뭘 더 달라는 얘기가 아니다. 퉁명스럽지 않게 부드러운 목소리와 웃는 얼굴로 손님을 대하는 자세가 필요하다. 그리 어려운 일이 아니라고 본다. 넷째, 너무 야박한 음식점은 싫다. 10여 년 전, 글(소설, 시)을 쓰는 선배들 30여 명과 함께 나름 유명하다는 한 음식점에서 점심을 먹은 적이 있다. 식사가 끝나갈 무렵에 주인이 들어오더니 사람들 몸을 밀치면서까지 식탁 밑을 뒤져 빈 공깃밥 그릇을 챙기는 것이었다. 그리고 13개의 공깃밥은 계산서에 추가되었다. 굳이 그러지 않아도 다 계산 했을 텐데……. 그 이후로 나는 그 음식점에 한 번도 가지 않았다. 얼마 전에 그 음식점은 문을 닫았다. 근처에 있는 한 음식점은 올해로 32년째 영업을 잘하고 있는데……. 마지막으로, 좋은 서비스를 받으며 맛있는 음식을 맛보려는 사람도 스스로 품위와 예의를 지켜야 한다. 가끔 음식점 종업원을 마치 하인 부리듯 무례하게 대하는 사람들을 옆에서 지켜보면 마음이 몹시 불편해진다. 그런 사람은 자격 미달이다. 음식점 주인도 그런 사람은 받고 싶지 않을 것이다. 그동안 직업으로 30년 가까이 여행하면서 전국의 많은 음식점을 가 보았다. 미식가는 아니지만 돌아서면 다시 가보고 싶고, 유난히 정이 가는 음식점이 있다. 그래서 내 주관적인 기준에 따라 다섯 군데를 골라 봤다.
이름 하여 **여행작가 송일봉이 좋아하는 맛집 베스트 5!** 1. 부여 구드래돌쌈밥(돌쌈밥, 041-836-0463), 2. 강릉 농촌한정식(한정식, 033-647-3600), 3. 하동 쌍계 수석원식당(돌솥밥, 055-883-1716), 4. 영광 다랑가지(굴비정식, 061-356-5588), 5. 화순 달맞이흑두부(흑두부보쌈, 061-372-8465) 등이다. 상대적일지는 모르지만 비교적 좋은 식당의 기준에 거의 들어맞는 음식점이다. 비록 '베스트 5'에는 들지 못했지만, 남원 우소보소(한식, 063-633-7484), 여주 걸구쟁이네(사찰음식, 031-885-9875), 부안 변산온천산장(바지락죽, 063-584-4874), 영월 장릉보리밥집(보리밥, 033-374-3986), 담양 향교죽녹원(대나무통밥, 061-381-9596), 하동 청뫼향(대나무통밥, 055-884-2869), 영주 선비촌종가집(간고등어정식, 054-637-9981), 봉화 솔봉이(송이돌솥밥, 054-673-1090), 문경 하초동(버섯전골, 054-571-7977), 청도 강남반점(스님짜장, 054-373-1569), 춘천 오봉산장(더덕구이정식, 033-244-6606), 부여 백제의집(연잎밥, 041-834-1212) 등도 내가 좋아하는 맛집이다.

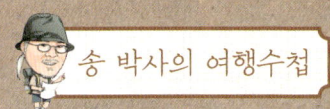

🚐 근처명소

❶ 궁남지

부여 읍내에서 조금 떨어진 외곽에는 아담하고 예쁜 연못 하나가 있다. 최근 들어 부여의 새로운 명소로 떠오르고 있는 이 연못의 이름은 '궁남지'. 궁의 남쪽에 있다 하여 이 같은 이름이 붙었다. 우리나라 최초의 사구체향가인 「서동요」의 주인공인 서동의 탄생 설화와도 깊은 관련이 있는 궁남지는 우리나라에서 가장 오래된 인공 연못으로 추정되고 있다. 서동은 훗날 백제 30대 임금인 무왕이 된 인물로 신라 진평왕의 셋째 딸 선화공주와 결혼했다. 궁남지 주변에는 많은 능수버들이 심어져 있으며 연못 한가운데에는 포룡정이라는 정자가 근사한 나무다리와 연결되어 있다. 인공으로 연못을 만들고 그 한가운데 인공 섬(산)을 만드는 조영 법식 기술은 일본에도 많은 영향을 미쳤다. 인공 섬은 신선이 산다는 봉래산, 영주산, 방장산을 의미하고 있다.

❷ 정림사지 오층석탑

부여 읍내 한가운데 불쑥 솟아 있는 정림사지 오층석탑은 국보 제9호로 일명 '백제탑'이라 불리는 시원스러운 탑이다. 석탑인데도 마치 나무를 깎아서 만든 것처럼 정교하고 경쾌해 금방이라도 하늘로 날아오를 것 같은 느낌을 주는 탑이다. 어쩌면 그렇게도 완벽한 체감률을 계산해서 탑을 쌓아 올렸는지, 아무리 오랫동안 바라보고 있어도 전혀 지루하지가 않다. 정림사지오층석탑은 삼국시대에 만들어진 석탑 가운데 지금까지 남아 있는 3기의 석탑 중 하나이다. 오층석탑이 세워진 시기를 백제 무왕 후기 또는 의자왕 시절로 추측하고 있으므로 어림잡아도 1,300년 이상 한 자리에 꿈쩍도 않고 서 있는 것이다. 정림사지 오층석탑 근처의 로터리에는 '백제의 마지막 장군'이라 일컬어지는 계백 장군의 동상이 세워져 있다.

❸ 무량사

무량사는 부여군 외산면의 만수산 기슭에 있는 고즈넉한 사찰이다. 그리 널리 알려지지는 않았지만, 문화답사를 좋아하는 사람들 사이에서는 꼭 한 번 가봐야 할 명소 가운데 하나로 손꼽히는 곳이다. 무량사는 신라시대 때 범일국사가 창건했다고 전해지기는 하지만 사찰 내에서 이를 증명할 만한 유물은 발견되지 않고 있다. 2층으로 지어진 극락전은 청양에 있는 장곡사 상대웅전, 서산에 있는 개심사 대웅보전 등과 함께 충청남도의 대표적인 조선시대 건축물로 손꼽힌다. 무량사는 매월당 김시습과도 깊은 인연이 있는 사찰이다. 김시습은 생육신 가운데 한 사람으로 우리나라 최초의 한문소설인 『금오신화』를 썼다. 단종의 죽음과 세조의 등극 과정에서 스스로 속세를 떠나 승려의 길을 걸었다. 공주 마곡사, 경주 기림사 등을 거쳐 무량사에서 살다 생을 마감했다. 무량사 경내에는 김시습의 자화상(초상화)이 봉안되어 있고 사찰 입구에는 그의 부도가 세워져 있다.

❶

❷

❸

기기묘묘한 바위로 가득 찬 전설의 산

경남 남해
금산

여행정보

🌐 **남해군청** www.namhae.go.kr

📞 **남해군청 문화관광과** 055-860-8631

🚗 남해고속도로 하동나들목 ⋯, 19번 국도 ⋯, 남해대교 ⋯,
남해군 남해읍 ⋯, 금산

🍴 공주식당(갈치회, 055-867-6728), 우리식당(멸치
쌈밥, 055-867-0074), 어부림횟집(자연산 모듬회,
055-867-3362)

🛏 남해이야기(055-867-8633), 첼로펜션(055-867-
1441), 남송가족관광호텔(055-867-4710)

추천코스

📍 **당일여행** 보리암 ⋯, 은모래비치 ⋯, 미조항
1박2일여행 보리암 ⋯, 은모래비치 ⋯, 다랭이마을 ⋯, 미
조항 ⋯, 물건리 방조어부림 ⋯, 이락사

한려해상국립공원에 속해 있는 금산에는 신기하고 불가사의한
명소가 곳곳에 산재해 있다. 아름다운 경치는 물론이고
다양한 모습의 기암괴석이 유난히 많다.

경남 남해도는 '보물섬'이라는 별명을 가진 아름다운 섬이다. 섬 전체가 깨끗한 청정해역으로 둘러싸여 있을 뿐만 아니라 근사한 바닷가, 멋진 드라이브 코스, 한적한 포구 그리고 흥미진진한 전설이 어린 여행지가 곳곳에 산재해 있다. 육지와는 지난 1973년 6월에 완공된 남해대교와 연결되었다. 남해도 하면 가장 먼저 떠오르는 명물 가운데 하나인 남해대교는 한때 '한국의 금문교'라는 이름으로 불리기도 한다. 최근에는 삼천포와 남해도를 잇는 창선−삼천포대교가 놓이면서 더욱 교통이 편리해졌다. 늑도, 초양도, 모개섬 등 3개의 섬을 4개의 다리로 연결한 이 다리는 '우리나라의 아름다운 길' 가운데 하나로 손꼽힌다.

남해대교에서 4km쯤 떨어진 곳에는 '관음포 이충무공 전몰유허'가 자리 잡고 있다. '이락사'라는 이름으로도 불리는 곳으로 노량해전에서 전사한 이순신 장군의 시신이 처음 안치되었던 유서 깊은 명소이다. 이락사에서 벚나무길을 따라 남해읍까지 간 뒤, 다시 자동차로 20분쯤 달리면 멋진 은빛 모래밭을 만나게 된다. 바로 은모래비치(상주해수욕장)이다. 2km가량 반달처럼 휘어진 고운 백사장과 울창한 송림이 한데 어우러져 멋진 조화를 이루고, 파도 역시 잔잔해서 아늑하고 편안한 느낌을 주는 곳이다.

남해도를 대표하는 명산으로는 단연 금산(해발 681m)을 첫손으로 꼽을 수 있다. 본래 이름이 보광산이었는데 금산으로 불리게 된 데는 태조 이성계와 깊은 관련이 있다. 고려의 장군 시절 이성계는 남해 보광산이 기도의 효험이 높다는 말을 듣고 이곳에 와서 백일기도를 했다. 그리고 "내가 왕이 되면 보광산을 금으로 덮어주겠노라."라고 하며 약속도 했다. 마침내 왕위에 오른 이성계는 약속을 지키기 위해 '비단으로 뒤덮인 산'이라는 의미의 '금산(錦山)'으로 이름을 바꾸었다고 한다. 이성계가 기도했던 곳에는 '선은전(璿恩殿)'이라는 전각이 세워져 있다.

왼쪽부터 창선−삼천포대교, 보리암 해수관음상, 남해대교

왼쪽 보리암 삼층석탑 **오른쪽** 금산 장군암

　　한려해상국립공원에 속해 있는 금산에는 신기하고 불가사의한 명소가 곳곳에 산재해 있다. 아름다운 경치는 물론이고 다양한 모습의 기암괴석이 유난히 많다. 망대, 문장봉, 대장봉, 제석봉, 화엄봉, 천구암, 삼불암, 사자암, 저두암 등은 오랜 옛날부터 '금산 38경'으로 불리면서 많은 사람의 사랑을 받고 있다. 특히 금산에서 가장 전망이 좋은 곳에 자리 잡은 보리암은 양양 홍련암, 강화 보문사와 함께 우리나라 3대 기도도량 가운데 하나로 잘 알려졌다. 금산 보리암에는 해수관음상과 삼층석탑이 세워진 탑대가 있다. 아담한 크기의 삼층석탑은 불가사의한 현상을 확인할 수 있는 곳으로 유명하다. 정상적으로 작동하는 나침반이 삼층석탑에서는 제대로 방향을 가리키지 못하기 때문이다. 삼층석탑에 나침반을 올려 놓고 위치를 바꾸면 바늘이 움직여서 동쪽이나 서쪽을 가리킨다. 그 상태에서 그대로 수평으로 이동을 시키면 바늘은 또 다른 방향을 가리킨다. 나침반 바늘은 항상 북쪽을 가리키게 되어 있는 것이 정상인데……. 이 같은 현상에 대해 의견이 분분하지만 아직까지는 과학적으로 시원스럽게 규명하지 못하고 있다. 탑대 아래에는 쌍홍문이 있다. 멀리서 보면 마치 해골의 눈처럼 무서워 보이는 두 개의 동굴이다. 원효대사는 이 흉측한 모습이 무지개처럼 아름답게 보였는지 직접 '쌍홍문(雙虹門)'이라는 이름을 붙였다. 쌍홍문 바로 앞에는 늠름한 모습의 장군암이 마치 수문장처럼 떡 버티고 서 있다.

　　금산 38경의 제1경인 망대는 금산에서 가장 높은 봉우리이다. 망대에서는 금산의 아기자기한 기암괴석들과 다도해의 크고 작은 섬들을 한눈에 내려다볼 수 있다. 망대 근처에는 문장암(일명 명필바위)이라 불리는 바위가 하나 있다. 조선시대 중종 때 풍기군수를 지냈던 신재 주세붕이 금산의 절경에 감탄해서 글을 새겼다는 바위이다. 그가 각자로 쓴 '유홍문 상금산(由虹門 上錦山)'이 지금도 뚜렷하게 남아 있다. 금산의 상사암 또한 유명하다. 상사병에 시달리다 끝내 사랑을 이룬 한 남자에 관한 이야기가 전해지는 바위이다. 상사암과 관련해서는 비슷한 전설이 여러 개 전해지고 있다. 하지만 서로 사랑하는 사람들이 함께 오르면 반드시 사랑이 이뤄진다는 얘기만큼은 변함이 없다.

금산 38경 가운데 가장 신비로운 것은 노인성(남극노인성 혹은 카노푸스)이다. 노인성은 남반구에서는 흔히 볼 수 있는데 북반구에 속해 있는 우리나라에서는 좀처럼 볼 수 없는 별이다. 그러나 지리적으로 우리나라 남단에 있는 금산에서는 해마다 춘분과 추분 전후의 일주일 동안 노인성을 잘 볼 수 있다. 노인성을 보면 오래 산다는 속설 때문에 '노인성'이라는 이름이 붙었다.

💬 송 박사의 미주알고주알

둘 다섯의 「밤배」

"검은 빛 바다 위를 밤배
저 밤배 무섭지도 않은가 봐
한없이 흘러가네
밤하늘 잔별들이
아롱져 비칠 때면
작은 노를 저어 저어 은하수
건너가네 끝없이 끝없이
자꾸만 가면 어디서 어디서
잠들 텐가 음음 볼 사람 찾는
이 없는 조그만 밤배야
끝없이 끝없이 자꾸만 가면
어디서 어디서 잠들 텐가
음음 볼 사람 찾는 이 없는
조그만 밤배야"

1970년대 상당한 인기를 끌었던 포크송인 「밤배」는 통기타 듀오 둘 다섯의 대표곡 가운데 하나이다. 멤버였던 이두진과 오세복은 1973년 어느 날, 남해 금산 보리암에서 하룻밤 머물며 멋진 밤바다를 보고 즉석에서 노랫말을 만들었다. 그 당시 보리암에서 하룻밤 묵을 정도면 어느 정도 여행에 대한 내공이 있었던 듯……. 「밤배」 외에 둘 다섯의 히트곡으로는 「긴 머리 소녀」, 「일기」, 「얼룩 고무신」, 「먼 훗날」 등 주옥같은 노래들이 있다. 둘 다섯이 「밤배」를 만들게 된 사연이 우연히 알려지면서 남해군청은 노래의 배경이 된 은모래비치에다 '밤배 노래비'를 세웠다.

🚐 근처명소

❶ 물건리 방조어부림

남해도 또 하나의 명물은 물건리 방조어부림(천연 기념물 제150호)이다. 1만여 그루의 울창한 나무가 해안선을 따라 반원형으로 펼쳐져 있는 숲이다. 맨들맨들한 몽돌해변과 한데 어우러진 나무들의 평균 수령은 약 300년. 이미 오래전에 우리 조상은 거센 바람과 파도를 막기 위해 바닷가에다 팽나무, 푸조나무, 보리수, 광대싸리 등과 같은 나무들을 심었다. 그렇게 조성된 방풍림은 콘크리트 방파제보다 강한 모습으로 오랜 세월을 버텼다.

❷ 미조항

남해도의 남쪽 끄트머리에는 그 이름도 예쁜 미조항이 자리 잡고 있다. 아침마다 해산물 경매가 열려 삶의 활력을 느낄 수 있는 곳이다. 아울러 미조항은 남해안 일대에서 잡히는 멸치와 갈치의 집산지로도 유명한데 이곳의 갈치회는 전국적으로 널리 알려진 별미! 미조항을 벗어나 항도, 가인포 등으로 이어지는 해안도로를 달리다 보면 절로 탄성이 나올 정도로 멋진 절경이 이어진다. 바다 곳곳에 점점이 떠 있는 고기잡이배와 바닷가에 터를 잡은 아기자기한 어촌이 여행자의 마음을 한층 푸근하고 평온하게 만든다. 한적한 해안도로는 마치 천국으로 향하는 꿈길처럼 느껴지기도 한다.

❸ 다랭이마을

남해도의 명물 가운데 하나인 가천 다랭이마을은 남해군 남면 홍현리의 바닷가에 자리 잡고 있다. 마을 이름에서 금세 알 수 있듯이 경사가 심한 바닷가에 계단식으로 층층이 농경지를 일궈 놓은 곳이다. 100여 층에 이르는 계단에는 크고 작은 논과 밭들이 멋진 조화를 이루고 있다. 가파른 언덕에 축대를 쌓아 농경지를 만들다 보니 논과 밭의 크기와 형태도 제각각이다. 300평 정도의 넓은 논도 있지만 3평 정도밖에 안 되는 밭도 있다. 작은 논이나 밭은 지금도 소를 이용해 쟁기질과 써레질을 한다. 이처럼 독특한 지형 때문에 지난 2005년에 우리나라 명승 제15호로 지정되었다.

남한강 변에 자리 잡은 최고의 방생도량

경기 여주
신륵사

여행정보

🌐 신륵사 www.silleuksa.org

📞 신륵사 종무소 031-885-2505

🚗 영동고속도로 여주나들목 ⋯▸ 37번 국도 ⋯▸ 여주군 여주읍 ⋯▸ 신륵사

🍴 걸구쟁이네(사찰음식, 031-885-9875), 예당한정식(여주쌀밥, 031-885-0080), 조선옥(한정식, 031-883-3939)

🛏 남강호텔(031-886-0132), 썬모텔(031-885-1818), 해여림식물원펜션(031-882-1700)

추천코스

🚩 당일여행 신륵사 ⋯▸ 영릉 ⋯▸ 목아박물관
1박2일여행 명성황후생가 ⋯▸ 영릉 ⋯▸ 해여림식물원 ⋯▸ 신륵사 ⋯▸ 목아박물관 ⋯▸ 고달사지

청담 이중환은『택리지』에서 "남한강이 젖줄처럼 흐르고 있는 여주는
일찍이 대동강 변의 평양, 소양강 변의 춘천과 더불어 나라 안에서
가장 살기 좋은 강촌으로 손꼽힌다."라고 표현했다.

조선시대 중엽의 실학자이자 지리학자였던 청담 이중환은 그의 저서『택리지』에
서 "남한강이 젖줄처럼 흐르고 있는 여주는 일찍이 대동강 변의 평양, 소양강 변의
춘천과 더불어 나라 안에서 가장 살기 좋은 강촌으로 손꼽힌다."라고 표현했다. 많
은 세월이 지난 오늘날에도 여주의 강물은 여전히 흐르고 있고, 쌀과 도자기와 땅콩
을 특산물로 자랑하고 있다. 아무리 생각해도 '멋과 맛의 고장' 여주에 대한 옛 학자
의 표현이 결코 빈말은 아닌 듯싶다.

남한강 변의 나지막한 봉미산 끝자락에 있는 신륵사는 신라시대 진평왕 때 원효
대사가 창건했다고 전해지는 고찰이다. 고려 말의 고승 나옹화상이 입적(1376년)한
이후로 크게 사세가 확장되었으며 조선시대 성종 때인 1469년에는 왕실의 후원을
받는 영릉의 원찰이 되었다. 그러나 임진왜란 당시 대부분의 전각이 소실되었고 조
선시대 숙종 때인 1702년에 이르러서야 중건이 이뤄졌다. 신륵사 극락보전 앞에는
보물 제225호로 지정된 다층석탑이 세워져 있다. 화강암을 사용하는 일반적인 석탑
들과는 달리 대리석으로 탑을 조성한 것이 특징이다. 가늘고 긴 형태와 조각수법은
서울 탑골공원에 있는 원각사지십층석탑과 유사하다. 다층석탑은 조선시대 성종 때
인 1472년에 세워진 것으로 추정되고 있다. 극락보전은 조선시대 정조 때인 1797년

왼쪽 보제존자석종과 조사당을 잇는 돌계단 **오른쪽** 신륵사 다층석탑

왼쪽부터 남한강의 황포돛배, 신륵사 근처의 솔숲, 신륵사 삼층석탑

에 공사를 시작해 3년 뒤인 1800년에 완공되었다. 사찰의 역사에 비하면 그리 오래 되지 않은 건축물이다.

신륵사는 강변의 언덕 위에 벽돌로 쌓은 탑이 있다 해서 한때 '벽절'이라 불리기도 했다. 벽절의 유래가 된 다층전탑(보물 제226호)은 화강암과 흙벽돌을 적절하게 사용해서 조성한 탑이다. 힘을 많이 받는 기단과 계단은 단단한 화강암을 사용했으며 탑신부 6층은 흙을 구워 만든 벽돌을 사용했다. 조선시대 영조 때인 1726년에 탑을 수리했다는 기록이 남아 있으나 여러 정황상 고려 초기에 처음 세운 것으로 추정하고 있다. 다층전탑은 고려시대 때 만들어진 전탑으로는 우리나라에서 유일하게 남은 것으로 알려져 있다.

여주를 대표하는 전통사찰인 신륵사는 깊은 산중에 있는 여느 사찰과는 달리 강변에 자리 잡고 있다. 이처럼 접근성이 좋은 장점 덕분에 1년 내내 찾는 사람이 많다. 또한, 강을 끼고 있어 방생하려는 불교 신자들의 발길이 끊이지 않는 사찰이기도 하다. 최근 들어 신륵사는 템플스테이의 명소로 큰 관심을 끌고 있다. 참가자들은 일정 기간 사찰에 머물며 예불, 참선, 발우공양, 다도 등을 통해 마음을 다스리는 방법을 배운다. 템플스테이 프로그램으로는 휴식형과 일반체험형, 특별체험형이 있다. 휴식형은 예불(아침 4시 30분, 저녁 7시)과 공양(아침 6시, 점심 12시, 저녁 6시) 시간만 엄수하면 나머지 시간은 자유롭게 활용할 수 있는 프로그램이다. 일반체험형은 예불, 산책, 다도, 108배 등으로 이뤄져 있으며 특별체험형은 일반체험형에 사찰음식 체험과 자원봉사 체험을 포함하고 있다.

신륵사에서 가장 오래된 목조건축물인 조사당(보물 제180호)은 조선 태조 이성계가 스승 무학대사와 인도 스님인 지공대사, 그리고 나옹화상을 추모하기 위해 지은 건물이다. 조사당에 모셔진 세 스님은 고려 말에 나라의 국운과 함께 쇠락해 가는 불교계의 중흥을 위해 힘을 쏟았다. 현재 조사당 안에는 세 스님의 초상화가 모셔져 있고 앞마당에는 태조 이성계가 심었다는 오래된 향나무가 자라고 있다.

신륵사와 가장 관련이 깊은 스님은 나옹화상이다. 나옹화상은 선종과 교종의 통합을 통해 불교의 재건에 힘썼던 고승이다. 하지만 절대적인 후원자였던 공민왕에 이어 우왕이 즉위한 후 대신들의 탄핵을 받아 밀양 영원사로 가던 중 신륵사에서 입적했다. 그런 만큼 신륵사에는 나옹화상과 관련된 유적이 많다. 그 대표적인 것이 부도인 보제존자석종(보물 제228호), 보제존자석종비(보물 제229호), 보제존자 석종 앞 석등(보물 제231호) 등이다. 보제존자는 공민왕이 나옹화상에게 내려준 왕사 존호이다. 석종비 뒷면에 새겨진 「진당시」는 목은 이색의 작품으로 알려졌다. 목은 이색은 포은 정몽주, 야은 길재와 함께 고려 말 '삼은(三隱)'으로 불린다. 나옹화상의 다비식이 있었던 곳으로 추정되는 남한강 변 암반 위에는 현재 자그마한 삼층석탑이 세워져 있다. 나옹화상은 우리나라 가사의 효시로 추정되는 「서왕가」를 지은 스님으로도 유명하다. 다음은 나옹화상의 글귀 가운데 가장 많이 알려진 구절이다. "청산은 나를 보고 말없이 살라 하고/창공은 나를 보고 티 없이 살라 하네/사랑도 벗어 놓고 미움도 벗어 놓고/물같이 바람같이 살다가 가라 하네" 신륵사의 사찰 이름에 관해서도 나옹화상과 관련된 얘기가 전해지고 있다. 남한강에 사는 사나운 용마를 신비한 미륵(나옹화상)이 신력(神力)을 이용해 잠재운 뒤로 사찰 이름을 '신륵사'라 부르기 시작했다는 것이다. 물론 인당대사와 관련된 다른 전설도 있다.

💬 송 박사의 미주알고주알

조선의 왕릉 조선 왕릉은 조선시대 27대 왕과 왕비 및 추존된 왕과 왕비의 무덤을 가리킨다. 하지만 왕릉은 무덤 그 이상의 의미가 있는 소중한 문화유산이다. 풍수지리설에 의한 묘역 선택, 주변 자연과의 절묘한 조화, 묘역을 치장하는 구조물들의 적절한 배치 등에서 조선의 문화와 자연관을 엿볼 수 있다. 이 같은 탁월한 보편적 가치를 인정받아 조선의 왕릉은 지난 2009년이 유네스코에 의해 세계문화유산에 등재되

건원릉

었다. 조선의 왕릉은 시대에 따라 조금씩 다른 특징을 지니고 있다. 태조의 건원릉 봉분에는 잔디 대신 억새풀이 무성하게 자라고 있다. 생전에 고향을 그리워하던 태조를 위해 태종이 고향에서 가져온 흙과 억새로 봉분을 덮어 주었다고 한다. 7대 세조(왕비 정희왕후)의 광릉에는 봉분을 감싸는 병풍석이 없고, 11대 중종의 정릉은 왕만 홀로 모신 단릉으로 되어 있다. 조선의 왕릉 가운데 단독으로 있는 능은 태조의 건원릉과 중종의 정릉, 그리고 단종의 장릉뿐이다. 17대 효종(왕비 인선왕후)의 영릉은 봉분이 위와 아래에 배치되어 있고, 24대 헌종(왕비 효현왕후, 효정왕후)의 경릉은 조선의 왕릉 가운데 유일한 삼연릉으로 되어 있다. 27대 순종(순명효황후, 순정효황후)의 유릉은 한 봉분에 세 명을 합장한 동봉삼실형으로 이뤄져 있다. 조선의 왕릉은 모두 42기이다. 이 가운데 태조의 왕비 신의왕후가 잠들어 있는 제릉, 2대 정종의 왕비 정안왕후가 잠들어 있는 후릉은 현재 북한에 있다. 따라서 이 2기를 뺀 40기만 세계문화유산목록에 등재되었다. 폐위된 왕인 10대 연산군과 15대 광해군의 묘는 빠졌다. 조선시대 왕족의 무덤은 신분에 따라 크게 능(陵), 원(圓), 묘(墓) 등으로 구분된다. 능은 왕과 왕비(추존 왕과 왕비 포함), 원은 왕세자와 왕세자비, 왕의 사친(私親), 묘는 왕자와 공주, 후궁 등의 무덤을 가리킨다. 22대 정조의 아버지 사도세자가 훗날 장조로 추존되면서 그의 무덤이 수은묘(垂恩墓)에서 현륭원(顯隆圓)으로, 다시 융릉(隆陵)으로 격상된 것이 좋은 예이다.

🚗 근처명소

❶ 목아박물관

1993년 6월에 문을 연 목아박물관은 최근 들어 여주의 새로운 여행명소로 등장한 곳이다. 박물관 설립자인 목아(木芽) 박찬수 관장은 1989년에 전승공예대전에서 법상으로 대통령상을 받은 목공예가이다. 지난 1996년에는 목조각장(중요무형문화재 제108호)으로 무형문화재 기능보유자가 되었다. 목아박물관은 지하 1층의 기획전시실을 비롯해 1층의 불교회화실과 공예품전시실, 2층의 불교유물실, 3층의 목조각전시실 등으로 이뤄져 있다. 그리고 단순히 관람만 하고 마는 수준에서 벗어나 전통문화학교와 목조각체험교실 등도 운영하고 있다. 목아박물관 앞뜰은 전체가 야외전시장으로 꾸며져 있다. 그리 넓지는 않지만 가볍게 산책을 하며 잠시 사색에 빠져볼 수 있는 충분한 크기의 공간이다. 야외전시장에서 가장 눈길을 끄는 작품은 깔끔한 백색과 유려한 곡선이 돋보이는 석조미륵삼존불입상이다. 박찬수 관장의 1994년 작품으로 전통양식을 벗어나 현대적인 조형미를 살린 매우 창의적인 작품이다.

❷ 영릉

조선시대 왕릉의 교과서와도 같은 영릉은 잘 알려졌다시피 세종대왕과 왕비 소헌왕후가 합장되어 있는 곳이다. 조선 왕릉 최초로 한 봉분에 두 개의 방을 갖춘 합장릉의 형식을 취했다. 본래 영릉은 경기도 광주(지금의 서초구 내곡동)에 있었으나 터가 좋지 않다는 이유로 조선시대 예종 때인 1469년에 지금의 자리로 옮겼다. 영릉을 포함한 조선의 왕릉 40기(북한의 2기는 제외)는 지난 2009년 6월 26일 스페인 세비야에서 열린 제33차 세계문화유산위원회의 결정에 따라 세계문화유산으로 등재되었다. 영릉으로 들어가는 정문 근처에 있는 세종관에서는 덕망 있고 인자한 모습으로 그려진 세종대왕의 어진도를 볼 수 있다. 어진도는 운보 김기창 선생의 작품이다.

❸ 고달사지

지금은 빈터로 남아 있는 고달사는 신라시대 경덕왕 때인 764년에 창건되었다. 고려 때 이르러서는 왕실의 도움을 받아서 크게 사세를 확장했던 큰 사찰이다. 그러나 지금은 애석하게도 언제, 어떤 연유로 폐사가 되었는지 아무런 기록이 남아 있지 않다. 고달사지에서 만사 제쳐 놓고 반드시 찾아봐야 할 유물이 있다. 바로 국보 제4호인 고달사지 부도와 보물 제8호인 석불좌이다. 고달사지의 가장 높은 곳에 있는 부도는 그저 바라보기만 해도 가슴이 넉넉해지는 것을 느낄 수 있는 걸작이다. 정교하고 아름다운 조각 기법, 안정감 있는 건축미가 단연 압권이다. 아쉽게도 그 주인은 정확히 알 수 없으며 단지 신라 경덕왕 때 입적한 원감대사의 부도일 것으로 추정하고 있을 뿐이다. 석불은 어디론가 사라지고 그 받침대만 덩그러니 남아 있는 고달사지의 석불좌는 언뜻 보기에도 예사롭지 않은 물건임을 짐작케 하는 대작이다. 지금 남아 있는 받침대만(아래 사진)으로도 보물로 지정되어 있다.

달나라 궁궐을 닮은 아늑한 휴식처

전북 남원
광한루원

여행정보

🌐 **광한루원** www.gwanghallu.or.kr

📞 **광한루원** 063-620-8901

🚗 88올림픽고속도로 남원나들목 ⋯▶ 남원시 ⋯▶ 광한루원

🍴 새집추어탕(추어탕, 063-625-2443), 우소보소(백반, 063-633-7484), 친절식당(추어탕, 063-625-5103)

🛏 켄싱턴리조트(063-636-7007), 그린피아모텔(063-636-7200), 남원자연휴양림(063-636-4000)

추천코스

🚩 **당일여행** 광한루원 ⋯▶ 춘향테마파크 ⋯▶ 혼불문학관
1박2일여행 광한루원 ⋯▶ 춘향테마파크 ⋯▶ 혼불문학관 ⋯▶ 실상사

광한루원에는 자연을 존중하는 조선의 성리학적 세계관이 담겨 있을 뿐만 아니라 우주를 상징하는 요소가 곳곳에 있다. 연못은 은하수를 그 연못 안에 있는 세 개의 섬은 삼신산(三神山)을 의미한다.

　전라북도 남원은 명산 지리산과 청류 섬진강을 끼고 있는 멋과 풍류의 고장이다. 우리나라의 대표적 고전문학인『춘향전』과『흥부전』의 무대이며, 동편제 판소리와 추어탕의 본고장으로도 유명하다. 그래서 남원의 어딜 가나 정겨운 우리 가락이 들려오고, 발길 닿는 곳마다 우리 조상의 해학과 지혜를 엿볼 수 있다. 오랜 역사와 전통을 자랑하는 남원은 어느 때 찾아도 좋다. 역사유적지도 많고 먹을거리도 많다. 또한, 80여 년의 오랜 역사를 자랑하는 춘향제를 비롯해 흥부제, 뱀사골고로쇠약수제, 요천강변벚꽃축제, 바래봉철쭉제 등이 열리며 상설문화관광 프로그램으로 매년 3월부터 10월까지 주말마다 신관사또 부임행차를 재현하고 있다.

　조선시대의 대표적인 인문지리학자이자 실학인 청담 이중환(1690~1752년). 23세의 나이로 병과에 급제한 후 탄탄대로를 걷던 그는 30대 중반의 젊은 나이에 큰 시련을 겪는다. 남인 출신 목호룡에 의해 촉발된 신임사화(1722년)에 연루되면서 그의 꿈이 한순간 물거품이 되고 만 것이다. 이후 이중환은 관직에 대한 미련을 버리고 30여 년 동안 조선의 구석구석을 답사하며 풍습, 인물, 문화, 자연에 대한 포괄적인 연구를 시작한다. 그렇게 해서 태어난 것이『택리지』이다. 이『택리지』에서

광한루원의 명물인 오작교

사람들이 살기 좋은 고장으로 전남 구례, 경북 성주와 함께 멋과 풍류의 고장 남원이 선택되었다. 물론 오늘날의 '삶의 질'에 대한 관점이 많이 바뀌었다. 하지만 적어도 이중환이 살았던 조선 영조 때만 해도 전라북도 남원은 "살제 남원, 죽어 임실"이란 말이 생겨날 정도로 조선에서 가장 살기 좋은 고장이었다.

남원을 대표하는 명소인 광한루원은 누각인 광한루와 연못, 연못 한가운데 조성된 세 개의 섬 그리고 오작교 등으로 이뤄져 있다. 봄날의 춘향제를 비롯한 크고 작은 축제와 행사가 열리는 주 행사장으로도 인기가 높은 곳이다. 『춘향전』에서도 광한루원이 이몽룡과 성춘향이 처음 만나 사랑을 키우기 시작한 장소로 묘사되어 있다. 하지만 광한루원은 『춘향전』의 무대라는 의미보다는 우리나라 조경사에서의 위치가 더 크고 값진 곳이다. 자연을 존중하는 조선의 성리학적 세계관이 담겨 있을 뿐만 아니라 우주를 상징하는 요소, 광한루원 곳곳에 산재해 있다. 연못은 은하수를 상징하고, 그 연못 안에 있는 세 개의 섬은 신선들이 산다는 삼신산(三神山)을 의미하고 있다. 자연에 순응하고 자연의 원리를 따라 이상세계를 실현하고자 했던 우리 조상의 높은 사상을 엿볼 수 있는 명소가 바로 광한루원이다.

광한루(보물 제281호)는 조선시대 초기의 명재상이었던 황희 정승이 지은 광통루에서 그 유래를 찾아볼 수 있다. 황희 정승은 조선시대 초기에 24년 동안이나 네

『춘향전』의 주 무대인 완월정

왼쪽부터 광한루원에 걸려 있는 편액, 광한루원 오작교, 신관사또 부임행차 재현

임금을 모셨던 인물이다. 하지만 억울한 누명을 쓰고 남원으로 내려와 칩거하던 1418년(세종 원년)에 광통루를 지었다. 그 후 1444년에 전라도 관찰사 정인지가 광통루를 찾아 "달나라 궁궐의 광한청허부(廣寒淸虛府)에 흡사하구나."라고 감탄한 이후로 지금의 광한루란 이름으로 불리게 되었다.

조선시대 세조 때인 1461년에는 남원부사 장의국이 인공 연못을 만들고 돌다리인 오작교를 놓았다. 훗날 전라도 관찰사로 부임해 온 송강 정철은 연못에다 신선이 사는 봉래산, 방장산, 영주산을 의미하는 세 개의 인공 섬을 조성했다. 하지만 이처럼 많은 사랑을 받던 광한루는 안타깝게도 정유재란 당시 완전히 불에 타고 말았다. 현재의 광한루는 조선시대 인조 때인 1639년에 새로 지어진 것이다.

남원을 대표하는 특산품인 목기는 원래 실상사 스님들의 발우를 만들면서부터 시작됐다. 오늘날 전국 제기 생산량의 50% 이상을 차지하는 남원목기는 특유의 향과 함께 모양이 정교하고, 나무질이 단단해 국내 제일의 목기로 유명하다.

💬 송 박사의 미주알고주알

좋은 여행을 위한 첫 번째 덕목, 감사 여행은 인생의 축소판이다. 세상을 살다 보면 누구나 한두 번쯤은 혹독한 시련과 좌절을 겪게 마련이다. 여행도 마찬가지로 다양한 변수에 의해 예기치 못한 일이 수도 없이 발생한다. 그럴 때마다 현명한 여행자는 지혜롭게 문제를 해결해 나간다. 이 같은 경험을 통해 인생을 더욱 여유롭게 살아가는 방법을 터득하게 되는 것이다. 여럿이 똑같은 여행을 해도 즐겁고 아름다운 추억을 만드는 사람이 있는가 하면 그렇지 못한 사람이 있다. 남도의 푸짐한 한정식에 실망하는 사람이 뜻밖에 많은 것도 일맥상통한다. 산해진미와 진수성찬에 대한 기대가 워낙 크기 때문이다. 이런 상황에서의 기대는 곧 '욕심'일 가능성이 크다. 여행을 하다 보면 남들 보기 민망할 정도로 유난히 욕심을 부리는 사람을 만나는 경우가 종종 있다. 감사할 줄 아는 마음의 여유가 없기 때문이다. 이런 사람들은 주변 사람들까지 몹시 불편하게 만든다. 조그만 일에도 감사할 줄 알고, 다른 사람의 마음을 헤아릴 줄 알고, 눈의 만족보다 가슴의 감동을 느낄 줄 아는 사람은 언제라도 여행을 떠날 준비가 되어 있는 사람이다. 이런 사람은 어디에서든 인정받고 환영받을 것이 틀림없다. 여행은 삶의 비타민과도 같은 존재다. 좋은 비타민을 얻으려는 사람은 우선 자신의 마음을 열어야 한다. 또 매사에 감사하는 마음가짐이 있어야 한다. 좋은 여행, 곧 성공적인 삶을 살기 위한 첫 번째 덕목이자 교훈은 '감사'이다.

🚐 근처명소

❶ 혼불문학관

남원시 사매면 서도리 노봉마을에 있는 혼불문학관은 소설가 최명희(1947~1998년) 씨가 병마와 싸우며 17년 동안 쓴 대하소설 『혼불』의 무대이자 작가 아버지의 고향이다. 작가는 소설에서 매안 이씨 집안의 3대에 걸친 종부들의 이야기를 통해 일제강점기 당시 민초(民草)의 생활상과 풍속을 실감 나게 표현했다. 오늘날 『혼불』이 새롭게 재조명되고 있는 것은 이 작품이 단순한 대하소설이 아니기 때문이다. 우리 역사상 가장 암울했던 시기인 1930년대 생활상을 너무나도 사실적으로 표현한 일종의 기록이다. 그 당시의 관혼상제는 물론이거니와 가구, 복식, 음식, 윷점 등에 이르기까지 방대한 자료를 바탕으로 한 사실적 묘사가 이 소설의 가장 큰 특징이다. 2004년 개관한 혼불문학관에는 작가의 육필원고와 유품, 그리고 효원의 혼례식, 강모와 강실의 소꿉놀이, 액막이 연날리기, 청암 부인 장례식 등의 소설 장면을 재현한 디오라마(축소모형)가 전시돼 있다.

❷ 실상사

남원에서 가장 역사가 깊고 규모가 큰 사찰은 실상사이다. 실상사는 신라시대 흥덕왕 때인 828년 홍척국사(증각대사)에 의해 창건된 우리나라의 대표적인 호국사찰이다. 지리산 끝자락의 평지에 가람이 배치되어 있는데 선종의 구산선문 가운데 맨 처음 문을 연 사찰로 매우 유서가 깊다. 실상사는 '배일사상(排日思想)'이 짙은 사찰이다. 오랜 옛날부터 "실상사가 흥하면 일본이 망하고, 일본이 흥하면 실상사가 망한다."라는 이야기가 전해올 정도이다. 풍수지리상 이곳에 절을 세우지 않으면 우리나라의 정기가 일본으로 빠져나간다고 해서 실상사가 세워졌다고도 한다. 지리산 천왕봉이 정면으로 보이는 실상사 약사전에 철제여래좌상(보물 제41호)을 봉안한 것도 우리나라의 정기를 일본으로 흘려보내지 않기 위함이라고 한다. 이 밖에도 실상사에서는 통일신라 석탑의 원형을 고스란히 간직한 삼층석탑(보물 제37호)과 불을 켤 때 올라갈 수 있도록 돌계단을 만들어 놓은 석등(보물 제35호)을 눈여겨볼 만하다.

❸ 춘향테마파크

광한루원 건너편의 야트막한 언덕 위에 자리 잡고 있다. 춘향테마파크라는 이름처럼 『춘향전』과 관련된 다양한 조형물과 건물들로 조성되어 있다. 크게 만남의 장, 맹약의 장, 사랑과 이별의 장, 시련의 장, 축제의 장 등 모두 5개의 마당으로 나뉘어 있다. 매년 3월부터 10월까지 주말마다 재현되는 신관사또 부임행차의 출발지이기도 하다.

알록달록한 벽화들이 펼치는 동화의 나라

경남 통영
동피랑벽화마을

여행정보

🌐 **통영관광** www.utour.go.kr

📞 **통영시청 관광안내소** 055-650-4681

🚗 대전–통영고속도로 통영나들목 ⋯ 통영시 ⋯ 중앙시장
⋯ 동피랑벽화마을

🍴 통영손맛해물찜(해물찜, 055-645-0078), 밀물식당(멍
게비빔밥, 055-646-1551), 윤씨네(해물뚝배기, 055-
646-8487)

🛏 통영갤러리관광호텔(055-645-3773), 충무마리나리조
트(055-646-7001), 통영마리나펜션(055-648-8000)

추천코스

📷 **당일여행** 동피랑벽화마을 ⋯ 세병관 ⋯ 충렬사 ⋯ 전혁림
미술관
1박2일여행 동피랑벽화마을 ⋯ 세병관 ⋯ 충렬사 ⋯ 전
혁림미술관 ⋯ 청마문학관 ⋯ 한산도(제승당) ⋯ 한려수
도조망케이블카

동피랑벽화마을에 그려진 그림들의 가장 큰 특징은 정해진 틀에 얽매이지 않는다는 점이다. 마을 곳곳을 구성하고 있는 다양한 구조물들이 그림 속의 배경으로 등장하기도 한다.

경남 통영은 독특한 정서와 문화를 간직한 고장이다. 아름답고 깨끗한 자연환경은 물론이고 한려해상국립공원의 중심지, 세계 해전사에 빛나는 전승지인 한산대첩지, 국내 유일의 해저터널과 운하, 그리고 특별한 먹을거리인 충무김밥 등으로 널리 알려졌다. 문화예술의 고장인 만큼 통영과 관련된 문인과 예술가도 많다. 가장 대표적인 인물은 청마 유치환과 시인 김춘수이며 이외에도 소설가 박경리, 작곡가 윤이상, 화가 전혁림 등을 꼽을 수 있다. 천재 화가 이중섭은 한국전쟁 당시 통영으로 피난을 와서 잠시 머물기도 했다.

동피랑벽화마을은 최근 들어 통영의 새로운 관광명소로 급부상하고 있는 산동네이다. '동쪽에 있는 벼랑'이라는 뜻의 마을 이름에서 알 수 있듯 동피랑벽화마을은 가파른 산비탈 위에 자리 잡고 있다. 마을 일대는 본래 삼도수군통제영에 딸린 누각인 동포루가 있던 곳이다.

동피랑벽화마을은 마을 전체가 알록달록한 색깔로 예쁘게 치장되어 있다. 마치 지중해의 어느 아름다운 마을을 연상케 할 정도이다. 다양하고 재미있는 그림이 그려진 벽화들을 구경하면서 좁은 골목길을 걷는 재미를 맛볼 수 있는 곳이다. 감수성이 살아 있는 사람이라면 동화의 한 장면 속을 거니는 것 같은 착각에 빠질지도 모른다. 아마도 아직 어색한 연인이 이곳을 찾는다면 자연스럽게 팔짱을 끼고 천천히 걷고 싶은 충동이 일어날 것이다.

동피랑벽화마을은 몇 년 전만 해도 철거 위기에 놓인 평범한 산동네였다. 그러나 한 시민단체를 만나면서 그 운명이 바뀌게 되었다. 지난 2007년, 통영에서 활동하는 시민단체인 '푸른통영21'이 '동피랑 색칠하기-전국벽화공모전'을 개최했는데 이 프로젝트가 의외로 큰 성과를 거뒀다. 화가와 미대생들을 포함해 공모전에 참여한

동피랑벽화마을의 다양한 벽화

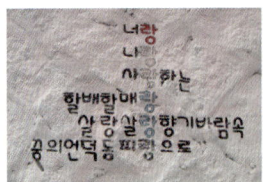  

동피랑벽화마을의 다양한 벽화

18개 팀이 순식간에 한적한 산동네를 '동화의 마을'로 꾸며 놓은 것이다. 이를 계기로 동피랑은 하루아침에 철거 위기의 산동네에서 귀한 대접을 받는 관광명소로 탈바꿈 할 수 있었다.

　동피랑벽화마을에 그려진 그림들의 가장 큰 특징은 정해진 틀에 얽매이지 않는다는 점이다. 마을 곳곳을 구성하고 있는 다양한 구조물들이 그림 속의 배경으로 등장하기도 한다. 녹이 슨 철문이나 담장 옆에 세워 놓은 자전거, 자그마한 창문, 지붕위의 물탱크 등이 자연스럽게 그림의 일부분이 된다. 마치 동화 속 한 장면을 떠올리게 할 정도로 동피랑벽화마을의 벽화들은 아기자기하고 예쁘다.

　그러나 이 그림들은 단순히 아기자기한 볼거리를 제공한다는 데 그치지 않는다. 새로운 형태의 문화운동을 주도하고 있다는 데 더 큰 가치를 두고 있다. 이는 서울 문래동 철공소 골목에 조성된 '예술공단'이 큰 호응을 얻고 있는 것과도 일맥상통한다. 새로운 예술과 문화의 흐름을 이끄는 유럽에서도 이 같은 시도는 계속 이어지고 있다. 기차역을 개조해서 만든 파리 오르세 미술관, 화력발전소를 개조한 런던의 테이트 모던 등이 그 대표적인 예라 할 수 있다.

　동피랑벽화마을은 앞으로도 상당 기간 꾸준하게 그 명성을 유지할 것으로 기대하고 있다. 비탈길을 오르내리는 데 다소 힘이 들긴 하지만 일부러라도 꼭 찾아볼 만한 가치가 있는 명소이기 때문이다. 주변에는 통영을 대표하는 어시장인 중앙시장을 비롯해 충무김밥거리, 남망산조각공원 등이 있어 접근성도 좋은 편이다.

　동피랑벽화마을에서는 통영 시가지와 함께 통영 앞바다, 강구항 등을 한눈에 내려다볼 수 있다. 동피랑벽화마을을 둘러보고 난 후 가볍게 미륵도를 한 바퀴 돌면서 기분을 전환해도 좋다. 미륵도는 통영을 얘기할 때 한산도와 함께 늘 화제의 대상이 되는 꽤 큰 섬으로 23km에 이르는 해안일주도로가 매우 인상적인 곳이다. 미륵도 끄트머리에는 탁 트인 바다를 감상하기에 좋은 달아공원이 있다. 해질 무렵 달아공원 전망대에서 다도해의 멋진 낙조를 감상할 수 있다. 근처에 있는 통영수산과학관에서 시간을 보내다 해질 무렵에 맞춰 전망대로 이동하는 것도 좋다. 수산과학관에는 해양생물을 직접 만져 볼 수 있는 터치풀이 있고 조력·파력 발전시설을 직접 작동하면서 체험할 수 있는 시설이 있어 가족 여행객이 찾기 좋다.

통영과 미륵도 사이에는 충무운하가 놓여 있다. 1931년에 길이 1,420m, 폭 55m의 크기로 만들어진 이 운하는 해저터널, 충무김밥 등과 함께 통영을 대표하는 명물이되었다. 충무운하와 비슷한 시기에 만들어진 해저터널은 5년여의 공사에 걸쳐 1932년에 완성되었다. 통영과 미륵도를 연결하는 동양 최초의 해저 구조물이다. 길이가 482m이며 지금도 통영 시민의 통행로로 이용되고 있다. 초기에는 해저터널 안으로 자동차 왕복이 가능했지만, 해저터널 위로 충무교를 만든 이후부터는 도보로만 왕래할 수 있다. 바다 밑을 걷는 재미가 꽤 쏠쏠해서 이 터널을 걸어 보려고 일부러 통영을 찾는 사람도 있다. 통영 사람들은 해저터널을 가리켜 '판데굴(바다를 판데 있는 굴)'이라 부르기도 한다.

💬 송 박사의 미주알고주알

릴케와 청마 유치환

"내 눈빛을 꺼주세요. 그래도 당신을 볼 수 있습니다./내 귀를 막아 주세요. 그래도 당신의 목소리를 들을 수 있습니다.", "일주일만이라도 당신 곁에 머물며 당신의 얘기를 듣고 나의 얘기를 들려 주고 싶습니다. 그럴 수는 없는 걸까요……" 시(詩)와 편지로 이처럼 애절한 사랑을 고백한 사람은 독일의 시인 릴케이다. 그는 스물두 살 때 이루어질 수 없는 사랑에 매달렸다. 그를 사랑의 열병에 빠지게한 주인공은 심리학자이자 작가인 루 살로메였다. 하지만 그녀는 이미 결혼을 했고 나이도 릴케보다열두 살이나 많았다. 릴케처럼 우리나라에도 이루어질 수 없는 사랑에 매달렸던 작가가 있다. 교육자이자 시인이었던 청마 유치환이 그 주인공이다. 그가 짝사랑했던 여인은 시조 시인 정운 이영도였다. 당시 정운은 통영여중 교사였으며 결핵으로 남편을 잃은 처지였다. 유부남의 몸이었으나 청마는릴케가 그랬던 것처럼 편지로 아홉 살 아래의 연인에게 사랑의 마음을 전했다. 그러나 아무리 거센파도처럼 편지를 보내도 바위는 꿈쩍도 하지 않았다. 1967년에 60세의 나이로 세상을 떠날 때까지20여 년 동안 청마가 정운에게 보낸 편지는 무려 5,000여 통. 그가 설레는 마음으로 편지를 부쳤던그 자리에 지금도 변함없이 통영중앙동우체국이 자리 잡고 있다. 그리고 우체국 앞에는 그의 시「행복」이 새겨진 시비가 세워져 있다.

사랑하는 것은
사랑을 받느니보다 행복하나니라
오늘도 나는 너에게 편지를 쓰나니

그리운 이여 그러면 안녕!
설령 이것이 이 세상 마지막 인사가 될지라도
사랑하였으므로 나는 진정 행복하였네라

-유치환의「행복」중에서

송 박사의 여행수첩

🚚 근처명소

❶ 충렬사

통영시 명정동에 있는 충렬사는 충무공 이순신 장군의 위훈을 기리고 추모하는 공간이다. 조선시대인 때인 1606년에 제7대 통제사 이운룡이 선조의 명에 의해 세웠다. 이순신 장군은 1593년 초대 삼도수군통제사(종2품)가 되어 많은 공을 세운 뒤, 1598년 11월 19일에 노량해전에서 순국했다. 충렬사 경내에는 위패를 모신 사당을 비롯해 홍살문, 정문, 외삼문, 중문, 내삼문 등 다섯 개의 문과 유물전시관 등이 있다. 유물전시관에는 중국 명나라 신종 황제(1563~1620년 재위)가 이순신 장군에게 선물한 명조팔사품(보물 제440호) 진품이 전시되어 있다. 팔사품은 손잡이가 달린 도장인 도독인 1점을 비롯해 나무로 만든 호두령패 2점, 의전용 도검인 귀도 2자루, 장도(長刀)인 참도 2자루, '독전(督戰)'이라는 글씨가 있는 독전기 2폭, 명령을 전할 때 쓰는 홍소령기 2폭과 남소령기 2폭, 구리로 만든 나팔인 곡나팔 2점 등 모두 8종 15점으로 구성되어 있다. 이 가운데 도독인을 제외한 7점은 현재 아산 현충사에 전시되어 있다.

❷ 세병관

충렬사 근처의 통영시 문화동에 있는 세병관은 조선 선조 때인 1605년에 제6대 통제사 이경준이 세웠다. 임진왜란의 전승을 기념하기 위해 지은 삼도수군통제영의 객사 건물이다. 정면 9칸, 측면 5칸의 웅장한 이 건물은 경복궁의 경회루, 여수의 진남관 등과 함께 우리나라에서 가장 큰 목조건축물로 손꼽힌다. 일제강점기에는 이 건물을 교실로 사용하면서 기둥에 홈을 파 칸막이를 세운 아픈 상처가 남아 있다. '세병관'이란 이름은 중국 시인 두보의 「만하세병(挽河洗兵)」에서 따온 것으로 '은하수를 끌어다 모든 병기를 씻고 다시는 전쟁이 일어나지 않기를 염원한다'는 뜻을 담고 있다.

❸ 전혁림미술관

'색채의 마술사' 또는 '바다의 화가'로 불리는 고 전혁림 화백은 한국적 색면추상의 선구자로 구상과 추상을 넘나드는 조형의식을 토대로 독자적인 영역을 구축해 왔다. 그는 부산미술전(1938년)에 「신화적 해변」, 「월광」 등의 작품을 출품해 입선함으로써 본격적인 화가의 길을 걷기 시작했다. 그는 광복을 맞자 유치환, 윤이상, 김춘수 등과 함께 통영문화협회를 창립해 왕성한 활동을 시작했다. 전혁림미술관은 통영에서 미륵도의 용화사로 가는 길목인 통영시 봉평동에 자리 잡고 있다. 전혁림 화백이 1975년부터 30년 가까이 생활하던 집을 헐고 새로운 창조의 공간으로 2003년 5월 11일에 개관했다. 건물의 외벽은 그 자체가 훌륭한 전시물이다. 전혁림 화백의 그림과 아들 전영근의 작품을 세라믹 타일 7,500여 개로 조합해 통영의 이미지와 예술적 이미지를 함께 표현했다. 3층 벽 전면은 전혁림 화백의 1992년 작품인 「창(Window)」을 타일 조합으로 재구성한 대형 벽화로 구성되어 있다.

진품 윤장대와 목각탱화가 있는 천년고찰

경북 예천
용문사

여행정보

🌐 용문사 www.yongmoonsa.org

📞 용문사 종무소 054-655-1010

🚌 중앙고속도로 예천나들목 ⋯▸ 928번 지방도 ⋯▸ 예천군
　　예천읍 ⋯▸ 용문사

🍴 궁중(버섯전골, 054-655-0696), 성산포(갈치조림
　　정식, 054-652-1222), 황소고집(한우전문점, 054-
　　655-9293)

🛏 파라다이스호텔(054-652-1108), 우천재(한옥체험,
　　010-3234-2238), 학가산우래자연휴양림(054-652-
　　0114)

추천코스

📍 당일여행 용문사 ⋯▸ 석송령 ⋯▸ 회룡포
　　1박2일여행 용문사 ⋯▸ 초간정 ⋯▸ 석송령 ⋯▸ 삼강주막 ⋯▸
　　회룡포

'영남제일강원(嶺南第一講院)'으로서의 명성을 자랑하던 곳이다.
스님들 사이에 "용문사 강원을 거치지 않고서는
직지사 주지는 꿈도 꾸지 말라"라는 말이 돌았을 정도이다.

안동과 문경 사이에 있는 예천은 관광지로서 그리 큰 관심을 끄는 곳은 아니다. 안동이나 문경, 그리고 이웃하고 있는 영주에 워낙 굵직굵직한 명소가 많기 때문이다. 하지만 아기자기한 애깃거리를 좋아하는 여행자들에게 있어서 예천은 분명 한 번쯤 호기심을 갖고 찾아볼 만한 고장이다. 배산임수의 명당, 다소 정적인 분위기, 경상북도 지방 특유의 무뚝뚝함(?), 고만고만한 유적지와 볼거리는 결코 여행자들을 실망시키지 않을 것이다.

예천군 용문면에 있는 용문사는 인근의 안동 봉정사, 문경 김룡사와 함께 경북 내륙의 유서 깊은 사찰로 손꼽힌다. 우리가 흔히 용문사하면 은행나무로 유명한 양평의 용문사를 떠올리는데 예천 용문사는 남해 용문사와 함께 이른바 '우리나라 3대 용문사' 가운데 하나로 손꼽힌다. 지리적으로 양평 용문사가 머리, 남해 용문사가 발에 해당한다고 볼 때 예천 용문사는 용의 몸통 부분에 해당한다고 볼 수 있다.

용문사는 신라시대 경문왕 때인 870년에 두운선사에 의해 창건된 것으로 알려졌다. 용문사는 고려 태조 왕건과도 깊은 관련이 있다. 전설에 의하면 궁예의 부하로 있던 왕건이 신라의 고승 두운선사를 찾아갔다가 사찰 입구에서 용을 보고 산 이름을 '용문산'이라 짓고 훗날 두운선사를 위해 많은 지원을 했다고 한다. 또 다른 전설

왼쪽 용문사 대장전의 목불좌상 및 목각탱 **오른쪽** 용문사 일주문

로는 두운선사를 찾아간 왕건이 자욱한 안개로 길을 찾지 못하자 어디선가 청룡 두 마리가 나타나 길을 안내했다는 얘기가 전해진다. 용문사는 천 년이 넘는 역사를 지닌 고찰이다. 예전에는 '영남제일강원(嶺南第一講院)'으로서의 명성을 자랑하던 곳이다. 스님들 사이에 "용문사 강원을 거치지 않고서는 직지사 주지는 꿈도 꾸지 말라."라는 말이 돌았을 정도이다. 하지만 이처럼 오랜 역사를 가졌음에도 용문사에서 예스러움을 찾아보기는 어렵다. 지난 1984년에 발생한 큰 화재로 오래된 건물 대부분이 소실되고 말았기 때문이다. 화재 이후로 대대적인 불사가 이뤄져 차츰 예전 모습을 찾아가고 있다.

현재 용문사에서 볼 수 있는 대표적인 옛 건축물은 대장전(보물 제145호)이다. 큰 화재에도 대장전이 무사했던 것이 그나마 다행스러운 일이라 하지 않을 수 없다. 대장전은 고려시대 명종 때인 1173년에 창건되었다. 그 후 1467년, 1534년, 1597년, 1665년에 중수했다는 기록이 정확하게 남아 있다. 지금의 대장전은 조선시대 현종 때인 1670년에 중수되었다. 오랜 시간 동안 여러 차례 중수를 거듭하다 보니 고려시대와 조선시대 건축물의 특징을 잘 살펴볼 수 있는 건축물로 변모했다. 맞배지붕에 다포집 형식을 띠고 있다는 것이 좋은 예라 할 수 있다.

용문사 대장전 안에는 불교예술의 꽃이라 불리는 윤장대(보물 제684호)가 있다. 마루에 팔각의 구멍을 내고 축을 세워 고정한 회전식 경전 보관대이자 신앙의 대상물이다. 바깥에 있는 손잡이를 잡고 윤장대를 돌리면 번뇌가 소멸되고 소원을 이루게 된다고 한다. 하지만 용문사 윤장대는 아무 때나 돌려볼 수 없다. 훼손될 우려가

삼강주막 예천군 풍양면 삼강리에 있는 삼강주막(경상북도 민속자료 제134호)은 세 물줄기가 만나는 지점에 위치한 조선시대 마지막 주막이다. 여기에서 가리키는 세 물줄기는 강원도 태백에서 발원하는 낙동강 본류, 경상북도 문경 주흘산에서 내려오는 금천, 경상북도 봉화에서 내려오는 내성천을 가리킨다. 삼강주막이 위치한 지점은 대략 황지에서 600리, 부산에서 700리쯤 떨어진 곳이다. 낙동강 1,300리 구간의 중간쯤에 해당하는 셈이다. 거기에 세 물줄기가 만나는 지점이다 보니 예로부터 많은 사람들이 들끓었다. 1900년대 중반까지만 해도 부산 구포에서 소금을 실은 배가 드나들었다고 한다. 1900년 무렵에 처음 지어진 것으로 추정되는 삼강주막은 작은 규모의 건물이지만 주막으로서의 기능에 맞춰 매우 충실하게 지어져 있다. 이 작은 건물에서 많은 사람은 100여 년 전의 시대상과 함께 건축사적 가치를 발견하게 된다. 단순히 겉모습만 보고 그 문화적인 가치를 과소평가하는 우를 범해서는 안 된다. 영남 지방과 한양을 잇는 길인 영남대로의 길목에 위치한 삼강주막. 주막에는 으레 주모가 있어야 하는 법. 하지만 지금 삼강주막에는 아쉽게도 옛 이야기를 전해줄 주모는 없다. 1930년대부터 60여 년 동안 삼강주막을 지키던 유옥연 할머니가 2006년에 세상을 떠났기 때문이다. 그 대신 마을 부녀회원들이 주모를 대신해 분주하게 손님들을 맞이하고 있다. 막걸리 한 주전자에 도토리묵과 배추전이 따라 나오는 세트 메뉴(?)를 권할 만하다.

용문사 대장전

있기 때문에 매년 음력 3월 3일(삼짇날)과 음력 9월 9일(중양절)에만 허용하고 있다. 평소에는 용문사 성보박물관에 있는 복제 윤장대로 아쉬움을 달래야 한다. 용문사 대장전에는 두 기의 윤장대가 있는데 각각 꽃살무늬와 빗살무늬로 4면씩 치장되어 있어 묘한 대비를 이룬다. 두 윤장대 역시 대장전이 중수될 당시인 1670년 무렵에 다시 제작된 것으로 추정하고 있다.

대장전 안에 있는 아미타여래삼존좌성 및 목각탱(보물 제989호) 역시 용문사가 자랑하는 명물이다. 불상 뒤에는 보통 후불탱화가 있는 데 반해 과감하게 11매의 목판을 이용해 제작한 목각탱이 자리 잡고 있다. 조선시대 숙종 때인 1684년에 조성된 이 목각탱은 우리나라에서 가장 오래된 것으로 알려졌다. 대장전과 일직선상에 자리 잡고 있는 자운루는 소박하면서도 안정적인 기품을 지닌 건축물이다. 용문사 창건 당시에 처음 건립된 것으로 추정되며 1681년과 1785년에 중수했다. 지금의 모습은 1872년에 중수한 것이다. 자운루는 역사성은 물론이거니와 누각이 가진 기능에도 큰 가치를 두고 있는 건축물이다. 임진왜란 당시에 승병들이 회의하던 곳이며, 승속들이 승병의 짚신을 만들던 곳이기 때문이다. 예전에는 자운루에서 스님들이 법공양(法供養, 중생들에게 불법을 가르치는 일)을 펼치기도 했었다.

천년고찰 용문사를 가장 잘 이해하는 방법으로는 템플스테이가 있다. 템플스테이는 사찰에 머물면서 새벽예불, 사찰예절, 108배, 참선수행, 발우공양, 다도 등을 체험하는 프로그램이다. 현재 용문사에서는 1박 2일형(산사체험), 주말형(나를 찾아 떠나는 여행), 2박 3일형(육바라밀), 단체형(고요한 산사) 등의 템플스테이 프로그램을 운영하고 있다.

🚐 근처명소

❶ 석송령

예천군 감천면 사람들이 마을의 수호신처럼 여기는 석송령은 수령 약 600년 정도로 추정되는 크고 오래된 소나무이다. 나무로서는 우리나라에서 유일하게 법적인 이름을 갖고 있는 데다 세금까지 꼬박꼬박 내고 있다고 해서 유명해진 명물이다. 1930년 무렵 이 마을에 살던 이수목이라는 사람이 소나무에게 석송령이라는 이름을 붙인 뒤 자신의 토지를 상속하고 죽으면서 나무는 오늘날까지 매년 토지세를 내고 있다. 물론 마을 주민들이 소나무 대신 세금을 내고 있지만 마을 사람들은 석송령을 마치 살아 있는 영물처럼 매우 신령스럽게 여기고 있다.

❷ 회룡포

예천군 용궁면 소재지에서 남동쪽으로 6km쯤 떨어져 있는 회룡포는 '제2의 하회마을'이라 불리는 명소이다. 낙동강 상류인 내성천이 마을을 휘감고 도는 모습이 마치 안동의 하회마을을 연상케 하기 때문이다. 비록 하회마을처럼 이름난 문화유적지가 있는 곳이 아니지만 자연이 빚어내는 특이한 지형을 멀리서 바라보는 것만으로도 가슴을 시원하게 해 준다. 회룡포의 앞산이라 할 수 있는 비룡산 전망대에서 회룡포 전경을 한눈에 내려다볼 수 있으며 근처의 장안사도 함께 둘러보면 좋다.

❸ 초간정

용문사에서 5km쯤 떨어진 예천군 용문면 죽림리에 있는 예천 권씨 종가의 별당이다. 조선 선조 때의 학자 초간 권문해가 그의 호를 따서 '초간정'이라는 이름으로 처음 세웠다. 임진왜란과 병자호란을 겪으면서 소실되었으나 1870년에 다시 중수되었다. 근사한 정자가 계곡과 함께 멋진 조화를 이루고 있다. 주변에는 노송들이 우거져 있어 한층 운치를 더한다.

❶

❷

❸

신선처럼 살고 싶은 사람들의 안식처

경남 하동
청학동

여행정보

🌐 **하동투어** tour.hadong.go.kr

📞 **하동군청 문화관광과** 055-880-2380

🚗 남해고속도로 하동나들목 ···▸ 19번 국도 ···▸ 하동읍 ···▸ 2번 국도 ···▸ 횡천면 ···▸ 청학동

🍴 청뫼향(대통밥, 055-884-2869), 삼선된장집(한우버섯전골, 055-883-6085), 성남식당(산채백반, 055-822-8757)

🛏 불지산장(055-882-7071), 천지인(055-882-7091), 예담펜션(010-8489-3320)

추천코스

📍 **당일여행** 도인촌 ···▸ 삼성궁 ···▸ 평사리
1박2일여행 도인촌 ···▸ 삼성궁 ···▸ 평사리 ···▸ 화개장터 ···▸ 쌍계사 ···▸ 칠불사

"누대는 보일 듯 말 듯 삼산 밖에 아득하고,
이끼 낀 네 글자만 희미하구나. 묻노니 청학동이 어디메뇨,
꽃잎만 어지럽게 흘러 더욱 낙망하여라."

이상향의 땅인 유토피아는 이 세상 어디에도 없다. 영국의 소설가 새뮤얼 버틀러는 자신의 작품 『에레혼(Erehwon)』을 통해 '이 세상 어디에도 낙원은 없다'고 결론 내렸다. 『에레혼』의 철자를 거꾸로 쓰면 'No Where'가 된다. 그럼에도 많은 사람은 그 어딘가에 있을지도 모를 자신만의 유토피아를 찾아 끊임없이 길을 나선다. 유토피아, 샹그릴라, 무릉도원 등을 찾아 사막과 바다를 건넌다. 심지어 히말라야의 깊은 산속까지 찾아간다.

우리나라에서도 오래전부터 이상향의 땅인 청학동을 찾기 위해 많은 사람이 길을 나섰다. 걱정 근심 없이 신선처럼 살 수 있다는 청학동을 찾아 맨 처음 길을 나선 사람은 신라 때의 석학 고운 최치원으로 알려졌다. 그는 지리산 화개동천 상류를 이상향의 땅인 삼신산이라 믿고 그곳에 은거했다. 청학동을 본격적으로 찾아 나선 사람으로는 『파한집(破閑集)』을 쓴 고려 때의 이인로를 들 수 있다. 그는 세상과 인연을 끊고 직접 청학동을 찾아 길을 나섰다. 하지만 그는 지금의 쌍계사 인근에서 고운 최치원의 글씨인 '쌍계석문(雙磎石門)'을 발견한 것으로 만족해야 했다. 이인로는 "누대는 보일 듯 말 듯 삼산 밖에 아득하고, 이끼 낀 네 글자만 희미하구나. 묻노니 청학동이 어디메뇨, 꽃잎만 어지럽게 흘러 더욱 낙망하여라."라고 『파한집』에 표현하고 있다.

조선시대 들어서는 점필재 김종직의 제자 김일손, 겸암 류운룡 등이 청학동을 찾아 길을 나섰다. 점필재 김종직은 지리산 기행문인 『유두류록(遊頭流錄)』을 통해 "해공스님이 가리킨 악양 북쪽에 청학동이 있다. 신선이 산다는 곳 아닌가."라고 말하

왼쪽 청학동 천단 **오른쪽** 청학동 입구

왼쪽부터 청학동 도인촌, 가훈을 쓰고 있는 도인, 도인촌 입구

고 있다. 하지만 정작 본인은 청학동을 직접 찾아가지도 확신하지도 않았다. 이 같은 김종직의 기록은 훗날 많은 사람이 청학동을 찾기 위해 악양 북쪽의 지리산 자락, 불일폭포 일대, 악양면 등촌리 위쪽의 청학이골 등을 헤매게 한 근거가 되었다. 김일손과 류운룡 역시 결국은 청학동을 확실하게 찾지 못했다.

경상남도 하동군 청암면 묵계리에 있는 청학동은 오랜 세월을 두고 많은 사람이 이상향의 땅으로 암시했던 곳이다. 당연히 일반 산골마을과는 그 분위기 자체가 다르다. 평온한 주변 지세는 물론이고 현지 주민의 표정에서도 강한 기운을 느낄 수 있다. 간혹 길에서 마주치는 사람들의 옷차림도 마치 영화나 사극 드라마에서나 보던 모습과 비슷하다. 그러나 앞으로 이 같은 모습을 언제까지 볼 수 있을지는 미지수이다. 세상의 모든 것이 빠르게 변하고 있는 요즘, 청학동 역시 눈에 띄게 빠른 속도로 변해 가고 있다.

지금으로부터 30여 년 전만 하더라도 청학동은 말 그대로 신기한 여행지였다. 찾아가는 길이 멀고 험할 뿐만 아니라 현지 주민도 일정 부분 도시와 단절된 삶을 살고 있었기 때문이다. 도시 사람들은 가끔 텔레비전 화면을 통해 소개되는 청학동을 호기심 어린 눈으로 지켜보곤 했다. 그래서 청학동을 찾아가는 것 자체가 가슴을 들뜨게 했던 적도 있었다. 그런데 언제부턴가 청학동은 쉽게 찾아갈 수 있는 여행지가 되었다. 예전에 하동읍에서 버스로 두 시간 이상 걸리던 것이 이제는 40분 정도면 충분하다. 아스팔트 도로 덕분이다. 삼신봉(해발 1,284m) 밑에는 산청으로 넘어가는 터널도 뚫려 있다.

청학동은 크게 도인촌, 삼성궁, 관광지구 등으로 나뉜다. 마을 곳곳에는 관광객들을 위한 대형 주차장과 화장실도 마련되어 있다. 잠시나마 도시를 떠나 청학동의 맑은 기운을 느껴 보려는 사람들의 발길이 이어지면서 숙박업소와 음식점도 많이 들어섰다. 특별한 수입원이 없는 현지 주민의 생활을 위해서는 어쩔 수 없는 선택이다. 서당에서 한문을 배우던 아이들은 이제 통학버스를 타고 인근 초등학교나 중학교로 등교한다. 그래도 아직까지 청학동은 살아 있다. 다른 지역에서는 느낄 수 없는 묘한 매력이 여전히 사람들의 호기심을 자극하고 있기 때문이다.

현재의 청학동은 60여 년의 역사를 지니고 있다. 유불선합일갱정유도회(갱정유도회) 신도들이 한국전쟁이 끝나 갈 무렵 지리산 삼신봉 아래의 산기슭에 집단으로 이주하면서 '도인촌'이 형성되었다. 유불선의 교리, 동학, 서학을 합일한 갱정유도회의 일부 지도자들이 인간성을 수양하며 인간윤리를 이 세상에서 구현할 수 있는 장소로 창학동을 선택한 것이다. 갱정유도회는 전라북도 순창 출신의 강대성에 의해 창시되었다. 강대성 교주는 회문산과 운장산에 근거를 두고 포교활동을 해서 1949년 무렵에는 전국에 교세를 떨치는 큰 종교조직을 형성했다. '청학도인'이라 불리는 청학동 사람들은 매일 새벽에 한 시간씩 기도를 올리며 오늘도 '도인'으로서 부끄럼 없는 생활규범과 문화를 지켜 나가고 있다.

청학동은 최근 들어 어린이와 청소년들의 예절교육 현장으로 많은 관심을 끌고 있다. 수업은 주로 주말 또는 방학을 이용해 이뤄지고 있으며 교육은 일반 학교의 교과과정과 차별화되어 있다. 1박 2일, 2박 3일, 3박 4일 프로그램이 주류를 이루는데 이 기간에 생활예절(인사와 질서), 밥상머리 예절, 효(孝) 교육, 한문 교육 등이 이뤄진다. 기간에 따라 도인촌 견학, 전통놀이 체험, 떡메치기 체험(인절미 만들기), 판소리 배우기 등이 추가된다.

💬 송 박사의 미주알고주알

청학동의 이색지대, 삼성궁 삼성궁은 청학동에서 일반인들이 비교적 쉽게 둘러볼 수 있는 공간이다. 정확한 명칭은 '지리산 청학선원 배달성전 삼성궁'으로 최근 들어 하동의 특별한 명소로 조금씩 입소문을 타고 있다. 삼성궁의 중심이라 할 수 있는 건국전에는 환인, 환웅, 단군이 모셔져 있다. 삼성궁은 우리 민족의 정통 동방선도인 신선도를 수련하며 화랑도 교육과 무예를 연마하는 공간이다. 수자
(수행자)들은 이곳에서 행다법, 선무수련, 삼법수행 등을 행하며 엄격한 생활을 하고 있다. 수행의 기본이라 할 수 있는 삼법수행은 지감법(기쁨, 슬픔, 두려움 등을 제어), 조식법(더움, 건조함, 습함 등을 제어), 금촉법(소리, 색깔, 냄새, 맛, 음란, 맞닿음 등을 경계) 등을 가리킨다. 수련의 정도에 따라 수자, 법사, 선사 등의 과정을 거쳐 선인의 경지에 이르게 된다. 삼성궁 입구에서 징을 세 번 치면 안에서 도포 차림에 삿갓을 쓴 수자가 나와 방문객들을 안내한다. 좁은 통로를 지나면 연못과 돌탑, 특이한 건축물들이 눈앞에 펼쳐진다. 수자로부터 간단한 주의 사항과 관람 요령을 들은 후 정해진 코스를 따라 한 바퀴 돌면 된다. 다소 시간이 허락한다면 삼성궁 안에 있는 찻집인 '아사달'에서 차 한 잔의 여유를 즐길 수도 있다. 찻집을 지키는 수행자인 이내선사의 따뜻한 미소는 덤이다.

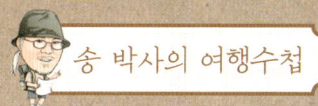

🚐 근처명소

❶ 평사리

슬로시티로 지정된 하동군 악양면은 섬진강을 끼고 있는 평화로운 고장이다. 바로 이 악양면 초입에 우리 문학사에 길이 빛날 소설인 『토지』의 무대 평사리가 자리 잡고 있다. 드라마 또는 TV문학관을 통해 널리 알려진 『토지』는 박경리 선생이 1969년부터 쓰기 시작해 1995년에 탈고한 제5부 16권짜리 민족소설이다. 동학농민혁명과 갑오개혁, 을미사변 등이 지나간 1897년 한가위에서부터 1945년 8월 15일까지 전형적인 한국의 농촌(평사리)을 비롯해 지리산, 서울, 러시아, 일본, 부산, 진주 등에서 펼쳐지는 최씨 집안의 가족사를 그렸다. 평사리 입구의 주차장에서 매표소를 지나 7~8분가량 오르면 소설 속에 등장하는 최 참판 댁이 나타난다. 최 참판 댁의 누마루에서는 드넓은 평사리 들판과 섬진강 물줄기가 한눈에 들어온다. 소설의 내용을 근거로 지어진 최 참판 댁에는 윤씨 부인이 사용했던 안방을 비롯해 별당채, 행랑채, 초당, 누마루 등이 복원되어 있다. 주변에는 드라마 「토지」를 촬영한 오픈 세트장이 조성되어 있다.

❷ 하동송림

하동 8경 가운데 하나인 '백사청송(白砂靑松)'의 중심이 되는 소나무숲이다. 섬진강 하류의 넓은 백사장과 울창한 소나무숲이 멋진 조화를 이루고 있어 오래전부터 하동 사람들에게 많은 사랑을 받는 명소이다. 요즘은 소나무숲을 거닐기 위해 많은 관광객들이 찾아오고 있다. 전라남도 광양으로 건너가는 섬진강 인도교와 경전선 철교 사이에 자리 잡고 있으며 현재 천연기념물 제445호로 지정되어 있다. 하동송림은 조선시대 영조 때인 1745년 당시 도호부사 전천상이 방풍림으로 조성했다. 넓이는 약 26,000㎡이며 소나무숲 안에는 궁도장인 하상정(河上亭)이 있어 한층 운치를 더한다. 소나무숲 곳곳에 앉아서 쉴 수 있는 벤치가 설치되어 있어 솔향기를 맡으며 잠시 명상에 빠질 수도 있다.

❶

❷

투박하지만 정겨운
제주의 참모습을 찾아가는 길

제주
올레와 오름

여행정보

🌐 제주올레 www.jejuolle.org
　제주 관광정보 www.jejutour.go.kr
📞 제주올레 사무국 064-762-2190
　제주올관광공사 064-740-6000~2
🚗 제주국제공항 ┄→ 11번 국도(동측 제1횡단도로) ┄→ 성판
　악휴게소 ┄→ 외돌개
🍴 제주풍림리조트(점심뷔페, 064-739-9001), 동환식
　당(김치찌개, 064-739-8644), 강정해녀의집(갱이죽,
　064-739-0772)
🛏 제주풍림리조트(064-739-9001), 바닷가리조트민박
　(064-739-2023), 호도하우스(064-739-1152)

추천코스

🚶 **당일여행** 올레 7코스(외돌개 ┄→ 돔베낭길 ┄→ 수봉로 ┄→
　법환포구 ┄→ 일강정 바다올레 ┄→ 강정청 ┄→ 월평포구 ┄→
　월평마을 아왜낭목)
　1박2일여행 올레 7코스 ┄→ 송악산 ┄→ 절물자연휴양림 ┄→
　거문오름 ┄→ 용눈이오름

올레길은 26개의 다양한 코스가 있어 여행자들은 개인의 체력과 취향에 따라 제주의 소박한 바닷길이나 오름, 오솔길 등을 걸으며 '마음으로 느끼는 여행'을 만끽할 수 있다.

우리나라 최고의 여행지인 제주도의 별명은 '신들의 섬'이다. 실제로 제주에는 1만 8,000여 신이 살고 있다고 제주 사람들은 믿고 있다. 동서 길이 73km, 남북 길이 31km, 총면적 1,847㎢ 크기의 화산섬인 제주도. 독특한 자연경관을 지닌 제주도를 대표하는 명소로는 한라산과 마라도, 성산일출봉, 우도, 성읍민속마을, 송악산, 비양도 등이 있다.

최근 들어 생태여행에 관한 관심이 높아지면서 제주올레와 오름을 찾는 사람들이 급증하고 있다. 올레길을 걷는 사람을 의미하는 '올레꾼'이라는 신조어가 생겼을 정도이다. 2007년 9월에 시작해 우리나라에 '걷기열풍'을 일으킨 주역인 올레길은 제주의 속살을 볼 수 있는 코스로 꾸준한 인기를 얻고 있다. 오름, 돌담길, 마을길, 바닷길 등을 따라 걸으며 제주의 숨겨진 절경과 명소를 감상할 수 있는 올레길은 2013년 5월 현재 정규 21개 코스와 비정규(섬 및 산간) 5개 코스를 합쳐 모두 26개 코스(총 길이 430km)를 갖추었다. 제주 해안을 완전히 한 바퀴 도는 올레길은 5km(10-1코스)부터 22.9km(4코스)까지 다양한 길이의 코스가 있다.

걷기여행은 우리나라뿐만 아니라 세계적으로 관심을 끌고 있는 여행형태이다. 일부에서는 유행에 그치고 말 것으로 예측하고 있지만, 걷기여행에 관한 관심은 오히려 더욱 높아질 것으로 기대된다. 많은 사람이 점차 현대화되고 기계화되어 가는 사회 속에서 자연을 찾아 시간을 보내고 싶어 하는 욕구가 늘어나고 있기 때문이다.

올레는 큰길에서 집으로 가는 좁은 길 또는 집과 집 사이를 이어주는 골목길을 가리키는 제주의 방언이다. 2013년 5월 말 현재 제주에는 26개(1-1코스, 7-1코스, 10-1코스, 14-코스, 18-1코스 포함)의 올레길 코스가 일반인들에게 개방되어 있다. 여행자들은 개인의 체력과 취향에 따라 제주의 소박한 바닷길이나 오름, 오솔길 등을 걸으며 '마음으로 느끼는 여행'을 만끽할 수 있다.

왼쪽부터 올레 7코스의 외돌개, 서건도(썩은섬), 올레길 이정표

왼쪽 거문오름을 답사하는 탐방객들 **오른쪽** 올레길을 걷는 사람들

　제주 올레길은 모두 저마다의 특성이 있다. 외지인들로부터 가장 인기가 많은 코스는 일명 '돔베낭길'이라 불리는 7코스이다. 외돌개(장군바위)에서 출발하여 법환포구를 거쳐 수봉로를 만날 수 있다. 외돌개(0.0km)−돔베낭길(1.6km)−수봉로(3.9km)−법환포구(4.8km)−일강정 바당올레(6.2km)−강정천(8.6km)−월평포구(11.9km) 등을 거쳐 월평마을 아왜낭목까지 이어지는 총 13.8km의 코스로 소요 시간은 4~5시간이다. 이 코스는 바다 위에 외롭게 떠 있는 문섬과 범섬을 바라보며 걷는 재미가 꽤 쏠쏠하여 해안올레의 대명사로 손꼽힌다. '돔베'는 도마를, '낭'은 나무를 뜻하는 제주도 방언이다. '동베낭'은 도미처럼 잎이 넓은 나무가 많아 붙여진 이름이라 한다. 7코스의 수봉로(자연생태길)는 올레꾼들로부터 가장 많은 사랑을 받는 구간이다. 2007년 12월에 당시 올레지기인 김수봉 씨가 염소만 다니던 좁은 길을 삽과 곡괭이를 이용해 손수 개척한 길이기 때문이다. 또 하나의 명물은 두머니물과 서건도(일명 썩은 섬)를 잇는 해안 구간인 일강정 바당올레이다. 워낙 길이 험해 접근 자체가 힘들었으나 2009년 2월 돌을 고르는 작업을 마쳤다. '바당'은 바다를 뜻하는 제주 방언이다.

　제주를 얘기하면서 올레길과 함께 빼놓지 않고 들먹이는 단어는 '오름'이다. 외지 사람들의 눈에는 불쑥 솟은 산봉우리 정도로 보이는 오름은 제주 사람들이 매우 신성하게 여기는 존재이다. 오름이란 화산 폭발 때 생긴 기생화산으로 제주 사람들은 제주의 신화에 등장하는 신이 사는 곳으로 여기고 있다. 현재 제주에는 세계자연유산으로 등록된 거문오름을 비롯해 가마오름, 개구리오름, 붉은오름, 새끼오름, 다랑쉬오름, 용눈이오름, 새별오름 등 모두 368개의 오름이 있다. 제주의 오름 가운데 가장 추천하고 싶은 곳은 거문오름(해발 456m)이다. 제주시 조천읍 선흘리에 있는 거문오름은 지난 2007년 6월 27일 유네스코에 의해 세계자연유산으로 등재되었다. 유네스코에서는 세계 각 지역의 자연환경 가운데 보존가치가 높은 지역을 엄선해 세계자연유산으로 등재시켜 보호하고 있다. 세계자연유산은 생각처럼 그리 쉽게 등재되는 것이 아니다. 객관적인 학술가치는 물론 지구의 변화 과정이나 독특한 생태계를 유지하고 있다 해도 엄격한 심사를 거쳐야만 비로소 세계자연유산으로 인정받을 수 있다. 제주도는 전 지역에 걸쳐 화산지형의 독특한 자연생태계가 비교적 잘 보존되어 있다. 그 가운데서도 거문오름 용암동굴계, 한라산 천연보호구역, 성산일출봉 응회구가 두드러져 이 세 지역이 '제주 화산섬과 용암동굴'이라는 이름으로 당당하게 세계자연유산에 등재되었다. 거문오름 용암동굴계에 속한 주요 동굴로는 선흘수직동굴, 뱅뒤굴, 만장굴, 김녕굴, 용천동굴, 당처물동굴 등이 있다.

거문오름은 지난 2008년 9월 1일부터 사전 예약제를 시행하고 있다. 탐방 2일 전까지 신청한 사람 또는 단체에 한해 1일 300명까지 선착순으로 예약을 받고 있다. 탐방도 1일 3회(오전 9시, 10시, 11시)로 제한되어 있으며 마을 주민으로 구성된 자연유산해설사가 동행한다. 무분별한 탐방 때문에 인한 훼손을 최대한 줄이고자 하는 방책이다. 거문오름 탐방안내소에서 출발해 용암협곡, 알오름전망대, 동굴진지, 숯가마터, 풍혈, 화산탄, 수직굴 등을 돌아보는 데 약 2시간이 걸린다. 매주 화요일은 '자연휴식의 날'이라 탐방할 수 없다.

💬 송 박사의 미주알고주알

용눈이오름과 사진가 김영갑 용눈이오름(해발 247.8m)은 제주시와 성산포를 잇는 중산간도로(16번 국도)가 지나는 제주시 구좌읍 종달리에 자리 잡고 있다. 약 1시간 정도면 왕복이 가능하며 오름 위에서는 제주 중산간의 참모습을 한눈에 감상할 수 있다. 전망도 좋아 성산일출봉과 우도, 날씨가 좋은 날은 한라산도 볼 수 있다. 육지와 다른 문화와 풍습을 지닌 제주도에서는 호기심을 유발하는 볼거리가 많아서 좋다. 용눈이오름을 오르다 보면 낮은 돌담에 둘러싸여 있는 제주 특유의 무덤들을 만날 수 있다. 그런데 무덤에 왜 돌담을 둘렀을까? 바람 때문일까? 아니면 방목하는 소나 말 때문에? 그것도 아니면 들불의 피해를 막으려고? 혹시 제주의 신과 관련이 있는 것은 아닐까? 용눈이오름은 한평생 제주를 사랑하다 세상을 떠난 사진가 김영갑 씨가 생전에 가장 많이 찾았던 곳이라 더욱 애틋하다. 충청남도 부여 사람인 김영갑 씨는 1985년에 우연히 제주도에 여행을 왔다가 반해 제주의 참모습을 사진에 담는 작업을 했다. 그러다 지난 2005년 5월 29일 루게릭병으로 짧은 삶을 마감했다. 그가 생전에 카메라 앵글을 통해 보았던

고 김영갑 ⓒ박훈일

제주의 바람과 하늘과 구름은 '김영갑갤러리 두모악'(서귀포시 성산읍 삼달리)에서 만날 수 있다. 김영갑 씨의 제자인 사진가 박훈일 씨가 갤러리를 지키고 있다.

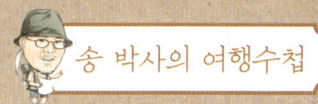
🚐 근처명소

❶ 절물자연휴양림

제주시 봉개동의 절물오름(해발 697m)의 북쪽 기슭을 끼고 있는 휴양림이다. 절물오름은 두 개의 봉우리로 이뤄져 있는데 각각 '큰대나오름'과 '족은대나오름'이라 불린다. '절물'이라는 이름은 '사찰의 약수'라는 뜻을 지니고 있다. 약수는 큰대나오름에서 용출되는데 약수터 옆에 약수암이라는 암자가 있다. 절물자연휴양림은 1997년 7월에 개장했다. 총 300ha(천연림 100ha, 인공림 200ha)의 면적에 40~45년생 삼나무가 전체 수림의 90% 이상을 차지하고 있다. 본래 삼나무는 바람이 많은 제주에서 감귤나무를 보호하기 위해 방풍림으로 심었으나 지금은 훌륭한 휴식처로 자리를 잡았다. 절물자연휴양림의 가장 큰 특징은 곳곳에 걷기 좋은 길이 많다는 것이다. 장생의 숲길, 생이소리질, 삼울길, 만남의 길, 건강산책로 등이 있다. 장생의 숲길은 '건강하게 오래 살게 하는 길', 생이소리질은 '참새 소리가 나는 길', 삼울길은 '삼나무가 울창한 길'이라는 뜻을 지니고 있다. 절물자연휴양림의 방문자센터를 지나면 길이 세 갈래로 나뉜다. 가운데 길은 절물오름으로 오르는 건강산책로이며, 오른쪽 길은 삼울길, 왼쪽 길은 생이소리질이다. 절물자연휴양림의 참모습을 약 2시간 정도에 체험하려면 우선 삼울길로 접어들어 울창한 삼나무숲길을 걸어 보자. 나무 갑판이 놓인 657m 길이의 삼나무숲길을 걷다 보면 절물오름으로 향하는 건강산책로와 만나게 된다. 삼울길을 걷다 중간에 만나게 되는 장생의 숲길은 절물자연휴양림이 자랑하는 '명품산책로'이다. 왕복 8.4km에 이르는 이 숲길에는 피톤치드와 테르펜을 분출하는 침엽수가 많다. 심신을 안정시키는 성분인 테르펜은 편백, 삼나무, 잣나무, 소나무 등에서 많이 분출되는 것으로 알려졌다. 장생의 숲길은 천연림과 숲길을 보호하기 위해 매주 월요일은 개방하지 않는다.

Part 3
가을

9월을 풍요롭게 하는 가을의 전령

강원 평창
봉평메밀밭

여행정보
🌐 **평창문화관광** www.yes-pc.net
📞 **평창군 종합 관광안내소** 033-330-2771
🚗 영동고속도로 장평나들목···▸6번 국도···▸봉평메밀밭
🍴 허브나라농원(허브비빔밥, 033-335-2902), 현대막국수(막국수, 033-335-0314), 메밀꽃필무렵(메밀음식, 033-336-1478)
🛏 휘닉스파크호텔(033-330-6611), 허브나라농원(033-335-2902), 솔섬펜션(033-333-1001)

추천코스
🚩 **당일여행** 봉평메밀밭 ···▸ 허브나라농원 ···▸ 평창무이예술관···▸이효석문학관
1박2일여행 봉평메밀밭 ···▸ 허브나라농원 ···▸ 평창무이예술관···▸월정사···▸상원사···▸「웰컴 투 동막골」세트장

지금은 우리나라 어디에서도 부보상 조직을 찾아볼 수 없다.
단지 부보상과 유사한 형태로 장터를 찾아다니며 물건을
파는 장돌뱅이의 모습만이 어렴풋이 남아 있을 따름이다.

강원도 평창군 봉평면은 이효석의 소설 「메밀꽃 필 무렵」의 무대로 잘 알려진 고장
이다. 특히 새하얀 메밀꽃이 피어날 무렵인 9월 초순에는 가산 이효석 선생의 문학
정신을 기리는 메밀꽃축제(효석문화제)가 열린다. 메밀꽃 향과 더불어 자연과 문학
의 향을 만끽하기 위해 많은 사람이 찾는다.

한국 단편소설의 새로운 지평을 열었던 「메밀꽃 필 무렵」은 학창 시절 한두 번쯤은
읽어 보았을 필독서 가운데 하나이다. 가산 이효석은 1907년부터 1942년까지 36년
의 짧은 생애를 살다간 비운의 작가로 22세가 되던 해인 1928년에 「도시와 유령」으
로 문단에 데뷔하면서 주목받기 시작했다. 그러나 안타깝게도 1940년 부인과 차남
의 갑작스러운 죽음 때문에 충격에서 벗어나지 못한 채 결국 1942년 평양에서 삶을
마감했다. 사망 원인은 결핵뇌막염. 그가 남긴 주요 작품으로는 「화분」, 「벽공무한」,
「장미 병들다」 등이 있다. 가장 대표작이라 할 수 있는 「메밀꽃 필 무렵」은 그가 30세
되던 해인 1936년에 발표하여 오늘날까지도 많은 사랑을 받고 있다.

영동고속도로 장평나들목에서 흥정천을 따라 6km쯤 가면 봉평면이 나타나고 마
을 한 모퉁이에 봉평장터가 있다. 닷새마다 열리는 장은 부보상과 깊은 관련이 있
다. 하지만 지금은 우리나라 어디에서도 부보상 조직을 찾아볼 수 없다. 단지 부보
상과 유사한 형태로 장터를 찾아다니며 물건을 파는 장돌뱅이의 모습만이 어렴풋이
남아 있을 따름이다. 1930년대 강원도 봉평장터와 대화장터 일대를 떠돌아다니던
장돌뱅이들의 삶과 애환을 그린 소설이 바로 「메밀꽃 필 무렵」이다. 봉평장은 2일과
7일, 대화장은 4일과 9일, 진부장은 3일과 8일이 장날이다.

봉평장터의 별미 가운데 '올창국수'라 불리는 강원도 토속음식이 있다. 메밀을 주
원료로 하는 막국수나 메밀전병과는 달리 옥수수를 주원료로 하는 음식이다. 옥수
수를 맷돌에 곱게 갈아서 국수를 만드는데 일단 입속에 들어가면 씹지 않아도 저절
로 넘어갈 정도로 면발이 곱고 부드럽다. 장터 바닥에 쪼그리고 앉아 시원한 물김치
를 반찬 삼아 한 순가락씩 떠먹는 재미가 쏠쏠하다.

장터를 벗어나 메밀밭을 향해 5분쯤 걸어가면 가산공원이 나타난다. 이효석 선생의
문학정신을 기리기 위해 지난 1991년에 만든 문학공원이다. 가산공원 옆에는 흥정천
이 흐르고 있다. 개울 위에 다리가 놓여 있고 개울 건너편에는 근사한 물레방앗간이

자리 잡고 있다. 소설 속에서 허 생원이 성 서방네 처녀와 하룻밤 정분을 맺은 장소로 등장하는 곳이다. 방앗간 앞에 서면 사방으로 펼쳐진 메밀밭에 감탄할 수밖에 없을 것이다. 소설의 무대로서 봉평의 이미지를 잘 표현하는 상징물 가운데 하나이다.

물레방앗간에서 도보로 15분쯤 떨어진 곳에는 이효석 선생이 어린 시절에 살았다는 집이 있다. 물레방앗간과 마찬가지로 이 집 주변은 온통 메밀밭이어서 「메밀꽃 필 무렵」의 무대였음을 실감 나게 한다. 소설 속에서 메밀꽃은 이렇게 묘사되고 있다. "산허리는 온통 메밀밭이어서 피기 시작한 꽃이 소금을 뿌린 듯이 흐뭇한 달빛에 숨이 막힐 지경이었다." 물레방앗간 바로 근처에는 이효석문학관이 있다. 이효석의 생애와 작품세계를 한눈에 볼 수 있는 곳이다. 아름다운 외관으로도 유명하고 정원과 산책로도 갖추고 있어 휴식을 취하기에 좋다.

메밀은 대체 작물이다. 다시 말해 봄에 감자나 보리를 수확한 밭에다 장마가 끝날 무렵 메밀 씨앗을 파종한다. 그 씨앗은 여름 내내 잘 자라서 9월 초순 무렵에 예쁜 꽃을 피우고 서리가 내리기 전에 수확된다. 수확 철의 메밀을 자세히 살펴보면 줄기가 붉게 물들어 있다. 강원도에서는 이 줄기 부분을 '대궁'이라 부른다. 글을 쓰는 작가들은 이 붉은색 대궁을 '자신의 몸에 피멍이 들 정도로 거친 땅을 헤치고 나온 승리자'의 상징으로 표현하기도 한다. 소설 「메밀꽃 필 무렵」에서는 "붉은 대궁이 향기같이 애잔하고 나귀들의 걸음도 시원하다."라고 표현했다.

봉평에서 멋진 메밀꽃을 볼 수 있는 지역은 여러 곳이 있다. 우선 영동고속도로 장평나들목에서 나와 봉평까지 가는 동안 드문드문 메밀밭이 펼쳐져 있다. 흥정천 주변에는 봉평에서 가장 넓은 메밀밭이 있는데 해마다 메밀꽃축제가 열리면 탐방로가 설치되고 포토 존과 봉숭아 물들이기 체험장 등 재미있는 시설이 들어선다. 이효석 선생이 살던 집과 평창무이예술관 등에도 근사한 메밀밭이 있다.

💬 **송 박사의 미주알고주알**

허브이야기 일찍이 성경이나 셰익스피어의 작품에 등장할 만큼 역사가 긴 허브. 하지만 허브가 우리 곁에 친근하게 다가온 것은 그리 오래전 일이 아니다. 물론 그동안 껌이라든가 향료, 비누, 화장품 등을 통해 우리는 간접적으로 허브를 접하고 있었다. 그러나 최근 들어 웰빙, 로하스, 힐링 등에 관한 관심이 급증하면서 허브의 실체를 보다 구체적으로 알게 되었다. 라틴어로 '푸른 풀'을 뜻하는 허브는  어떤 특정한 식물을 가리키는 용어가 아니다. 일반적으로 '사람이나 동물에게 이로운 작용을 하는 식물'을 통칭하는 용어이다. 사전적 의미로는 '줄기나 잎을 식용 또는 약용으로 사용하는 식물'로 정의할 수 있다. 혹자는 허브(herb)의 영어 철자가 각각 건강(Health), 식용(Eatable), 신선함(Refresh), 미용(Beauty)을 나타낸다고 말한다. 우리가 쉽게 접할 수 있는 대표적인 허브 식물로는 로즈마리, 라벤더, 바이올렛, 민트, 레몬 타임 등이 있다.

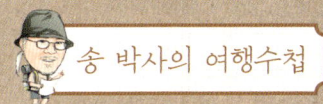 송 박사의 여행수첩

🚗 근처명소

❶ 허브나라농원

봉평면 소재지에서 태기산 쪽으로 3km쯤 떨어진 곳에 흥정계곡이 있다. 이곳에 있는 허브나라농원은 봉평의 새로운 관광명소로 인기를 끌고 있다. 1993년에 자그마한 허브농원에서 시작했으나 지금은 다양한 테마공원을 비롯해 허브레스토랑, 야외무대, 터키박물관, 허브공예관 등을 갖춘 문화공간으로 자리를 잡았다. 120종이 넘는 허브를 이용해 14개의 테마공원을 조성해 놓았다.

❷ 평창무이예술관

봉평면 소재지에서 태기산 쪽으로 4km쯤 떨어진 길가 왼편에 자리 잡고 있다. 폐교된 초등학교를 근사한 문화예술공간으로 꾸며 놓은 곳으로 서예가, 조각가, 화가들의 작업 과정을 지켜볼 수 있다. 운동장은 조각품의 야외전시장으로, 교실은 예술가들의 작업장으로, 복도는 작품전시장으로 활용되고 있다. 차를 마실 수 있는 소박한 카페도 마련되어 있다.

❸ 이효석문학관

흥정천 옆에 조성된 물레방앗간에서 오솔길을 따라 조금만 올라가면 시야가 확 트인 야트막한 언덕이 나타난다. 이효석문학관은 바로 이 언덕 위에 자리 잡고 있다. 아름다운 외형뿐 아니라 이효석 선생과 관련된 소중한 자료들을 전시하고 있어 우리나라의 대표적인 문학관 가운데 하나로 높이 평가받고 있다. 「메밀꽃이 필 무렵」뿐만 아니라 평소에도 문학에 관심이 있는 사람, 특히 대학에서 문학을 전공하는 학생이 많이 찾고 있다.

선홍빛 꽃길 따라 걷다 보니 그곳이 도솔천

전북 고창
선운산

여행정보

- 🌐 **고창군 문화관광** culture.gochang.go.kr
- 📞 **선운산도립공원 관리사무소** 063-563-3450
- 🚗 서해안고속도로 선운산나들목 ⋯, 22번 국도 ⋯, 고창군 부안면 ⋯, 선운산도립공원
- 🍴 신덕식당(풍천장어, 063-562-1533), 우정회관(게장백반, 063-561-2486), 미향(바지락돌솥밥, 063-564-8762)
- 🛏 선운산관광호텔(063-561-3377), 동백호텔(063-562-1560), 동방호텔(063-563-7070)

추천코스

- 📍 **당일여행** 선운산도립공원 ⋯, 학원농장 ⋯, 고창읍성
  1박2일여행 미당시문학관 ⋯, 선운산도립공원 ⋯, 고창고인돌유적지 ⋯, 학원농장 ⋯, 고창읍성

선운산의 중심은 천년고찰 선운사이다. 수많은 사찰 중 선운사처럼
찾는 이의 마음을 편하게 하는 곳도 드물다. 봄에는 벚꽃을,
벚꽃이 진 다음에는 동백꽃을 보려 전국에서 많은 사람이 찾는다.

전라북도 고창군 아산면에 있는 선운산(해발 336m)은 이른바 '호남의 내금강'이라 불릴 정도로 수려한 산세를 자랑한다. 본래 도솔산이라는 이름을 갖고 있었는데 선운사가 유명해지면서 그 이름이 '선운산'으로 바뀌었다. 1979년에 도립공원으로 지정되었으며 계절마다 독특한 절경을 보여 준다. 특히 꽃무릇이 피어나는 9월 중순과 단풍이 절정을 이루는 11월 초순의 풍경이 아름답다. 선운산도립공원은 수리봉을 비롯해 경수산, 견치산(개이빨산), 청룡산, 구황봉, 형제봉 등을 포함하고 있다.

선운산 등산 코스는 일부 가파른 곳을 제외하고는 대체적 완만한 편이라 하루 일정의 가벼운 산행 코스로 무난하다. 등산이 목적이라면 매표소를 출발해 석상암, 마이재, 수리봉, 참당암, 참당계곡, 도솔계곡 등을 거쳐 선운사로 내려오는 코스를 선택하는 것이 좋다. 약 3시간~3시간 30분이 소요된다. 등산보다 문화유적답사에 더 비중을 둔다면 매표소를 출발해 선운사와 도솔계곡을 거쳐 도솔암까지 다녀오는 코스를 선택하는 것이 바람직하다. 왕복 2시간~2시간 30분이 소요된다. 체력과 시간상으로 여유가 있다면 도솔암 내원궁에서 왕복 1시간 정도 소요되는 낙조대까지 다녀올 수도 있다. 낙조대 근처의 천마봉에서는 선운사의 절경을 대변하는 사자바위, 안장바위, 낙타바위, 투구바위 등을 찾아볼 수 있다.

선운사 경내를 벗어나 개천을 끼고 있는 오른쪽 오솔길을 따라 300m쯤 가면 갈림길이 나타난다. 갈림길에서 오른쪽 큰길을 버리고 건너편의 호젓한 산길로 접어든다. 산길에서부터 도솔암까지 이어지는 도솔계곡은 문화재청에 의해 지난 2009년에 명승 제54호로 지정되었다. 도솔계곡 일대는 9월 중순이면 산길 양편에 붉은색

왼쪽 도솔계곡 초입 **오른쪽** 내원궁에서 바라본 낙조대

왼쪽부터 선운산 진흥굴, 선운사, 미당 서정주의 「선운사 동구」 시비

꽃무릇이 만개해 장관을 이룬다. 국내에서 가장 아름다운 꽃무릇이라 하여도 과언이 아니다. 마치 붉은 카펫을 깔아 놓은 것처럼 환상적이라서 가을이면 전국의 여행객을 유혹한다.

약 1km에 이르는 도솔계곡이 끝나는 지점에는 진흥굴이 있다. 신라 24대 왕이었던 진흥왕이 왕위를 버리고 왕비인 도솔과 공주인 중애를 데리고 와서 수도했다는 동굴이다. 동굴 앞에는 수령 600년 정도로 추정되는 멋진 소나무 한 그루가 자라고 있다. 멀리서 보면 마치 펼쳐진 우산처럼 보이기도 하는 이 소나무는 장사송 또는 진흥송이라 불린다.

진흥굴에서 산모퉁이만 돌아서면 마침내 도솔암에 이르게 된다. 주변 경치가 빼어난 도솔암 근처에는 숱한 전설이 배어 있는 도솔암마애불, 금동지장보살이 있는 내원궁, 서해 일몰을 감상할 수 있는 낙조대 등이 있어 찾는 사람이 많다. 이 가운데서도 특히 내원궁은 미륵보살의 정토라고 여겨지고 한 가지 소원은 꼭 들어주는 신통력을 지닌 기도도량으로 유명하다.

💬 송 박사의 미주알고주알

불갑사 꽃무릇 전남 영광 불갑사는 백제시대 침류왕 때인 384년에 인도 스님 '마라난타 존자'에 의해 창건된 것으로 추정되고 있다. 그러나 아쉽게도 이 같은 추정을 입증할 만한 구체적인 기록이나 자료는 남아 있지 않다. 현재 불갑사 경내에는 보물 제830호로 지정된 대웅전과 1644년에 중건된 만세루를 비롯해 산신각, 칠성각, 팔상전, 보광전, 명부전, 일광당 등과 같은 크고 작은 건물이 촘촘하게 들어서 있다. 9월 중순에서 하순 사이, 불갑사를 찾아가면 멋진 선물을 받을 수 있다. 바로 상사화라 불리기도 하는 꽃무릇을 만날 수 있기 때문이다. '상사화'라는 별명은 말 그대로 잎과 꽃이 서로 만나지 못한다고 해서 붙여졌다. 9월 하순과 10월 상순 사이에 꽃이 지고 나면 그 자리에 잎이 돋아나 눈 속에서 겨울을 보낸다. 그리고 이듬해 5~6월이 되면 잎은 완전히 시들고 9월 상순에 가느다란 꽃대가 올라와 9월 중순과 하순 사이에 완전히 만개한다. 우리나라에서는 전라도 지역의 몇몇 사찰 주변에 꽃무릇 군락이 있는데 그 대표적인 곳이 바로 고창 선운사와 영광 불갑사이다. 사찰 주변에 이처럼 꽃무릇 군락이 많은 것은 예전에 스님들이 꽃무릇의 인경(땅속줄기)에서 한지를 배접하는 원료인 전분을 추출한 데서 그 이유를 찾을 수 있다. 불갑사 주변에 피어나는 꽃무릇은 진한 붉은색을 띠고 있다.

왼쪽 내원궁으로 올라가는 계단 **오른쪽** 선운사 도솔암

선운산의 중심은 천년고찰 선운사이다. 우리나라의 수많은 사찰 가운데 선운사처럼 찾는 이의 마음을 편안하게 하는 곳도 드물다. 봄에는 벚꽃을, 벚꽃이 진 다음에는 동백꽃을 보기 위해 전국 각지에서 많은 사람이 선운사를 찾아온다. 눈에 덮인 겨울 산사와 사찰 주변의 차밭, 9월의 꽃무릇 군락, 가을의 아름다운 단풍 역시 선운사의 자랑이다. 선운사는 백제시대 위덕왕 때인 577년에 창건된 것으로 알려졌다. 그 후 고려시대 충숙왕 무렵까지 번성하다 한동안 폐사지로 남아 있었으나 조선시대 성종 때인 1472년에 중창하면서 대가람의 면모를 갖추게 되었다. 그러나 안타깝게도 1472년에 세워진 건물들은 정유재란을 겪으면서 대부분 소실되고 말았다. 현재의 건물들 대부분은 조선 광해군 때인 1613년 이후에 새로 지어진 것들이다. 선운사에는 한때 3,000여 명에 이르는 많은 스님이 있었다고 하나 지금은 모두 옛이야기가 되고 말았다. 사찰 주변의 선운산 자락에 산재해 있던 암자들도 세월의 흐름과 함께 하나둘 스러져 지금은 도솔암, 참당암, 동운암, 석상암 등이 그 명맥을 유지하고 있다.

선운사 하면 대부분의 사람은 송창식이 부른 대중가요 「선운사」와 미당 서정주, 풍천장어, 복분자, 꽃무릇, 동백꽃 등을 떠올린다. 참으로 많은 얘깃거리와 구경거리를 가지고 있는 사찰이다. 이 가운데서도 특히 많은 사람이 선운사 동백꽃을 보고 싶어 한다. 선운사 동백나무숲은 천연기념물 제184호로 지정되어 있다. 단지 동백꽃이 아름다워서가 아니다. 바로 이곳이 우리나라에서 동백나무가 자생할 수 있는 최북한 지대이기 때문이다. 수령 500년 정도의 오래된 동백나무들은 대략 4월 중순부터 5월 초순 사이에 예쁜 꽃을 피운다.

🚐 근처명소

❶ 학원농장

학원농장은 전북 고창군 공음면 선동리에 자리 잡고 있다. 이 농장의 주인은 진의종 전 국무총리와 이학 여사의 아들인 진영호 씨. 서울대 농대를 졸업한 후 대기업의 임원으로 있다가 1992년에 고향으로 내려와 지금과 같은 대규모 농장을 조성했다. 농장의 이름인 '학원'은 '학이 노니는 뜰'이라는 의미를 담고 있다. 학원농장은 봄날의 보리밭으로 유명하다. 이곳에서 보리밭을 거닐 수 있는 시기는 대략 4월 중순부터 5월 하순 사이. 하지만 보리를 수확한 후에는 그 자리에 메밀을 심어 또 다른 볼거리를 제공한다. 메밀 하면 강원도 봉평이 가장 먼저 떠오르지만 예로부터 논농사보다는 밭농사를 주로 지은 고창에서도 상당히 많은 양의 메밀이 생산되고 있다. 메밀밭 한가운데 있는 뽕나무 근처에서는 영화 「웰컴 투 동막골」의 일부 장면이 촬영되기도 했다.

❷ 고창읍성

일명 '모양성'이라 불리는 고창읍성은 야트막한 산등성이를 끼고 평지에 축성된 석성(평산성)이다. 고창읍성은 순천 낙안읍성, 서산 해미읍성 등과 함께 원형이 잘 보존된 조선시대 초기의 대표적인 읍성이다. 축성 시기에 관한 주장은 여러 가지가 있으나 성벽 곳곳에 남아 있는 글씨들을 근거로 계유년인 1453년(조선 단종 원년)에 완성된 것으로 추정하고 있다. 성을 쌓을 때 전라좌도와 전라우도에 속해 있던 19개의 군과 현에서 각 구간을 담당했으며 그 흔적이 지금도 성 바깥의 표지석에 남아 있다. 3개(동문, 서문, 북문)의 성문이 있으며 적을 더 효과적으로 방어하기 위해 각각의 성문에 옹성을 쌓았다. 전체 길이가 1,684m인 고창읍성을 한 바퀴 도는 데는 약 1시간이 걸린다.

❸ 고창고인돌유적지

고인돌은 선사시대를 대표하는 유물 가운데 하나이다. 지구촌 곳곳에는 약 6만여 기의 고인돌이 있는데 그중 절반 이상이 한반도 일대에 밀집되어 있다. 현재 우리나라 남한 지역에는 전라북도 고창을 비롯해 전라남도 화순, 인천광역시 강화 등에 고인돌이 밀집되어 있다. 고창만 하더라도 모두 2,000여 기의 고인돌이 여기저기 산재해 있는 것으로 파악되고 있다. 이처럼 소중한 유물들은 지난 1999년 유네스코에 의해 세계문화유산으로 등재되었다. 고창에서 가장 많은 고인돌이 밀집된 지역은 고창읍 죽림리, 도산리, 상갑리, 봉덕리 일대이다. 고인돌은 그 형태에 따라 크게 북방식과 남방식으로 나뉜다. 고창에서 볼 수 있는 것은 대부분은 남방식이다. 하지만 도산리에서는 몇 기의 북방식 고인돌도 찾아볼 수 있다. 따라서 고창은 북방식 고인돌이 발견된 남방 한계선이라는 점에서 학술적으로 큰 의미를 지니고 있다.

① ② ③

원시림 한가운데 숨어 있는 단풍명소

강원 인제
방태산
자연휴양림

여행정보
🌐 **국립자연휴양림관리소** www.huyang.go.kr
📞 **방태산자연휴양림 관리사무소** 033-463-8590
🚗 중앙고속도로 홍천나들목 ⋯▸ 44번 국도 ⋯▸ 철정검문소
⋯▸ 451번 지방도 ⋯▸ 인제군 상남면 ⋯▸ 31번 국도 ⋯▸ 방대
교 ⋯▸ 418번 지방도 ⋯▸ 방태산자연휴양림
🍴 고향집(두부요리, 033-461-7391), 방동막국수(막
국수, 033-461-0419), 진동산채가(산채백반, 033-
463-8484)
🛏 방태산자연휴양림(033-463-8590), 하늘내린호텔
(033-463-5700), 하늘아래첫동네(033-463-4613)

추천코스
📍 **당일여행** 방태산자연휴양림 ⋯▸ 방동약수터 ⋯▸ 필례약수터
1박2일여행 방태산자연휴양림 ⋯▸ 방동약수터 ⋯▸ 필례약
수터 ⋯▸ 한계령 ⋯▸ 백담사 ⋯▸ 박인환문학관

방태산자연휴양림은 개장 초기부터 큰 관심을 불러일으켰다.
산림청에서 직접 운영을 하는 데다 이곳처럼
자연생태계가 잘 보존된 곳도 드물기 때문이다.

　우리나라에서 가장 깨끗한 물줄기로는 양양 미천골과 함께 인제의 내린천을 꼽을
수 있다. 이들 물줄기는 오염원이 없는 강원도의 깊숙한 골짜기를 흘러 우리나라 토
종 물고기들의 서식처이기도 하다. 그러나 미천골과 내린천은 오히려 깨끗한 자연
환경 탓에 오히려 심한 몸살을 앓고 있다. 한여름 피서철이면 숨겨진 골짜기를 용케
도 알아낸 사람들이 그야말로 물밀듯이 찾아오기 때문이다. 내린천이 그 이름만으
로도 소중한 가치를 지닌 미산계곡, 방동약수터, 필례약수터, 점봉산 곰배령, 방태
산자연휴양림 등과 같은 명소들을 지척에 두고 있기 때문이다. 이 가운데서도 특히
방태산자연휴양림은 자연미와 인공미가 최고의 조화를 이루는 대표적인 휴양림으
로 손꼽힌다.

　내린천 상류 지역의 대표적인 마을은 상남이다. 상남에서 내린천을 끼고 31번 국
도를 따라 현리(기린면) 쪽으로 10km쯤 가다 보면 조그만 다리, 방대교를 건넌다.
다리 밑에는 내린천의 지류 가운데 하나인 방태천이 흐르고 있다. 다리를 건너자마
자 오른쪽으로 꺾어 8km쯤 더 가면 두 갈래 길이 나타난다. 왼쪽은 곰배령의 들머
리인 진동리로 가는 길이고, 오른쪽은 방태산자연휴양림으로 가는 길이다. 휴양림
이 자리 잡고 있는 강원도 인제군 기린면 방동리 일대는 근처의 진동리와 함께 우리

방태산자연휴양림 캠핑장

왼쪽 단풍으로 물든 생태탐방로 **오른쪽** 방태산자연휴양림의 명물인 2단폭포

나라의 대표적인 원시림 지대로 손꼽는다. 강원도 인제군 기린면과 홍천군 내면 일대에는 오래전부터 '오지 가운데 오지'라 불리는 '삼둔사가리'가 있다. 삼둔사가리는 예언서인 『정감록』에 의해 난리를 피할 수 있는 최고의 피난처로 꼽히는 곳이다. 삼둔(살둔, 달둔, 월둔)은 홍천군 내면, 사가리(적가리, 아침가리, 연가리, 명지가리)는 인제군 기린면 지역 곳곳에 산재해 있다. 삼둔의 '둔'은 '산을 끼고 있는 평평한 땅', 사가리의 '가리'는 '계곡을 끼고 있는 살만한 땅'을 의미한다.

현재 방태산자연휴양림이 들어서 있는 방동리 일대는 사가리 가운데 하나인 적가리 지역이다. 따라서 방동리라는 행정 지명보다 오히려 '적가리골'이라는 이름으로 더 많이 알려졌다. 근처의 방동약수터에서 산속으로 조금 더 들어가면 아침가리가 나타나고 더 깊숙한 곳에는 명지가리가 자리 잡고 있다. 사가리 가운데 하나인 연가리는 진동리 근처에 있다. 방동리 원시림 안으로 들어가는 초입에는 지난 1997년 5월에 문을 연 방태산자연휴양림이 자리 잡고 있다. 전국 각지에 산재해 있는 많은 휴양림 가운데 그 이름값을 제대로 하는 몇 안 되는 휴양림 가운데 하나이다. 휴양림 안에 있는 근사한 통나무집은 마치 동화에서나 나올 법한 숲 속의 오두막을 연상케 한다. 통나무집(산림문화휴양관) 자체가 마치 자연의 일부인 것 같다는 착각마저 들 정도이다.

방태산자연휴양림은 개장 초기부터 큰 관심을 불러일으켰다. 산림청에서 직접 운영하는 데다 이곳처럼 자연생태계가 잘 보존된 곳도 드물기 때문이다. 실제로 입소문을 통해 방태산자연휴양림이 널리 알려지기 시작하면서 한여름 피서철과 가을철은 물론 1년 내내 사람들의 발길이 끊이지 않는다. 일반 여행자들이 저렴한 비용으로 이용할 수 있는 통나무집은 주말에는 물론 평일에도 빈방을 구하기 어려울 정도이다. 통나무집 바로 앞에는 소리만 들어도 속이 시원한 물줄기가 지나고 있다. 이 물줄기는 방태산 주억봉(해발 1,443m)과 구룡덕봉(해발 1,338m)의 깊은 골짜기에서 흘러 내려온다. 물론 휴양림 위쪽에는 수질을 악화시킬 만한 오염원이 없으므로 맑고 깨끗한 물은 언제 보아도 믿음직스럽다. 두 손으로 계곡물을 떠서 마시면 그 맛이 꿀맛이다.

통나무집 앞의 마당바위에서 산책로를 따라 200m쯤 올라가면 그야말로 멋진 선경이 펼쳐진다. 지도상에는 '2단폭포' 또는 '이 폭포, 저 폭포'로 표기된 곳이다. 폭포 주변의 울창한 숲은 대부분 활엽수로 이뤄져 있어 해마다 10월 15~20일에는 일대가 울긋불긋한 단풍 천국으로 변한다. 방태산자연휴양림을 찾아온 사람들은 일반적으로 통나무집에서 숙박하거나 아니면 통나무집 근처에 마련된 야영 테크에다 텐트를 치고 야영을 한다. 물소리를 들으며 잠에서 깨어난 후에는 마당바위, 2단폭포, 숲 체험로 등을 거닐며 가벼운 산책을 즐길 수 있다. 등산을 좋아하는 사람이라면 숲체험로와 이어진 산길을 따라 계속 산을 올라도 좋다. 방태산자연휴양림의 등산로 길이는 약 5km이다. 방태산자연휴양림에서의 숙박이 여의치 않으면 근처 마을에서 민박하는 것을 추천한다.

💬 송 박사의 미주알고주알

에코투어리즘 우리 일상의 상당 부분이 기계화되고 자동화되면서 점차 인간성이 둔화되고 있다. 여기에 무분별한 개발과 자원의 낭비로 인한 오존층의 파괴와 지구온난화 등은 지구촌 모든 사람이 고민해야 할 새로운 문제로 등장했다. 이에 따라 에코투어리즘(Eco-tourism)에 대한 관심도 그만큼 높아졌다. 에코투어리즘은 '자연환경의 훼손을 최대한 줄이면서 숲이나, 바다, 산, 강, 동물 등을 관찰하는 친환경적인 여행'을 말한다. 제2차 세계대전 이후 프랑스에서 시작되었으나 지난 1983년 세계자연보전연맹(IUCN)에 의해 '에코투어리즘'이란 용어가 처음으로 사용되었다. 이후 국제사회에서도 에코투어리즘에 대한 전폭적인 지원을 아끼지 않았다. 유엔에서는 2002년을 '세계생태관광의 해'로 선포했고, 미국 내추럴마케팅연구소는 2000년에 새로운 라이프스타일인 '로하스(LOHAS)'라는 용어를 만들어냈다. 에코투어리즘은 여행 산업의 발전에도 많은 영향을 주고 있다. 자연환경에 대한 관심이 높아지면서 깨끗하고 아름다운 자연을 찾아가려는 수요가 그만큼 늘어난 것이다. 유엔 산하의 세계관광기구(WTO)는 '2004년에 에코투어리즘은 다른 형태의 여행보다 3배나 빨리 성장했다'는 내용의 보고서를 내기도 했다. 에코투어리즘의 명소는 '자연환경이 잘 보존된 곳'이라는 특성상 문명의 이기에서 많이 벗어난 지역에 편중되어 있다.

🚙 근처명소

❶ 방동약수터

방태산자연휴양림 근처에 있는 방동약수터는 지금으로부터 340여 년 전인 1670년에 한 심마니에 의해 처음 발견되었다. 다른 약수터와는 달리 오래된 엄나무 뿌리 부분에서 물이 샘솟고 있어 묘한 신비감마저 느끼게 한다. 음나무라 불리기도 하는 엄나무는 산삼의 주요 성분인 파낙스를 많이 함유하고 있다. 껍질은 오래전부터 허리를 치료하는 민간약재로 사용됐다. 특히 닭과 음식 궁합이 잘 맞아 미식가들 사이에는 엄나무백숙이 널리 알려졌다. 방동약수터와 방태산자연휴양림 근처의 몇몇 음식점에서 엄나무백숙을 맛볼 수 있다.

❷ 필례약수터

방태산자연휴양림에서 현리까지 나와서 인제 방향으로 가다 보면 오른쪽에 한계령 가는 길이 나타난다. 이곳에서 18km쯤 더 가면 필례약수터에 이르게 된다. 깊은 산속에 있는 약수터는 아니지만 호젓한 드라이브를 즐기려는 사람들에게 좋은 쉼터 역할을 하고 있다. 필례약수터에서 한계령까지 이어지는 호젓한 산길은 가을철 드라이브 코스로 좋다.

❸ 백담사

내설악의 깊은 곳에 자리 잡은 백담사는 원래 신라 진덕여왕 원년인 647년에 자장율사가 한계사라는 이름으로 사찰을 창건하고 아미타삼존불을 봉안했다. 그 이후 운홍사, 심원사, 선구사, 영취사라 불리다가 1783년에 최붕과 운담이 백담사라 개칭하였다. 유난히도 화재가 자주 일어난 사찰로 백담사로 개칭되기 전까지 8번이나 소실되었다. 개칭 이후에도 한국전쟁 때 소실되어 1957년에 재건한 것이 오늘에 이르고 있다. 『백담사서적』을 편찬한 불교 사상가이자 시인인 만해 한용운의 「님의 침묵」이 탄생한 곳으로도 유명하다. 백담사 뒤편의 등산로를 따라가면 다섯 살 동자와 관음보살의 이야기로 유명한 오세암과 우리나라 5대 적멸보궁의 하나인 봉정암이 백담사의 부속 사찰로 자리 잡고 있다.

정갈하고 깨끗하게 잘 꾸며진 비구니도량

경북 청도
운문사

여행정보
- 🌐 운문사 www.unmunsa.or.kr
- ☎ 운문사 종무소 054-372-8800
- 🚗 경부고속도로 경산나들목 ···▸ 경산시 ···▸ 청도군 금천면 ···▸ 운문사
- 🍴 강남반점(스님짜장, 054-373-1569), 하얀집(버섯전 골, 054-372-5599), 산동관(불고기전골, 054-372-3215)
- 🛏 선암서원(한옥체험, 010-5345-8445), 산나들이펜션 (054-372-0440), 하얀집민박(054-373-7772)

추천코스
- 📍 당일여행 운문사 ···▸ 운강고택 ···▸ 와인터널
  1박2일여행 운문사 ···▸ 운강고택 ···▸ 와인터널 ···▸ 용암온 천 ···▸ 청도소싸움경기장 ···▸ 코미디철가방극장 ···▸ 니가쏘 다째

운문사는 여승들의 수도장인 만큼 경내 전체가 마치 잘 꾸며진
정원처럼 정갈하고 깨끗하다. 나무 한 그루, 풀 한 포기,
자그마한 돌멩이 하나까지 여승들의 손길이 닿지 않은 것이 없다.

경상북도 청도는 복숭아와 미나리, 씨 없는 감(반시), 새마을운동의 발상지로 잘
알려진 고장이다. 해마다 3월이면 전국 최대 규모의 소싸움축제가 열려 흥겨운 잔치
마당을 펼치기도 한다. 청도는 물이 맑고, 산이 맑고, 인심이 맑아 예로부터 '삼청의
고장'으로 잘 알려진 곳이다. 게다가 '도불습유'라 해서 길에 떨어져 있는 물건이 아
무리 욕심나는 것이라도 자기 것이 아니면 절대 주워 가지 않는 풍습이 지금까지도
잘 이어져 내려오고 있다. 대구와 밀양이라는 큰 도시 사이에 자리 잡고 있으면서도
어느 한쪽에 치우치지 않은 채 독자적인 생활관습과 전통문화를 고스란히 간직하고
있는 고장이기도 하다.

청도의 대표적인 사찰인 운문사는 청도읍에서 동쪽으로 40km쯤 떨어진 운문산
(해발 1,188m) 자락에 자리 잡고 있다. 일명 '호거산'이라 불리기도 하는 운문산은 재
약산, 가지산, 신불산, 영축산 등과 함께 영남알프스를 이루는 명산 가운데 하나이
다. 먼 옛날 원광국사가 화랑도의 실천이념인 세속오계(사군이충, 사친이효, 교우이
신, 임전무퇴, 살생유택)를 전파한 곳이기도 하다. 운문사는 신라시대 진흥왕 때인
560년, 이름을 알 수 없는 어느 신승에 의해 창건되었다. 창건 당시의 이름은 작갑사
였다. 그 후 신라시대 진평왕 때인 600년에 원광국사, 고려시대 태조 때인 930년에
보양국사에 의해 차례로 중창되었다. 당나라에서 공부하고 돌아온 보양국사가 중창
할 당시에는 사찰 이름이 작압사로 바뀌었다. 그리고 937년에 고려 태조 왕건으로부
터 '운문선사'라는 사액을 받으면서 '운문사'로 이름이 바뀌게 되었다.

운문사는 여승들의 수도장인 만큼 경내 전체가 마치 잘 꾸며진 정원처럼 정갈하
고 깨끗하다. 나무 한 그루, 풀 한 포기, 자그마한 돌멩이 하나까지 여승들의 손길이
닿지 않은 것이 없다. 현재 운문사에서는 20대 초반의 학인 스님들이 공부하고 있
다. 속세와의 인연을 끊었다는 사실이 믿기지 않을 정도로 청순하고 쾌활한 여승들
이 엄격한 계율 속에서 수행자의 길을 걷고 있다. 운문사에는 240여 명의 학인 스
님이 있다. 대부분 하얀 고무신을 신고 있는데 저마다의 독특한 문양을 표시해 놓아
신발이 바뀌지 않도록 했다. 그 문양도 독특해서 별, 초승달, 하트, 꽃잎, 무한대(수
학기호)까지 다양하다. 비로전(옛 대웅전) 천장에 매달려 있는 반야용선과 악착동자
도 찾아볼 만하다.

왼쪽 운문사 비로전(옛 대웅전) **오른쪽** 한 칸짜리 전각인 작압전

　　사찰의 참모습을 보려면 해가 막 진 후 또는 해가 막 뜨기 전에 찾아가는 것이 좋다. 그리고 기회가 닿는다면 스님들의 발우공양에도 참여하고, 하루나 이틀 정도 사찰에 머물면서 자신의 삶을 한 번쯤 되돌아보는 시간을 가지면 좋을 것이다. 하지만 사정이 여의치 않다면 사찰을 찾아가는 길을 조금 서둘러서 새벽예불에 참여해 보자. 일반인도 새벽예불에 참여해 볼 수 있는데, 이른 시간인 4시 30분에 시작하므로 굳게 마음먹지 않으면 참여하기 어렵다. 특히 공부하는 스님이 많은 운문사의 새벽예불은 그 청아함과 경건함이 전국적으로 널리 유명하다.

　　역사가 오래된 사찰인 만큼 운문사 경내에는 많은 문화재가 있다. 신라시대 때 만들어진 구리항아리를 비롯해 대웅보전, 금당 앞 석등, 삼층석탑, 원응국사비, 석조여래좌상, 사천왕상석주 등이 모두 보물로 지정되어 있다. 또한, 경내는 아담한 전각인 작압전과 대웅보전, 오백나한전, 만세루 등과 같은 크고 작은 건축물로 구성되

정갈함이 돋보이는 운문사 경내

왼쪽부터 비로전 외벽의 반야용선 벽화, 운문사 범종루, 학인 스님들의 고무신

어 있다. 이 가운데 석조여래좌상과 사천왕상석주가 있는 작압전이 눈길을 끈다. 본래는 5층으로 된 전탑이었다고 하는데 세월이 흐르면서 그 원형은 찾을 길이 없고 지금은 자그마한 1칸짜리 전각으로 그 명맥을 이어가고 있다. 현재의 건물은 1941년에 지어진 것이다.

문화재 말고도 운문사 하면 빼놓을 수 없는 또 하나의 명물이 있다. 그것은 다름 아닌 운문사 앞뜰에 자리 잡은 수령 500년 정도로 추정되는 '처진소나무'이다. 현재 천연기념물 제180호로 지정된 이 소나무는 줄기가 땅에 닿을 정도로 처져 있다고 해서 이 같은 이름이 붙었다. 가지가 계속 아래로 자라기 때문에 기둥으로 나뭇가지를 받치고 있다. 재미있는 것은 해마다 봄이 되면 나무 주위에다 막걸리 12말을 물과 섞어 뿌린다는 것이다. 옛부터 막걸리를 뿌리는 이유에 대한 여러 가지 설이 있지만 아마도 땅속의 유해 성분을 없애려는 의도 때문이라는 주장이 지배적이다.

💬 송 박사의 미주알고주알

운문사 악착동자 청도 운문사에는 오래전부터 악착동자에 대한 전설이 전해지고 있다. 운문사 대웅보전 천장을 보면 가늘고 긴 배가 하나 걸려 있다. 이 배의 이름은 '반야용선(般若龍船)'. 깨달음을 얻은 중생들이 극락세계로 가기 위해 반드시 타야 하는 배이다. 그런데 이 배에서 늘어뜨린 가느다란 외줄에 누군가 위태롭게 매달려 있다. 바로 이 동자의 이름이 '악착동자'이다. 물론 불교의 교리에는 등장하지 않는 인물이다. 그런데 악착동자는 왜 이렇게 매달려 있

을까? 심성이 착한 데다 어려운 이웃을 돕는 일에 열심인 악착동자는 늘 시간에 쫓겨서 반야용선을 놓치곤 했다. 그리하기를 여러 차례, 이번에도 부지런히 일을 마무리하고 급히 달려왔는데도 이미 배는 움직이기 시작했다. 그런데 배에서 줄이 하나 내려왔다. 악착동자는 불편하긴 해도 이 줄을 악착같이 붙잡고 마침내 극락세계에 들어갈 수 있었다. 엉덩이를 쭉 빼고서 양다리를 오그린 채 외줄을 꼭 붙잡고 있는 악착동자의 모습은 많은 것을 생각하게 한다. 선행을 베풀면 언젠가는 복을 받는다는 교훈, 악착같이 노력해서 반드시 꿈을 이루라는 교훈, 아무리 착해도 지각을 하면 벌을 받는다는 교훈(한 초등학생의 생각) 등……. 나는 악착동자의 얼굴이 궁금하다. 어떻게 생겼을까? 혹시 얼굴이 없는 것은 아닐까? 내가 만약 악착동자를 만든 사람이라면 얼굴은 비워 놓았을 것이다. 악착동자의 얼굴은 꿈을 이룬 모든 사람, 바로 자신의 얼굴일 수도 있으니까.

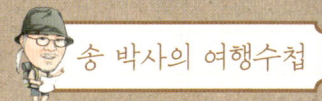

🚐 근처명소

❶ 와인터널

청도의 특산물 가운데 하나인 감은 마치 작은 소반처럼 납작하게 생겼다 해서 '청도반시'라 부른다. 최근 들어 청도반시는 청도의 효자 노릇을 톡톡히 해내고 있다. 씨가 없다는 특성을 살려 세계에서 처음으로 감을 이용한 와인을 만들어 상용화에 성공했기 때문이다. 와인을 숙성시키고 저장하는 데는 그에 적합한 시설이 있어야 한다. 청도에서는 이 같은 문제를 폐터널에서 풀었다. 일제에 의해 1904년에 완공되어 1938년까지 사용됐던 경부선의 남성현터널을 와인을 숙성시키고 저장하는 시설로 이용한 것이다. 남성현터널 안은 연중 온도가 섭씨 13~15도 내외인 데다 습도를 60~70%로 일정하게 유지해 와인을 숙성시키기에 좋은 조건을 갖추고 있다. 황토 벽돌로 쌓은 약 1km에 이르는 터널 천장에서는 상당량의 음이온이 방출되는 것으로 알려졌다. 음이온은 울창한 숲이나 폭포, 참나무 숲 등에서 많이 방출되는데 공기를 정화하고 자율신경계를 안정화시키는 등 우리 인체에 긍정적인 효과를 주는 것으로 알려져 있다.

❷ 운강고택

청도에서 운문사로 가는 길에 만나게 되는 금천면 신지리. 오랜 옛날부터 밀양 박씨들이 세거해 온 이 마을에 운강고택(중요민속자료 제106호)이 있다. 운강고택은 소요당 박하담(1479~1560년)이 후학을 양성하던 옛 서당 자리에 후손이 세운 한옥이다. 1809년에 박정주가 살림집으로 처음 건립했고 1824년에 운강 박시묵이 중건했으며 1905년에 박순병이 다시 중수했다. 운강고택은 남녀와 주종의 공간이 확실하게 구분되어 있고, 평면과 공간을 합리적으로 활용한 조선시대 후기의 대표적인 상류층 가옥 가운데 하나이다. 대문을 들어서면 왼쪽에 큰사랑채, 오른쪽에 중사랑채가 눈에 들어온다. 큰사랑채는 기단이 2단, 자녀의 서당 역할을 하던 중사랑채는 기단이 1단으로 되어 있다. 큰사랑채와 안채를 잇는 꽃담에는 거북이 등 모양의 기와로 조성되어 있다.

어머니의 품처럼 따스함을 지닌 명산

강원 평창
오대산

여행정보

🌐 오대산국립공원 odae.knps.or.kr
월정사 www.woljeongsa.org

📞 오대산국립공원 관리사무소 033-332-6417
월정사 종무소 033-339-6800

🚗 영동고속도로 진부나들목···›6번 국도···›오대산국립공원

🍴 오대산식당(산채백반, 033-332-6888), 산들산채식
당(황태특정식, 033-333-7198), 부림식당(산채백반,
033-335-7576)

🛏 켄싱턴플로라호텔(033-330-5000), 세인트하이안호
텔(033-333-7979), 안개지니민박(033-433-7586)

추천코스

📍 당일여행 월정사···›상원사···›「웰컴 투 동막골」세트장
1박2일여행 월정사 ···› 상원사 ···› 방아다리약수터 ···› 「웰
컴 투 동막골」세트장···›대관령양떼목장

월정사의 명물 가운데 하나는 전나무숲길이다. 약 1km에
이르는 이 숲길을 거니노라면 머릿속의 복잡한 생각들이
한순간 씻겨 나가는 것 같은 상쾌함을 느낄 수 있다.

오대산(해발 1,563m)은 설악산, 태백산 등과 더불어 강원도를 대표하는 명산 가
운데 하나이다. 흔히 남성적인 산으로 분류되는 설악산과는 달리 여성적인 아기자
기함과 어머니의 품처럼 따스함을 지닌 산으로 평가받고 있다. 비옥한 산림지대로
이뤄진 산자락 곳곳에서는 철마다 색다른 모습이 연출돼 오래전부터 사계절여행지
로 많은 주목을 받고 있다. '오대산'이라는 이름은 아미산, 보타락산 등과 함께 중국
의 3대 영산으로 손꼽히는 산시성의 오대산(청량산)에서 따온 것이다.

오대산은 강릉, 평창, 홍천, 양양 등과 같은 몇 개의 시와 군에 걸쳐 넓은 지역을
차지하고 있다. 하지만 오대산 하면 그 들머리로 평창의 진부를 가장 먼저 떠올리는
것처럼 오대산은 평창군이 내세우는 대표적인 관광명소이다. 강릉에 속한 소금강계
곡도 오대산의 명소 가운데 하나이다. 산행을 즐기는 사람들은 대부분 월정사에서
소금강으로 넘어가거나 소금강에서 월정사로 넘어오는 코스를 선택한다. 하지만 늘
시간에 쫓기는 일반 여행자들은 대체적으로 오대산의 주요 명소들, 다시 말해 월정
사, 상원사, 적멸보궁 등과 같은 문화유적이 산재한 월정사 지구를 즐겨 찾고 있다.

월정사는 오대산에서 가장 규모가 큰 사찰로 신라시대 선덕여왕 때인 645년 자장
율사에 의해 창건된 것으로 전해지고 있다. 이처럼 역사가 깊은 월정사는 안타깝게
도 한국전쟁 당시 완전히 소실되고 말았다. 이때 사라진 유물 가운데 특히 월정사에
보관되어 있던 신라 동종이 파괴된 것에 대해 많은 사람이 몹시 아쉬워하고 있다.

월정사에서 가장 큰 법당은 적광전이다. 여느 사찰과는 달리 독특한 글씨체의 현
판이 걸려 있는 법당은 1969년 탄허스님에 의해 세워졌다. 탄허스님은 적광전의 고

왼쪽 월장사 대적광전 **오른쪽** 월정사 입구의 연등

주들을 만드는 데 오대산의 전나무를 사용했으며 현판과 주련의 글씨 역시 모두 직접 썼다. 법당 안에는 경주 석굴암의 본존불(석가모니불 또는 아미타불로 추정)과 같은 형태의 커다란 석불이 모셔져 있다. 일반적으로 적광전에는 비로자나불을 모신다는 통례를 깬 것이다. 또한, 본존불 양옆에 협시불을 두지 않은 것도 특이한 예라 할 수 있다. 적광전 앞에 세워져 있는 팔각구층석탑(국보 제48호)은 월정사의 얼굴 역할을 하는 명물이다. 이 석탑 역시 한국전쟁 당시 큰 화를 입어 훗날 해체하여 다시 수리한 것이다. 따라서 9개의 옥개석 가운데 1, 2, 6, 9층을 자세히 살펴보면 본래의 옥개석들과 조금 색깔이 다른 것을 알 수 있다. 우리나라의 대표적인 다각다층탑인 이 석탑의 조성 연대에 대해서는 아직 명확하게 단정 지을 수 없다. 본래 자장율사가 월정사 창건 당시 세운 것으로 알려졌으나 최근 들어 10세기 또는 12세기 무렵에 세워졌다는 새로운 학설이 제기되었다.

월정사의 명물 가운데 또 하나는 전나무숲길이다. 매표소를 지나 월정사 주차장으로 가다 보면 오른쪽 길가에 '월정대가람'이라는 편액이 걸린 일주문이 나타난다. 월정사 옛길이라 할 수 있는 전나무숲길은 일주문부터 월정사까지 이어진다. 약 길이 1km에 이르는 숲길을 거니노라면 머릿속의 복잡한 생각들이 한순간 씻겨 나가는 것 같은 상쾌함을 느낄 수 있다.

💬 **송 박사의 미주알고주알**

웰컴 투 취리히 여행, 즉 '익숙하지 않은 것과의 만남'은 우리에게 많은 가르침과 교훈을 안겨 준다. 익숙하지 않은 사람과 익숙하지 않은 음식을 먹고, 익숙하지 않은 침대에서 잠을 자고, 익숙하지 않은 거리를 거닐면서 여행자는 정신적으로 한층 성숙해진다. 이 색다른 경험을 통해 타인을 이해하게 되고, 세상을 넓게 보는 시야를 갖게 되며, 더 여유로운 사고를 갖게 되는 것이다. 얼마 전 짧은 휴가로 스위스와 오스트리아에 다녀왔다. 스위스의 여러 도시 가운데 꼭 가 보고 싶었던 취리히를 여행하기 위해서였다. 그동안 여러 차례 기회가 있었으나 그때마다 공교롭게 일이 꼬이는 바람에 가 보지 못했던 취리히. 큰 기대를 안고 찾아갔던 취리히는 나를 실망시키지 않았다. 우아함과 자유로움이 물씬 풍기던 반호프 거리, 따사로운 햇볕이 내리쬐던 린덴호프, 쌍둥이 첨탑에서 바라본 평화로운 취리히 전경 등을 한 컷 한 컷 정성스레 카메라에 담았다. 여행 중에는 훌륭한 문화유산 못지않게 취리히에 대한 좋은 인상을 심어 준 일이 하나 있었다. 나와 동행했던 일행 가운데 한 사람의 안경테 나사가 풀려 렌즈가 빠지는 일이 발생했다. 나의 경우에는 예비 안경을 갖고 다니기 때문에 큰 문제가 아니지만, 그 사람은 안경테를 수리하지 않으면 한밤중에도 선글라스를 써야 할 상황이었다. 주변을 돌아보니 세계 최고의 명품점이 즐비하게 늘어서 있었다. 선뜻 엄두가 나지 않았지만, 용기를 내서 근처 고급 안경점으로 들어섰다. 멋지게 생긴 주인이 우리를 맞았다. 그는 고장 난 안경테를 흔쾌히 받아들였다. 안경테를 손보는 동안 다른 손님이 들어왔지만, 그는 손님에게 잠시 양해를 구하고 깨끗하게 세척까지 해서 수리를 마무리 지었다. 안경을 받아든 우리가 수리 비용을 묻자 그는 "웰컴 투 취리히"라는 말과 함께 악수를 청했다. 불과 며칠 전에 시곗줄을 고치러 동네 시계방에 갔다가 민망하게 거절당한 경험이 있는 나로서는 더욱 고마움을 느낄 수밖에 없었다.

월정사에서 비포장도로를 따라 8km쯤 더 들어가면 상원사 입구가 나온다. 오대산의 부드러운 능선이 한눈에 들어오는 산기슭에 터를 잡은 상원사는 신라시대 성덕왕 때인 724년에 창건된 것으로 전해지는 고찰이다. 상원사에서 산길을 따라 40분쯤 더 올라가면 오대산 최고의 길지인 중대에 적멸보궁이 자리 잡고 있다. 상원사는 조선 7대 임금이었던 세조와도 깊은 인연이 있는 사찰이다. 세조는 재위 기간 내내 심한 피부병에 시달렸다고 한다. 피부병을 고치기 위해 무진 애를 쓰던 세조는 어느 날 문수동자를 만난 후 깨끗하게 피부병을 고치게 되는데 세조가 몸을 씻다 문수동자를 만난 장소로 전해지는 곳이 바로 상원사 계곡이다. 현재 목조문수동자좌상(국보 제221호)을 상원사 문수전에 봉안해 놓았다. 우리나라의 대표적인 예불용 목조불로 1466년에 제작되었다. 또한, 상원사의 동종(국보 제36호)은 우리나라에서 가장 오래 되었을 뿐만 아니라 아름다운 모습과 소리를 지닌 종으로 잘 알려졌다. 용뉴 좌우에 음각된 기록에 의해 신라시대 성덕왕 때인 725년에 만들어진 것을 알 수 있다. 이는 우리가 '에밀레종'이라 부르는 성덕대왕신종이 만들어진 771년보다 46년이나 앞선 것이다. 본래 이 동종이 어느 사찰에 있었는지는 확실하지 않으며 조선시대 예종 때인 1469년에 상원사로 옮겨진 것으로 기록은 전하고 있다. 종의 몸체에 조각된 주악 비천상은 당장이라도 움직일 것처럼 사실감을 잘 표현한 수작으로 손꼽힌다.

왼쪽 월정사 입구의 전나무숲길 **오른쪽** 상원사 근처에 있는 적멸보궁

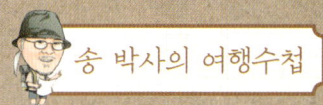

송 박사의 여행수첩

🚗 근처명소

❶ 「웰컴 투 동막골」 세트장

강원도 평창군은 드라마나 영화의 촬영장으로 종종 등장한다. 그동안 용평리조트(「겨울연가」), 한국자생식물원(「여름향기」), 방아다리약수터(「천국의 계단」), 휘닉스파크(「가을동화」) 등이 드라마와 영화의 촬영장으로 등장했다. 기존 시설 외에 세트장을 만들어 놓고 영화를 촬영한 곳도 있다. 영화 「웰컴 투 동막골」을 촬영한 세트장이 그 대표적인 곳이다. 「웰컴 투 동막골」은 한국전쟁 당시 동막골이라는 가상의 공간에서 우리 국군 표현철(신하균), 인민군 리수화(정재영), 미군 스미스(스티브 태슐러), 그리고 순박한 주민 사이에 일어나는 이야기를 그린 것이다. 개봉 이후 800만 명 이상이 관람했으며 여주인공인 강혜정이 43회 대종상에서 여우조연상을 받았다. 영화를 촬영한 세트장은 인공으로 조성된 마을이다. 가장 눈길을 끄는 정자나무(고목나무)를 중심으로 자그마한 계곡, 빨래터, 우물, 대장간, 그리고 평상이 있는 마을 촌장의 집 등이 곳곳에 자리 잡고 있다. 대부분의 영화와 드라마 세트장이 그렇듯 영화에서 보았던 만큼의 감동(?)은 얻기 어렵지만 영화의 한 장면을 떠올리며 가볍게 찾기에는 결코 부담이 없는 명소이다. 세트장은 강원도 평창군 미탄면 율치리에 자리 잡고 있다. 미탄면 율치삼거리에서 영월 방면으로 2km쯤 간 다음 우회전해서 2km쯤 더 가면 세트장 입구가 나타난다.

❷ 대관령양떼목장

대관령양떼목장은 인근의 삼양목장과 함께 목가적 정취를 즐기기에 좋은 곳이다. 두 곳 모두 그동안 많은 영화와 드라마, CF 촬영지로 등장했으며 최근 들어서는 연인 또는 가족 단위의 주말여행지로 큰 인기를 얻고 있다. 대관령양떼목장에서는 신하균, 김희선 주연의 영화 「화성으로 간 사나이」와 드라마 「불꽃」 등을 촬영했다. 방문객들은 입구에서부터 해발 950m의 정상을 지나 축사(양사)까지 이어지는 약 1.2km의 산책로를 거닐며 이국적이면서도 평화로운 목장의 정취에 흠뻑 빠질 수 있다. 축사에서는 양에게 먹이를 주는 체험도 가능하다.

❸ 방아다리약수터

방아다리약수터는 진부에서 오대산을 오가는 길에 잠깐 들를 수 있는 명소이다. 입구의 약 300m 길이의 숲길에는 전나무를 비롯해 잣나무, 소나무, 가문비나무 등이 잘 자라고 있다. 약수는 철분과 탄산이 주성분으로 위장병과 피부병 치료에 효험이 있는 것으로 알려졌다. 먼 옛날 경상도의 이씨 성을 가진 한 할아버지가 원인 모를 병으로 고생하다 살날이 얼마 남지 않았다고 판단해 전국의 명승지를 찾아 여행을 떠나게 되었다. 어느 날 나무 밑에서 잠깐 눈을 붙였는데 꿈에 나타난 신선의 계시를 받고 누워 있던 자리를 팠더니 그곳에서 병을 고칠 수 있는 약수를 발견했다는 재미있는 전설도 가지고 있다.

웅장한 산세와 빼어난 절경을 자랑하는
작은 금강산

충북 보은
속리산

여행정보

🌐 속리산국립공원 songni.knps.or.kr
보은관광 www.tourboeun.go.kr

📞 속리산국립공원 관리사무소 043-542-5267
보은군청 문화관광과 043-540-3391

🚗 청원-상주간고속도로 보은나들목 ⋯▶ 37번 국도 ⋯▶ 속리
산국립공원

🍴 식토불이약초식당(산야초백반, 043-543-0433), 경희
식당(한정식, 043-543-3736), 월드컵가든(버섯전골,
043-543-4614)

🛏 속리산그랜드콘도호텔(043-542-2500), 레이크힐스
관광호텔(043-542-5281), 연송호텔(043-542-1500)

추천코스

📍 당일여행 법주사 ⋯▶ 문장대 ⋯▶ 정이품송 ⋯▶ 선병국가옥
1박2일여행 법주사 ⋯▶ 문장대 ⋯▶ 정이품송 ⋯▶ 선병국가
옥 ⋯▶ 솔향공원 ⋯▶ 상수허브랜드

겉으로 드러난 명소들 못지않게 속리산의 빼놓을 수 없는
명소가 또 하나 있다. 속리산 등산로의 기점이 되는 세심정에서
경업대를 거쳐 신선대까지 이르는 금강골이 바로 그곳이다.

속리산(해발 1,058m)은 충북 보은군 내속리면과 경북 상주시 화북면 사이에 자리
잡고 있다. 웅장한 산세와 빼어난 절경 덕에 오래전부터 '작은 금강산'이라 불렸다.
등산로도 비교적 잘 닦여 있어 주말을 이용해 가볍게 산행을 즐길 수 있는 대표적인
명소 가운데 하나로 손꼽힌다. 중부 지방 최고의 명산이라는 명성에 걸맞게 속리산
에는 법주사를 비롯해 문장대, 정이품송 등과 같은 역사적인 유물과 풍광 좋은 명소
가 곳곳에 산재해 있다. 그러나 이처럼 겉으로 드러난 명소들 못지않게 속리산의 빼
놓을 수 없는 명소가 또 하나 있다. 속리산 등산로의 기점이 되는 세심정에서 경업
대를 거쳐 신선대까지 이르는 금강골이 바로 그곳이다. 금강골의 길이는 약 2.7km
로 각 구간은 나름대로 특색이 있지만, 특히 경업대 근처의 약 1km 구간이 최고의
절경을 자랑한다. 금강골의 등산로는 비교적 잘 닦여져 있는 편이다. 게다가 골짜
기인데도 햇빛이 많이 들고 바람이 많이 불지 않아 오붓하게 산행을 즐길 수 있어서
좋다. 금강골의 자랑거리 가운데 하나는 풍부한 수량이다. 여름과 가을은 물론 한겨
울에도 등산로 곳곳에서 시원한 물소리를 들을 수 있다.

속리산을 찾는 일반 등산객이 가장 즐겨 오르는 명소는 문장대(해발 1,033m)이
다. 본래 '구름에 늘 가려 있다'하여 '운장대(雲藏臺)'라 불렸으나 조선시대 초기에 세

법주사 대웅보전

조가 글을 읊은 이후로 '문장대'라 불리게 되었다. 사방이 탁 트인 문장대에서 바라보는 속리산의 절경은 무척 아름답다. 세심정에서 금강골을 따라 신선대까지 오른 후 신선대에서 문장대까지 오르는 데는 약 1시간 30분~2시간이 소요된다. 돌아올 때는 문장대에서 출발해 중사자암과 복천암을 거쳐 세심정으로 내려오는 코스를 선택하는 것이 무난하다.

속리산을 대표하는 사찰인 법주사는 신라시대 진흥왕 때인 553년 의신스님에 의해 창건되었다. 사찰이 번성하던 조선 중기에는 60여 동의 건물과 70여 개 암자가 있었다. 임진왜란 때 대부분 소실되었고 조선시대 인조 때인 1624년 벽암스님에 의해 중창이 이뤄졌다. 법주사의 큰 법당인 대웅보전(보물 제915호)은 기단의 양식으로 보아 고려시대 중기에 처음 세워진 것으로 추정된다. 부여 무량사 극락전, 공주 마곡사 대웅보전, 구례 화엄사 각황전 등과 함께 우리나라 대표적인 중층(2층) 전각으로 손꼽힌다. 4년의 복원을 거쳐 지난 2005년 10월에 임진왜란 이전의 모습을 되찾았다. 법당 안에는 소조불인 삼신불(비로자나불, 석가여래불, 노사나불)이 모셔져 있다.

팔상전(국보 제55호)은 우리나라 유일의 오층목탑이다. 목탑의 벽에는 부처님의 일생이 그려진 여덟 장면의 팔상도가 있다. 4층까지는 주심포 형식을 띠고 있으나 5층은 다포 형식으로 되어 있는 것이 특징이다. 대웅보전과 팔상전 사이에는 신라 예술의 걸작 가운데 하나인 쌍사자석등(국보 제5호)이 있다. 암컷과 수컷이 각기 다른 모습을 하고 있다는데 구분하기가 그리 쉽지 않다.

법주사의 얼굴과도 같은 금동미륵대불은 사연이 참 많은 불상이다. 신라시대 혜공왕 때인 776년 진표율사에 의해 처음 금동으로 조성되었으나 경복궁 중건 당

💬 송 박사의 미주알고주알

술을 사랑했던 송강 정철 조선 중기에 살았던 송강 정철(1536~1593년)은 워낙 술을 좋아했던 것으로 알려졌다. 애주가를 넘어 호주가(好酒家)의 경지에 이르렀던 인물이다. 한번은 송강이 어전회의에 지각했다. 송강은 태연스럽게 궁궐로 오는 길에 승려와 고자가 싸우는 모습을 구경하다가 늦었다고 했다. 임금이 어찌 싸웠는지 다시 묻자 "고자는 승려의 상투를 잡고, 승려는 고자의 아랫도리를 잡고 있었습니다."라고 말

정송강사

했다. 이는 불필요한 논쟁으로 시간을 낭비하는 어전회의를 비꼬는 말이었다. 이처럼 거침없이 직선적인 말을 쏟아 냈지만, 선조 임금은 그를 신뢰하는 편이었다. 궁궐을 출입할 때 타고 다니라고 자신의 애마를 직접 하사하기도 했다. '총마어사'라는 별명도 여기에서 비롯되었다. 선조 임금은 술을 많이 마시는 송강의 건강을 염려해 은으로 만든 술잔을 하사했다. "하루에 이 잔으로 석 잔만 마셨으면 좋겠소."라는 당부와 함께. 하지만 송강은 술잔을 받는 순간부터 깊은 고민에 빠졌다. 평소 마시는 술의 양에 비해 턱없이 모자랐기 때문이다. 그래서 은으로 만든 술잔을 안에서 두드려 종잇장처럼 얇게 만들었다. 그 술잔은 지금 충북 진천의 정송강사(鄭松江祠)에서 잘 보관하고 있다.

시 훼철되는 아픔을 겪었다. 수백 년의 세월이 흐른 후, 1964년 우여곡절 끝에 시
멘트로 다시 조성되었다. 그 후 1990년에는 다시 청동으로 바뀌었으며, 개금불사
(2000~2002년)를 통해 마침내 지금과 같은 모습의 금동미륵대불이 완성되었다. 이
금동미륵대불 전체를 약 3mm 두께로 금을 입히는 데 모두 80kg의 금이 사용되었
다. 전체 높이는 기단 8m를 포함해 33m이다. 금동미륵대불 옆에는 희견보
살상(보물 제1417호)이 있다. 대좌부터 몸통, 머리 위 판석까지 하나의 돌
로 조성된 것이 특징이다. 판석 위에는 향로로 추정되는 커다란 그릇이
올려져 있다. 학계에서는 석조물의 주인공이 희견보살이 아닌 가섭존자
일 수도 있다는 주장도 제기되고 있다. 가섭존자는 석가여래의 제자
이다. 바깥 부분에 연꽃 문양이 새겨져 있는 석련지(국보 제64호)
는 그 용도가 확실하지 않은 석조물이다. 단지 그 형태로 보
아 예전에 향로 또는 예불용 찻잔으로 사용되었던 것으
로 추정하고 있다. 금강문 옆에 세워져 있는 약 22m
높이의 철당간지주는 고려 목종 때인 1006년에 처음
만들어졌다. 1866년에 징발되었으며 현재의 것
은 1910년에 새로 만들어진 것이다.

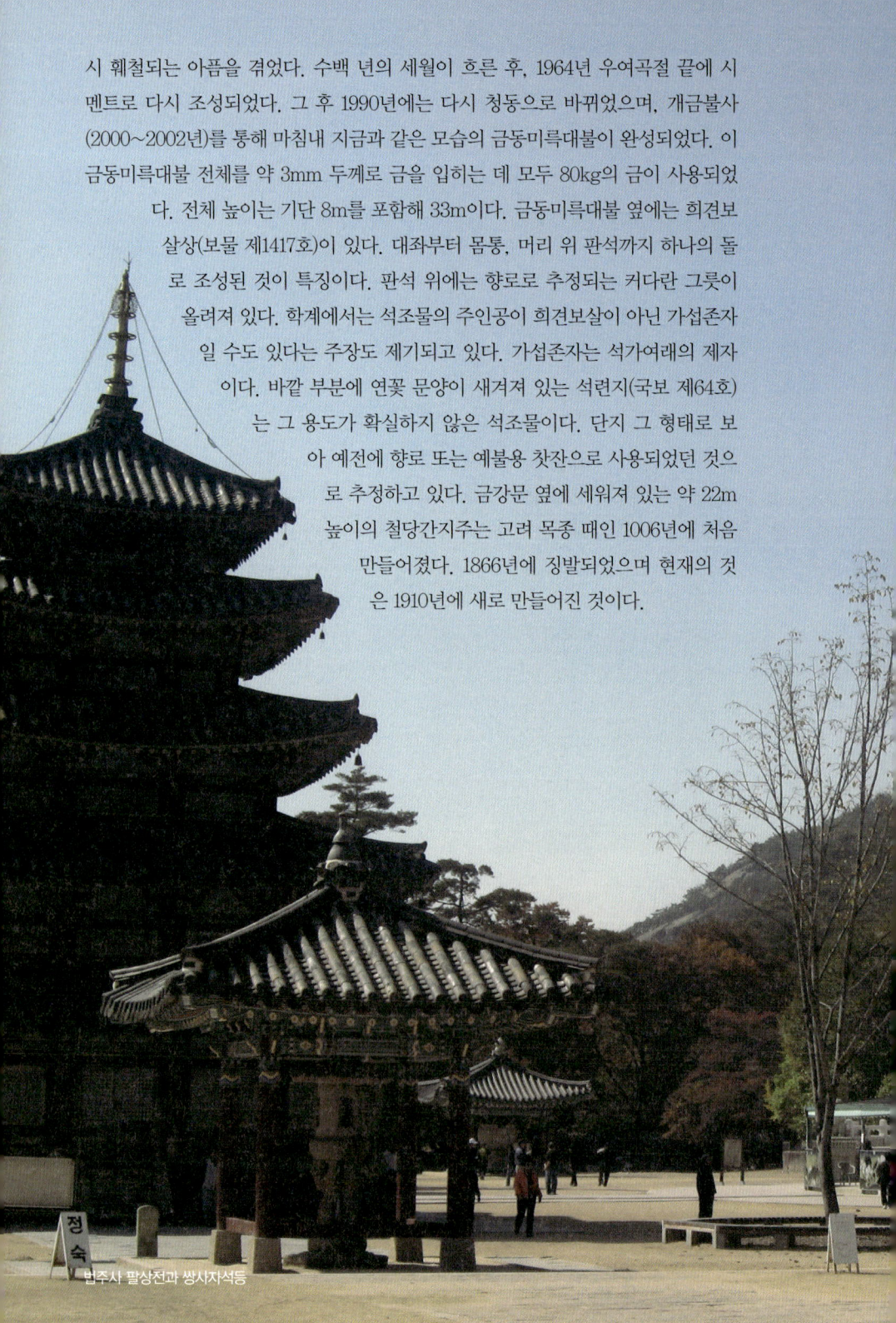

법주사 팔상전과 쌍사자석등

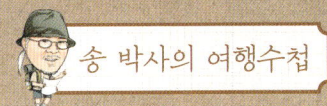 송 박사의 여행수첩

🚐 근처명소

❶ 정이품송
속리산 입구에는 너무나도 유명한 정이품송(천연기념물 제103호)이 있다. 1464년 세조 임금이 탄 가마가 나무 옆을 지날 때 스스로 가지를 들어 올렸다고 전해지는 영물이다. 정이품송에서 그리 멀지 않은 외속리면 서원리에는 일명 '정부인소나무(정식명 서원리소나무)'라 불리는 수령 약 600년의 소나무가 있는데 역시 천연기념물 제352호로 지정되어 있다.

❷ 선병국가옥
법주사 근처의 외속리면 하개리에는 선병국가옥이 있다. 보성 선씨들이 명당을 찾아 지었다는 구한말의 가옥이다. 1904년부터 1921년 사이에 시멘트와 벽돌 등을 적절히 사용해 지어졌다. 하천의 범람을 대비해 바깥담(외담)을 쳐 놓은 것이 이색적이며, 전통한옥이 시대에 따라 변해 가는 과정을 보여 주는 건축물로서 큰 가치를 지니고 있다. 행랑채의 벼락닫이도 사각이 아닌 팔각으로 되어 있다. 'ㄴ'자형 으로 지어진 사랑채는 일반 여행자들을 위한 찻집(도솔천)으로 이용되고 있다.

❸ 상수허브랜드
충청북도 청원군 부용면에 있는 상수허브랜드는 허브의 모든 것을 보여 주는 허브박물관이다. 1988년에 이상수 사장에 의해 처음 세워진 허브랜드는 당시 일반 사람들에게 생소했던 허브를 좀 더 친근하게 접할 수 있게 했다. 요즘은 힐링 열풍과 어우러져 허브티를 비롯해 화장품, 비누 등 허브를 우리 생활에서 쉽게 접할 수 있게 되었지만 말이다. 상수허브랜드에서는 허브전시장과 산책길이 마련되어 나들이를 즐기기에 좋고 허브떡, 허브떡볶이, 허브김밥 등의 특별한 메뉴도 스낵코너에서 판매하고 있으니 평소 허브를 좋아하는 사람이라면 더할 나위 없이 좋은 여행지이다. 야외예식장도 대여해 주고 있는데, 대여비는 무료이고 식사비만 받고 대여해 준다. 미리 예약하면 전문가의 허브강의를 들을 수 있고 체험학습도 가능하다.

숱한 전설과 삶의 애환이 담긴 옛 고갯길

경북 문경
문경새재

여행정보

🌐 **문경새재도립공원** saejae.mg21.go.kr

📞 **문경새재도립공원 관리사무소** 054-571-0709

🚗 중부내륙고속도로 문경새재나들목…▸문경새재도립공원

🍴 하초동(버섯전골, 054-571-7977), 새재할매집(산채
정식, 054-571-5600), 새재왕건식당(묵채밥, 054-
571-8857)

🛏 문경관광호텔(054-571-8001), 새재스머프마을펜션
(054-572-3762), 새재파크모텔(054-571-6069)

추천코스

🚩 **당일여행** 문경새재도립공원 …▸ 고모산성 …▸ 김룡사
1박2일여행 문경새재도립공원 …▸ 문경도자기박물관 …▸
고모산성 …▸ 오미자마을 …▸ 김룡사

문경새재 옛길 곳곳에서는 많은 선인의 흔적을 찾아볼 수 있다.
율곡 이이를 비롯해 퇴계 이황, 서애 류성룡, 다산 정약용 등은
험한 고개를 넘으며 많은 시를 남겼다.

경상북도 문경은 오랫동안 경북의 오지로 불리던 곳이다. 하지만 이제는 여주와 김천을 잇는 중부내륙고속도로를 이용해 쉽게 찾아갈 수 있게 되었다. 문경사과를 비롯해 오미자, 산뽕잎차, 도자기 등이 유명하다. 최근에는 강원도 정선, 전남 곡성과 함께 레일바이크의 명소로 큰 인기를 끌고 있다.

문경 하면 가장 먼저 연상되는 단어는 '문경새재'이다. 우리 귀에 익숙한 문경새재 고갯길은 단순히 산을 넘는 길의 역할만 했던 것은 아니다. 아주 오랫동안 낙동강 유역인 경상도와 한강 유역인 충청도를 연결하는 문화교류의 중요한 구심점 역할을 해 왔기 때문이다. 먼 옛날 영남 지방과 한양을 이어 주던 길 가운데 하나였던 영남대로. 그 영남대로 구간 가운데 문경과 충주를 잇는 고갯길이 문경새재 옛길이다. 새도 넘기 어려워 '새재'라는 이름을 붙였다 한다. 예전에 억새가 많이 자라고 있었다 해서 '새재'라는 이름을 붙였다는 얘기도 전해진다.

문경새재는 '벼슬길' 또는 '과거길'이라고도 불렸다. 영남 지방의 선비들이 과거를 보기 위해 넘었다고 해서 붙여진 이름이다. 지금도 조선시대 과객들이 염원을 담았던 책바위가 옛길 한 모퉁이에서 지나간 이야기들을 전해 주고 있다. 문경새재는 조선 태종 때 처음 길을 냈으며 조선시대 선조 때인 1594년에는 조곡관(영남 제2관문)을 축성했다. 병자호란 후인 1708년에는 주흘관(영남 제1관문)과 조령관(영남 제3관문)을 축성했다. 3개의 관문 가운데 주흘관의 상태가 가장 양호하다. 1900년대 초에 훼손된 조곡관과 조령관은 각각 1975년과 1976년에 복원되었다. 주흘관에서 조곡관까지는 약 3km, 조곡관에서 조령관까지는 약 3.5km의 흙길이 이어져 있다. 우리나

왼쪽 문경새재 책바위 **오른쪽** 영남 제1관문 주흘관

왼쪽부터 문경새재 옛길의 단풍, 문경 특산물인 사과, 문경새재 초입의 오픈 세트장

라 대부분의 시골길과 산길이 시멘트로 포장되어 있는 것과는 달리 문경새재 옛길은 투박한 흙길로 남아 있어서 좋다. 오늘날 문경새재 옛길이 흙길로 남게 된 것은 1976년 고 박정희 전 대통령의 지시에 의한 것이라는 사연도 전해지고 있다.

　문경새재 곳곳에서는 많은 선인의 흔적을 찾아볼 수 있다. 율곡 이이를 비롯해 퇴계 이황, 서애 류성룡, 다산 정약용 등은 험한 고개를 넘으며 많은 시를 남겼다. 그 시들을 지금은 조곡관과 조령관 사이의 '시가 있는 옛길' 구간에서 만날 수 있다. 그런가 하면 지나가는 부녀자를 희롱하던 물고기인 꾸구리가 살았다는 바위 등 문경새재 곳곳에 많은 전설이 서려 있어 길을 걷는 즐거움을 더한다. 문경새재 옛길 구

💬 송 박사의 미주알고주알

말벌군단과의 사투 10여 년 전, 햇살 좋은 9월의 어느 날 나는 30여 명의 문화답사팀과 함께 문경 고모산성을 오르고 있었다. 그런데 어디선가 반갑지 않은 손님이 나타났다. 천하무적의 말벌군단이었다. 다행히 내가 선두에 있었기에 뒤따르는 회원들에게 최대한 몸을 낮추고 얼굴과 목을 감싼 뒤 움직이지 말라고 했다. 30여 명의 회원은 모두 여성이었다. 겁이 나서 크게 행동하면 향수와 화장품 냄새가 말벌들을 더 자극할 수 있기 때문이었다. 조치를 취한 다음 나는 말벌

들을 우리 일행으로부터 멀리 쫓아낼 작전에 돌입했다. 이름 하여 '말벌유인작전'. 평소에 향수(불가리 블루)를 즐겨 사용하는 나는 조심스럽게 겉옷을 벗었다. 그리고 머리 위로 빠르게 옷을 돌리기 시작했다. 500m 바깥의 과일 향도 맡을 수 있는 말벌의 후각을 역이용하는 작전이었다. 내 생각은 제대로 들어맞았다. 향수 냄새를 맡은 수십 마리의 말벌이 옷의 꽁무니를 따라 돌기 시작했다. 이제 결전의 시간만 남았다. 나는 온 힘을 다해 최대한 멀리 옷을 던졌다. 옷은 예상했던 방향으로 날아갔다. 멍청이 말벌들도 옷을 따라갔다. 숨을 죽인 채 이를 지켜보던 우리 회원들은 그 순간 몸을 숙인 채 오던 길을 천천히 내려갔다. 작전은 대성공이었다. 하지만 후퇴 중에 안타깝게도 회원 가운데 한 명이 말벌에게 팔이 쏘이는 '아군피해상황'이 발생하고 말았다. 다행히 응급조치가 빠르게 취해져서 위험한 상황으로까지 이어지지는 않았다. 만약 그때 당황해서 우왕좌왕했으면 어떻게 되었을까? 생각만 해도 끔찍하다. 모든 상황이 끝나고 나는 내가 던져 버린 옷이 생각났다. 그래서 목과 얼굴 부위를 꽁꽁 싸맨 뒤 긴 막대기를 들고 옷이 있는 곳으로 갔다. 말벌들은 여전히 내 옷을 완전히 점령하고 있었다. 마치 말벌의 집처럼 보였다. 나는 포기할 수밖에 없었다. 만약 옷을 잘못 건드렸다가 말벌이 총공격을 한다면 이번에는 막을 방법이 없었기 때문이다. 그 대신 사진은 찍어 두고 싶었다. 그때 목숨을 걸고(?) 찍은 사진이 지금도 좋은 교육 자료로 활용되고 있다. 내가 두고 온 그 옷은 며칠 뒤 지인을 통해 집으로 잘 돌아왔다.

간 가운데 주흘관과 조곡관 사이에 가장 많은 볼거리가 집중되어 있다. 경상도 관찰사가 인수인계를 하던 교귀정을 비롯해 주막, 조령원터, 조곡약수터, 지름틀바위 등이 모두 이 구간에 있다. 상처 난 소나무와 산불됴심비도 눈길을 끈다. 상처 난 소나무들은 일제강점기 말기 일본군들이 한국인들을 강제로 동원해 송진을 채취하던 흔적을 지금도 고스란히 간직하고 있다. 산불됴심비는 조선시대 후기에 한글로 쓰인 산림보호비이다. 문경새재 옛길의 첫 관문인 주흘관 근처에는 오픈 세트장이 있다. 지난 2000년 인기리에 방영되었던 드라마「태조 왕건」의 주요 장면을 촬영했던 장소이다. 이곳은 드라마의 성공에 힘입어 한때 문경을 대표하는 관광명소 가운데 하나로 떠오르기도 했었다. 지금은 새롭게 개축되어 조선시대를 배경으로 하는 다양한 사극 촬영지로 이용되고 있다. 근처에는 예전에 문경새재박물관이라 불리던 국내 최초의 옛길박물관이 있다.

문경새재도립공원으로 들어가는 초입에는 문경도자기박물관이 있다. 문경도자기의 역사와 제작 과정 등을 살펴볼 수 있도록 꾸며 놓은 공간이다. 찻사발로 대변되는 문경의 도자기와 가마터를 볼 수 있고 다례 체험과 함께 직접 도자기를 만들어 볼 수도 있다. 현재 문경에는 중요무형문화재 제105호 기능보유자인 사기장 김정옥 선생과 도예명장 천한봉 선생을 비롯해 많은 도예가가 우리 도자기의 맥을 잇고 있다. 해마다 5월 초에는 문경도자기전시관 일원에서 문경전통찻사발축제도 개최되고 있다.

왼쪽 '시가 있는 옛길'의 정약용 시비 **오른쪽** 조선시대 후기에 한글로 새겨진 산림보호비

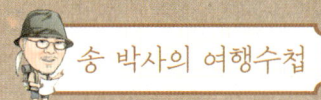

🚌 근처명소

❶ 김룡사

본래 이름이 운봉사였던 김룡사는 신라시대 진평왕 때인 588년에 창건되었으며 조선시대 인조 때인 1624년에 중창되었다. 그러나 중창된 지 얼마 지나지 않아 화재로 대부분의 전각이 소실되었고 1649년에 다시 복원되었다. 최근에는 1997년 겨울에 발생한 화재로 대웅전을 제외한 대부분의 전각이 소실되었다. 현재의 전각들은 1997년 이후에 복원된 것들이다. 김룡사는 계곡과 숲이 아름다운 사찰이다. 그럴만한 이유가 있다. 사찰 주변은 조선시대 당시 왕실에서 사용할 숯을 굽는 데 필요한 나무를 공급하던 봉산이었기 때문이다. 대웅전 뒤에도 꽤 울창한 소나무숲이 병풍처럼 둘러싸고 있다. 그런데 자세히 보면 법당 건물과 적당한 거리를 두고 있다. 산에서 난 불이 법당 쪽으로 내려오지 못하도록 일종의 방화벽인 내화수림대를 형성해 놓은 것이다.

❷ 오미자마을

경상북도 문경시 동로면 생달리 일대는 9월이면 온통 붉은색으로 물든다. 그 주인공은 오미자 열매이다. 그래서 마을의 이름도 '오미자마을'이라 불린다. 최근 들어 오미자마을은 관광명소로 큰 인기를 얻고 있다. 특히 오미자축제가 열리는 9월 중순이 되면 전국 각지에서 오미자를 사기 위해 많은 사람이 모여든다. 그리 큰 규모의 축제는 아니지만 다양한 종류의 오미자 상품을 만날 수 있다. 오미자마을이 지금처럼 전국적으로 널리 알려지기 시작한 것은 그리 오래전 일이 아니다. 1980년대 중반 문경농업기술센터에서 황장산(해발 1,077m) 일대에 자생하던 야생 오미자를 개량해 보급한 것이 그 시초이다. 오미자는 말 그대로 다섯 가지 맛을 가지고 있다 해서 붙여진 이름이다. 『동의보감』에는 "신맛은 간에 좋고, 쓴맛은 심장에 좋고, 단맛은 비위에 좋고, 매운맛은 폐에 좋고, 짠맛은 신장과 방광에 좋다."라고 오미자에 대해 기록되어 있다.

❸ 고모산성

문경시 마성면 신현리의 고모산(해발 231m) 자락에 축조된 고모산성은 그 역사가 매우 깊다. 신라시대 아달라왕 때인 156년에 처음 축조된 것으로 알려졌다. 고모산성이 있는 지점은 그리 높은 곳이 아니다. 하지만 고모산은 산세가 가파르고 골이 깊어 사방에서 침입하는 적을 효과적으로 방어할 수 있는 장점을 가지고 있다. 따라서 오랜 옛날부터 신라와 고구려의 접경지대인 곳에 성을 축조하게 된 것이다. 임진왜란 당시에는 고모산성의 위세에 놀란 왜군이 진격을 멈추고 주변을 정탐하느라 하루를 지체했다는 기록(징비록)도 전해진다. 고모산성 근처에는 영남대로에서 가장 험한 옛길이 있다. 가파른 벼랑을 따라 아슬아슬하게 길이 나 있어 '토끼벼리'라고도 불린다.

오래된 원림에서 배우는 삶의 지혜와 교훈

전남 담양
소쇄원

여행정보

🌐 **소쇄원** www.soswaewon.co.kr

📞 **담양군청 문화관광과** 061-380-3150

🚗 호남고속도로 창평나들목 ··· 60번 지방도 ··· 고서사거리 ···887번 지방도··· 소쇄원

🍴 들풀(퓨전한정식, 061-381-7370), 향교죽록원(대나무통밥, 061-381-9596), 송죽정(대나무통밥, 061-381-3291)

🛏 골든리버모텔(061-383-8960), 그린파크모텔(061-383-5858), 한옥에서(061-382-3832)

추천코스

🚩 **당일여행** 소쇄원···식영정···환벽당···죽록원
1박2일여행 소쇄원 ··· 가사문학관 ··· 식영정 ··· 환벽당
···송강정···메타세쿼이아길···죽록원···삼지천마을

소쇄원은 유난히 규모가 크고 화려한 중국의 정원이나,
섬세함이 지나쳐 자연 본래의 생동감을 죽여 버린 일본의 정원과는
비교가 안 될 정도로 우아한 기품을 지니고 있다.

전남 담양군 남면에 있는 소쇄원은 우리나라 전통 조경의 교과서와도 같은 공간
이다. 최초의 조성 연대는 1520년대 후반부터 1530년대 중반까지로 추정하고 있다.
하지만 아쉽게도 정유재란 당시 거의 폐허가 되었으며 전쟁이 끝난 17세기 초에 다
시 중수되었다. 비록 처음 조영되었을 때보다 작은 규모의 모습으로 변했지만 자연
과 조화를 이루는 소쇄원 본래의 모습은 지금까지도 고스란히 간직하고 있다.

소쇄원은 전남 완도군 보길도의 부용동원림과 함께 우리나라의 대표적인 '별서정
원'으로 손꼽는다. 별서정원이란 '집 근처의 경치 좋은 곳에 지어진, 문화 생활과 전
원 생활을 겸할 수 있는 조용한 공간'을 이르는 말이다. 소쇄원은 자연의 장점을 잘
이용하고, 자연을 훼손하지 않은 상태에서 만들어진 최고의 휴식처라 할 수 있다.
따라서 소쇄원은 유난히 규모가 크고 화려한 중국의 정원이나, 섬세함이 지나쳐 자
연 본래의 생동감을 죽여 버린 일본의 정원과는 비교가 안 될 정도로 우아한 기품을
지니고 있다.

소쇄원의 본래 주인은 조선시대 중종 때 소쇄원에 살았던 양산보(1503~1557년)
라는 사람이다. 그는 당시 사림파의 대표적인 인물인 조광조를 스승으로 모신 문인
이었으나 스승이 유배길에 오르게 되자 고향인 담양으로 내려와 호남 사림파의 거
장들과 교류하면서 남은 일생을 마쳤다.

소쇄원의 주 건물인 제월당은 집주인의 개인공간으로 햇빛과 달빛이 잘 드는 곳
에 자리 잡고 있다. 제월당 아래에 세워진 광풍각은 소쇄원의 사랑채 역할을 했던
곳이다. 집주인은 광풍각에서 호남의 석학 하서 김인후, 가사문학의 대가 면앙정 송

왼쪽 소쇄원 광풍각 **오른쪽** 소쇄원 문패 역할을 하는 흙돌담

초가정자 대봉대와 오동나무

순, 환벽당 주인인 사촌 김윤제, 호남 시학의 스승이자 식영정 주인인 석천 임억령 등과 교류하였다. 당호인 제월당과 광풍각은 중국 송나라 때 염계선생이라 불리던 유학자 주돈이(1017~1073년)와 깊은 관련이 있다. 도덕과 윤리를 강조했던 그의 사람 됨됨이를 표현한 글귀인 '여광풍제월(如光風霽月)'에서 각각 '제월'과 '광풍'을 따왔기 때문이다. 여광풍제월은 '비가 그친 뒤에 나타나는 해와 바람, 맑은 하늘의 달빛'을 의미한다.

광풍각 앞에는 아담하고 멋스러운 계곡이 자리 잡고 있다. 계곡 건너편에 세워져 있는 조그만 초가정자의 이름은 '대봉대'이다. 그 뜻을 풀이하면 '봉황을 기다리는 곳'이다. 그런데 봉황은 태평성대에만 나타난다는 영물이 아닌가. 당시 집주인 양산보는 초야에 묻혀 있으면서도 대봉대에서 태평성대를 꿈꾸었을 것이다. 비록 몸은 어지러운 세상을 떠나 있지만, 스승을 생각하고 자신의 게으름과 나태함을 경계하며, 더 나아가서는 나라의 앞일을 걱정하는 선비정신이 정자의 이름에 담겨 있는 것이다. 대봉대 앞에는 봉황이 날아와 앉을 수 있는 오동나무 한 그루를 심어 놓았다.

소쇄원의 울타리는 약 50m에 이르는 시작도 끝도 없는 흙돌담이 전부이다. 집주인은 이 담장에 애양단이라는 이름을 붙여 놓았다. 담장 중간쯤의 햇빛이 잘 드는 곳에는 동백나무 한 그루가 심어져 있다. 이 동백나무는 '효'를 상징한다. 동백나무 옆에는 제월당으로 향하는 외나무다리가 놓여 있다. 눈썰미가 좋은 사람이라면 외나무다리의 폭이 유난히 좁은 것을 금세 알아볼 수 있다. 왜 폭을 좁게 했을까? 소쇄원은 글을 읽는 선비가 사는 공간이었다. 따라서 방문객들은 선비인 집주인이 글을 읽는 데 방해가 되지 않도록 조심할 필요가 있다. 조용하게, 그리고 천천히 건너라고 외나무다리의 폭을 좁게 해 놓은 것이다. 애양단에서 외나무다리를 건너면 화단인 매대(梅臺)가 나타나고 가장 윗부분에는 측백나무가 심어져 있다. 측백나무는 '학문'을 의미한다. 그래서 집주인은 가장 전망이 좋은 곳에다 측백나무를 심어 소쇄원을 찾아오는 사람들에게 학자가 사는 곳임을 알리려 했다. 측백나무 뒤편에는 흙돌담이 병풍처럼 세워져 있다. 흙돌담에는 우암 송시열이 쓴 '소쇄처사양공지려(瀟灑處士梁公之廬)'라는 글씨가 지금도 선명하게 남아 소쇄원의 문패 구실을 하고 있다. 글씨의 뜻은 '소쇄원 주인 양산보의 조촐한 집'이다.

소쇄원의 대표적인 특징 가운데 하나는 원림으로 들어가는 대문, 즉 출입문이 없다는 점이다. 누구라도 주인의 눈치를 보지 않고 쉽게 찾아올 수 있도록 애초부터 문을 활짝 열어 놓았다. 원림 입구의 오솔길 양편에는 울창한 대나무숲이 조성되어 있다. 이 오솔길은 먼 길을 찾아온 방문객들의 마음을 한층 맑고 깨끗하게 만들어 준다. 잔잔하게 바람이 부는 7~8월에는 대나무숲에서 나는 바람 소리가 더없이 싱그럽기만 하다.

소쇄처사 양산보, 그는 자신의 분신과도 같았던 소쇄원을 남겨 두고 세상을 떠나면서 어리석은 자손에게는 물려주지 말고, 절대 남에게 팔지도 마라고 유언을 남겼다. 그 후 어언 460여 년의 세월이 흘렀다. 양산보의 후손은 15대째 그 유언을 받들어 소쇄원을 가문의 자랑으로 여기며 지금까지 잘 보존해 오고 있다.

💬 송 박사의 미주알고주알

협문에서 배우는 겸손 나는 시간이 날 때마다 수시로 소쇄원을 찾아가 곳곳에 담긴 교훈들을 되새기며 나 자신을 되돌아보곤 한다. 일찌감치 세상에 대한 미련을 버린 소쇄처사 양산보의 숨결을 아직도 생생히 느낄 수 있기 때문이다. 소쇄원에서도 나에게 가장 큰 교훈을 주는 것은 유난히 키가 작은 협문이다. 흙과 돌로 이뤄져 있고 단아한 기와까지 갖춘 협문은 아담하여 귀엽기까지 하다. 어떻게 보면 문이 서 있는 것이 아니라 마치 담과 담 사이에 끼어 있는

것 같다. 언제부턴가 나는 제월당 툇마루에 앉아 협문을 드나드는 사람을 관찰하는 고약한(?) 습관을 갖게 되었다. 소쇄원의 가장 높은 곳에 위치해 있는 제월당으로 가기 위해서는 광풍각에서 협문을 지나야 한다. 소쇄원의 협문은 제월당과 광풍각을 연결하는 역할만 가지고 있는 것이 아니다. 단순한 문의 역할을 넘어 많은 교훈을 전해 준다. 그 교훈은 다름 아닌 '겸손'이다. 집주인 양산보는 애초부터 협문을 낮게 만들어 자신을 낮추지 않는 사람들에게 경계의 메시지를 보냈다. 하루에도 수십 명씩 협문에 머리를 부딪친다. 그 순간 정신이 번쩍 들어 최대한 자신을 낮추기를, 또 세상을 겸손하게 사는 지혜를 얻기를 바라는 소쇄처사의 뜻이 사람들의 가슴속에 닿기를 바라면서 툇마루에 앉아 협문을 바라본다.

🚗 근처명소

❶ 메타세쿼이아길

담양과 순창을 잇는 24번 국도를 따라 멋진 메타세쿼이아길이 이어져 있다. 이 길은 2002년에 '아름다운 거리숲'으로 선정된 바 있다. 봄이면 연초록의 신록이 싱그럽고, 가을이면 갈색 낙엽이 길을 덮어 언제 찾아도 아름답다. 그래서 드라마나 영화에도 자주 등장하는 곳이다. 담양에는 메타세쿼이아길 말고도 관방제림이라는 멋진 길이 있다. 조선시대 때인 1648년에 담양천의 수해를 막기 위해 둑을 쌓고 나무를 심은 것이 지금까지 그대로 내려오며 울창한 숲길을 이루고 있다. 수령이 최고 300년에 이르는 푸조나무, 느티나무, 팽나무 등이 2km가량 이어져 있다.

❷ 삼지천마을

전남 담양군 창평면에 있는 삼지천마을은 우리나라의 대표적인 슬로시티 가운데 하나이다. 이 마을은 1510년 무렵부터 창평 고씨가 지내고 있는 집성촌이다. 오래전에 하천 복개공사를 하면서 사라져 버리긴 했지만, 근처의 월봉천, 운암천, 유천의 세 갈래 물길이 모인다고 해서 '삼지천마을'이라 불리고 있다. 삼지천마을이 슬로시티로 지정된데에는 마을 고유의 음식도 큰 몫을 했다. 죽염장류, 한과, 쌀엿 등이 바로 그 주인공이다. 이 가운데서도 특히 쌀엿이 유명하다. 바삭하면서도 입안에 잘 붙지 않는 '창평쌀엿'은 먼 옛날 지역 현감들이 궁중 대감들에게 보내는 선물로도 많이 애용되었다.

❸ 죽녹원

죽녹원은 2003년에 조성한 대나무숲이다. 대나무의 고장 담양의 상징으로 떠오른 죽녹원은 죽림욕장으로 인기가 높다. 약 2km에 이르는 대나무숲길을 따라 걷다 보면 서늘한 바람이 불어와 마음속까지 깨끗해진다. 절개를 상징하는 대나무만이 주는 죽림욕의 효과이다. 입구에 들어서면 바로 전망대가 나온다. 대나무숲과 담양천, 관방제림 등 주위를 한눈에 내려다볼 수 있다. 죽녹원의 산책로는 운수대통길, 샛길, 사랑이 변치 않는 길, 죽마고우길, 추억의 샛길, 성인산오름길, 철학자의 길, 선비의 길 등 여덟 가지 테마를 가지고 있다. 대나무숲에서는 많은 음이온이 발생하는데 음이온은 인체의 저항력을 길러 주고 자율신경을 안정시켜 주는 효과가 있다.

340년 전에 만들어진 한글요리서의 산실

경북 영양
두들마을

여행정보
- 🌐 **두들마을** www.dudle.co.kr
- 📞 **두들마을 운영위원회 사무국장** 010-3536-8421
- 🚗 중앙고속도로 서안동나들목 ⋯▶ 34번 국도 ⋯▶ 청송군 진보면 ⋯▶ 31번 국도 ⋯▶ 두들마을
- 🍴 선바위가든(산채정식, 054-682-7429), 본가(숯불구이, 054-683-6692), 낙동식당(민물매운탕, 054-682-4070)
- 🛏 석계종택(한옥체험, 054-682-1480), 궁전장여관(054-682-6964), 수하산촌생태마을(054-683-0312)

추천코스
- 📍 **당일여행** 두들마을 ⋯▶ 선바위관광지 ⋯▶ 서석지
- **1박2일여행** 두들마을 ⋯▶ 선바위관광지 ⋯▶ 서석지 ⋯▶ 외씨버선길(조지훈문학길) ⋯▶ 청암정

최근 들어 '슬로푸드'에 대한 관심이 높아지면서 영양을
찾는 사람들의 발길이 꾸준히 늘어나고 있다.
그 중심에 있는 마을이 두들마을(영양군 석보면 원리리)이다.

 경북 영양은 청송, 청양, 괴산 등과 함께 우리나라 고추 명산지 가운데 하나이다.
안동, 봉화, 울진, 영덕 등에 둘러싸여 있고 전체 면적의 80% 이상이 산림지역으로
이뤄져 있어 일명 '육지 속의 섬'이라 불린다. 지형적으로 경상북도 산간 내륙지역의
특징을 잘 보여 주는 곳이라 할 수 있다. 이 같은 지리적 특성 때문에 최근 들어 크
게 주목받고 있는 '에코투어(또는 그린투어)'의 적격지로 많은 관심을 끌고 있다.

 사실 영양군은 깨끗이 보존된 자연경관 외에는 인근의 안동이나 봉화처럼 외지
사람들의 호기심을 끌 만한 관광적인 요소가 부족한 편이다. 그러나 영양 지역 곳곳
을 유심히 살펴보면 뜻밖에 훌륭한 명소가 많음을 확인할 수 있다. 관광명소들의 주
제도 다양해 문학기행, 걷기여행, 숲기행, 역사기행, 건축기행, 미각기행 등이 모두
가능하다. 따라서 시간을 여유롭게 갖고서 아기자기한 얘깃거리를 찾아가는 사람들
에게는 더할 나위 없이 좋은 여행지라 할 수 있다.

 최근 들어 '슬로푸드'에 대한 관심이 높아지면서 영양을 찾는 사람들의 발길이 꾸
준히 늘어나고 있다. 그 중심에 있는 마을이 두들마을(영양군 석보면 원리리)이다.
마을 이름이 조금 독특한 두들마을은 구한말 당시 광제원(내부 소속의 국립의료기
관)이 있던 곳이다. 재령 이씨의 집성촌으로 '언덕(두들) 위에 있는 마을'이라는 데서
이름이 유래되었다.

두들마을 전경

왼쪽부터 석천서당 편액, 『음식디미방』에 의해 재현된 잡채, 고풍스러운 두들마을의 옛 담장

두들마을은 조선시대의 요리서 덕분에 큰 관심을 끌고 있다. 그 요리서는 340여 년 전에 만들어진 우리나라 최초의 한글요리서인 『음식디미방』이다. '디미방'은 맛을 안다는 뜻의 한자 '지미(知味)'에서 따왔다. 이 요리서를 만든 사람은 400여 년 전 두들마을에 살았던 정부인 장계향(1598~1680년)이다. '여중군자'라 불리는 정부인 장계향은 조선 중기의 대학자 경당 장흥효의 외동딸이자 석계 이시명의 아내이기도 하다. 훗날 셋째 아들인 갈암 이현일이 이조판서가 되면서 정부인 장씨로 불리게 되었다.

『음식디미방』은 조선시대 중기의 양반가 음식 146가지에 대한 충실한 기록이다. 음식을 만드는 방법뿐만 아니라 식재료의 보관 방법, 조리 도구까지 자세히 기록되어 있다. 이 책은 정부인 장계향이 일흔 살 무렵인 1670년 전후에 완성된 것으로 추정되고 있다. 저자는 책 뒷부분에 "이 책은 눈 어두운데 간신히 썼으니, 이 뜻을 알아 제대로 시행하고, 딸자식들은 이 책을 베껴 가되 가져갈 생각일랑 마음도 먹지 말며, 부디 상하지 않게 잘 간수하여 쉽게 떨어지게 하지 말라."라는 당부의 글까지 직접 남겨 『음식디미방』을 얼마나 아꼈는지 엿볼 수 있다.

현재 두들마을에서는 『음식디미방』을 교본으로 삼아 조선시대 음식인 '슬로푸드'를 재현하고 있다. 주요 요리로는 단호박죽, 대구껍질누르미, 잡채, 섭산삼(생더덕 튀김), 밤설기, 화전, 석이편 등이 있으며 여기에 밥, 국, 고등어구이, 물김치, 감장 아찌 등을 곁들이면 한상차림이 완성된다. 모든 요리는 급하게 익히지 않고 화학조미료도 사용하지 않아 담백하고 개운한 맛을 지닌 것이 특징이다.

두들마을에서는 옛 선인들의 체취가 담긴 몇몇 유적을 살펴볼 수 있다. 나지막한 언덕을 따라 석계고택, 석천서당, 주곡고택, 유우당 등을 비롯해 30여 채의 한옥이 들어서 있다. 이 가운데 입향조 석계 이시명(1590~1674년)이 살던 석계고택이 유명하다. 벼슬에 뜻을 두지 않고 학문에 전념한 석계 이시명은 석계고택에서 안빈낙도한 삶을 살았다. 조선시대 인조 때인 1640년에 지어졌는데 사랑채와 안채가 '一' 자형으로 평행을 이루고 안마루에 고방이 있는 것이 특징이다. 석천서당은 석천 이시명이 유생들을 가르치던 서당이며, 유우당은 항일 시인 이병각의 생가이다.

소설가 이문열의 고향인 두들마을은 조지훈 시인의 고향인 일월면 주실마을, 오

왼쪽 광산문학연구소의 북카페 **오른쪽** 석천서당

희병 시인의 고향인 영양읍 감천마을과 함께 문학기행의 명소로도 인기가 많다. 이문열은 본래 서울(종로구 청운동)에서 태어났으나 그가 어린 시절을 보낸 곳이 두들마을이다. 이문열은 두들마을에 문학관을 겸하는 광산문학연구소(2001년 개관)를 세워 놓고 제자들을 지도하고 있다. 문학연구소의 이름은 마을 뒷산인 '광려산'에서 따왔다. 이문열의 주요 저서로는 『사람의 아들』(1979년), 『황제를 위하여』(1982년), 『금시조』(1981년), 『레테의 연가』(1983년), 『추락하는 것은 날개가 있다』(1987년), 『우리들의 일그러진 영웅』(1987년) 등이 있다. 그의 작품 대다수는 두들마을을 배경으로 삼고 있으니 미리 그의 소설을 한 권쯤 읽고 두들마을을 방문한다면 좀 더 흥미로운 경험이 될 것이다.

💬 **송 박사의 미주알고주알**

청록파 시인 조지훈 청록파 시인 가운데 한 사람인 조지훈(본명 조동탁)은 1920년 12월 3일 경상북도 영양군 일월면 주실마을에서 태어났다. 그가 태어난 호은종택은 1630년 무렵 입향조인 호은공이 처음 지었다. 집터를 잡을 당시 매를 날려 그 매가 앉은 늪지대를 메워 집을 지었다는 얘기가 전해 온다. 주실마을로 들어가기 위해서는 울창한 숲을 지나야 한다. 일명 '시인의 숲'이라 불리는 이 숲은 지난 2008년에 '아름다운 숲 전국대회'에서 생명상(대상)을 받았다. 크고 작은 나무들이 주변 산세, 마을 등과 조화를 잘 이루고 있는 점이 높은 점수를 받았다. 어릴 때부터 좋은 환경 속에서 자란 조지훈은 열아홉 살 때인 1939년에 문예지 『문장』을 통해 혜성처럼 등단했다. 당시 정지용으로부터 추천을 받은 작품 가운데 하나가 바로 "얇은 사(紗) 하이얀 고깔은/고이 접어서 나빌레라.//파르라니 깎은 머리/박사(薄紗) 고깔에 감추오고,"로 시작되는 「승무(僧舞)」이다. 해방 직후인 1946년에는 박목월, 박두진 등과 함께 『청록집』을 출간했다. 그를 가리켜 청록파 시인이라 부르는 것은 바로 이 시집 때문이다. 조지훈은 시인으로서 뿐만 아니라 학자와 지식인으로서도 존경을 받았다. 한글학회와 진단학회에 몸을 담고 있으면서 국어교과서와 국사교과서의 편찬에 크게 기여했다. 『한국문화사서설』, 『한국독립운동사』 등과 같은 한국학 관련 저서를 비롯해 『시의 원리』, 『시와 인생』 등과 같은 시론집도 펴냈다. 그런가 하면 48년의 그리 길지 않은 삶을 살면서 근면에 모범을 보였다. 불의와 타협하지 않으면서도 한편으론 관대한 성품을 지녔다. 그는 '마지막 선비'라는 호칭에 걸맞게 '나아갈 때와 물러설 때'를 구분할 줄 아는 진정한 군자였다.

🚐 근처명소

❶ 외씨버선길

요즘에는 제주올레와 지리산둘레길을 비롯하여 '걷기여행'에 대한 관심이 높다. 영양에도 외씨버선길이라는 예쁜 이름을 가진 걷기 좋은 길이 있다. '외씨버선길'이라는 이름은 조지훈의 시 「승무」에서 따온 것으로 외씨버선은 '오이씨처럼 날렵한 선을 지닌 버선'을 가리킨다. 외씨버선길은 영양, 봉화, 청송, 영월을 잇는 170km 길이의 꽤 긴 길이다. 총 13개의 구간이 있고 이 가운데 영양에는 선바위관광지와 영양읍 전통시장을 잇는 '오일도시인의 길(11.5km)'과 영양읍 전통시장과 조지훈문학관을 잇는 '조지훈문학길(13.7km)'이 조성되어 있다.

❷ 서석지

영양군 입암면 연당리에 있는 서석지(瑞石池)는 담양 소쇄원, 보길도 부용동원림과 함께 조선시대 3대 민간정원으로 손꼽힌다. 조선시대 광해군 때인 1613년에 성균관 진사를 지낸 석문 정영방이 조성했다. 수령 400년 정도로 추정되는 은행나무를 중심으로 주 건물인 경정(敬亭), 서재인 주일재(主一齋), 화단인 사우단(四友壇), 연못인 연당(蓮塘) 등으로 이뤄져 있다. 특히 '상서로운 돌이 가득한 연못'이라는 뜻이 의미하듯 사각형의 연당에는 다양한 형태의 돌이 물 위로 그 모습을 드러내고 있어 눈길을 끈다. 이들 돌에는 선유석(신선이 노니는 돌), 희접암(나비가 노니는 바위), 탁영반(갓끈을 씻는 반석) 등 재미있는 이름을 붙여 놓았다.

기암괴석, 폭포, 단풍이 어우러진
경북의 명산

경북 청송
주왕산

여행정보

- 🌐 **주왕산국립공원** juwang.knps.or.kr
- 📞 **주왕산국립공원 관리사무소** 054-873-0024
- 🚗 중앙고속도로 서안동나들목 ⋯▸ 35번 국도 ⋯▸ 청송군 청송읍 ⋯▸ 914번 지방도 ⋯▸ 주왕산국립공원
- 🍴 좋은식당(산채백반, 054-874-6464), 서울여관식당(닭백숙, 054-873-2177), 청송여관식당(닭백숙, 054-873-2267)
- 🛏 송소고택(한옥체험, 054-874-6556), 주왕산온천관광호텔(054-874-7000), 힐모텔(054-873-8880)

추천코스

- 🚩 **당일여행** 주왕산국립공원 ⋯▸ 달기약수탕 ⋯▸ 주산지
  1박2일여행 송소고택 ⋯▸ 달기약수탕 ⋯▸ 주왕산국립공원 ⋯▸ 주산지

주왕산을 대표하는 3개의 폭포 가운데 가장 먼저
만나게 되는 제1폭포 앞에 서면 대부분의 등산객은 일단
발걸음을 멈추고 거의 무의식적으로 탄성을 자아낸다.

경상북도 청송군에 있는 주왕산(해발 721m)은 백두대간의 남쪽 끝자락에 우뚝 솟아오른 명산이다. 그리 높은 산은 아니지만, 주변 경관과 함께 깎아지르는 기암괴석이 멋진 조화를 이루고 있어 일명 '석병산'이라 불리기도 한다. 1976년에 국립공원으로 지정되었다. 산세가 그리 험하지 않고 등산로도 비교적 잘 닦여져 있어 가족을 동반한 가벼운 등산 코스로 알맞다. 본래 이름이 석병산이었는데 '주왕산'이라 불리게 된 데에는 자신을 '후주천왕' 또는 '주왕'이라 부르던 '주도'라는 사람과 깊은 관련이 있다.

중국 당나라 때 반란을 일으켜 왕이 되려 했던 주도라는 사람이 당나라 군사에게 쫓겨 신라 땅이었던 석병산에 들어와 살게 되었다. 반란을 일으켰던 주도는 매우 기개가 높은 인물이었으나 당나라 장수 곽자의가 이끄는 군사에 대패하여 신라 땅으로 도망을 친 것이다. 당시 신라의 석병산은 산세가 험한 천혜의 요새라는 말을 익히 들어서 알고 있었기 때문이었다. 그러나 당나라 부탁을 받은 신라의 마일성 장군에 의해 주도는 석병산에서 최후를 맞고 말았다. 훗날 나옹화상은 주도의 넋을 위로하는 마음에서 산 이름을 석병산에서 주왕산으로 고쳐 부르기 시작한 것이 오늘에 이르고 있다.

현재 주왕산에는 주도와 관련된 명소가 곳곳에 산재해 있어 전설을 더욱 실감 나게 한다. 주도의 명복을 빌기 위해 지었다는 주왕암, 주도가 신라의 마일성 장군에 대항하기 위해 쌓았다는 자하성, 주도의 아들인 대전도군의 이름을 따서 지었다는 대전사, 주도의 딸인 백련낭자의 이름을 따서 지었다는 백련암, 주도와 끝까지 생사를 같이했던 군사들의 갑옷과 무기를 숨겨 두었던 곳이라는 무장굴, 그리고 주도가 마지막까지 숨어서 살았다는 주왕굴 등이 그 대표적인 명소들이다.

왼쪽부터 주왕산의 평탄한 등산로, 제1폭포, 인공 저수지인 주산지

주도와 관련된 명소 말고도 주왕산이 자랑하는 대표적인 명소는 많다. 3개의 폭포를 비롯해 산 중턱에 우뚝 솟아오른 거대한 바위봉인 기암, 청학과 백학이 살았다는 학소대, 그리고 먼 옛날 신선들이 내려와 놀았다는 신선대 등을 꼽을 수 있다. 또한, 계곡을 따라 망월대, 급수대, 연화봉 등과 같이 아름다운 자태를 뽐내는 명소가 곳곳에 산재해 있다. 주왕산의 가장 일반적인 등산 코스는 매표소에서 대전사와 제1폭포를 거쳐 제3폭포까지 가는 것이다. 특히 금방이라도 무너져 내릴 것 같은 기암괴석들 사이로 등산로가 나 있는 제1폭포 근처를 지날 때는 한여름에도 등줄기에 식은땀이 흐를 정도의 전율을 느낄 수 있다.

주왕산을 대표하는 3개의 폭포 가운데 가장 먼저 만나게 되는 제1폭포 앞에 서면 대부분의 등산객은 일단 발걸음을 멈춘다. 그리고 거의 무의식적으로 탄성을 자아내고는 잠시 후에 다시 산을 거슬러 오르기 시작한다. 그러나 이렇게 단면적으로 폭포와 기암괴석을 따로 떨어진 것으로 보지 말고, 서로 조화를 이루고 있는 하나의 자연물로 보면 더욱 멋진 모습을 찾아낼 수 있다. 폭포 주변의 거대한 기암괴석을 꼭대기부터 눈을 떼지 않은 채 천천히 아래로 훑어 내려오다가 자연스럽게 폭포 쪽으로 눈길을 돌린다든가, 아니면 반대로 폭포를 바라보다가 눈을 떼지 않은 채 자연스럽게 주변의 다른 자연물로 눈길을 돌리면 분명 색다른 그 무엇인가를 발견할 수 있을 것이다.

왼쪽 주왕산 단풍길을 걷는 탐방객들 **오른쪽** 학소대의 시루봉

주왕산의 깊숙한 곳인 내주왕계곡에는 신비스러운 '선경'을 지닌 주산지가 있다. 인공 저수지인데도 자연미가 고스란히 남아 있는 주산지는 사실 예전에는 일반인들에게 그리 많이 알려진 곳이 아니었다. 그러나 김기덕 감독의 영화「봄, 여름, 가을, 겨울 그리고 봄」의 촬영지로 알려지면서 청송의 새로운 관광명소로 자리를 잡았다. 특히 전국 각지의 사진작가로부터 많은 사랑을 받고 있다. 주산지 입구의 주차장에서 500m쯤 걸어가면 저수지가 나타나고, 저수지에서 전망대까지 근사한 산책로가 이어져 있다. 주산지는 조선시대 경종 때인 1720년에 공사를 시작해 이듬해에 완공한 인공 저수지로 그 역사가 300여 년이나 된다. 본래는 농업용수를 활용하기 위해 물을 가두어 놓은 곳인데 세월이 지나면서 지금은 근사한 '호반여행지'로 탈바꿈했다. 사진촬영의 명소답게 이른 아침에 물 위로 피어오르는 물안개와 해질 무렵의 고즈넉한 호반의 정취가 단연 압권이다. 게다가 오래된 왕버들 10여 그루가 물속에 뿌리를 내린 채 물 위로 얼굴을 내밀고 있어 신비스러움을 더하고 있다.

💬 송 박사의 미주알고주알

벼락닫이에서 배우는 교훈 여행을 하다 보면 오래된 한옥을 자주 만나게 된다. 지역에 따라 또는 집주인의 지위에 따라 한옥은 조금씩 다른 모습을 하고 있다. 그래서 한옥을 찬찬히 들여다보고 있으면 무궁무진한 상상의 나래를 펼 수 있다. 지붕을 떠받치고 있는 기둥이 대부분 사각이지만 둥근 것도 있다. 드문 경우로 본 선병국가옥처럼 팔각기둥을 쓴 곳도 있다. 큰사랑채와 작은 사랑채의 기단 높이도 다르다. 조선시대에는 규정보다 크거나 높게 지은 집이 있는지 자를 들고 조사하러 다니는 속칭 '납작별감'이라는 직책도 있었다. 기둥을 잘라 집을 납작하게 만들었던 요직(?)이다. 요즘으로 따지면 건축규제담당 공무원에 해당하는 셈이다. 나는 한옥을 답사하면서 숨겨진 공간을 찾는 데 많은 시간을 보낸다. 겉으로 드러난 모습보다 감춰져 있는 작은 공간에서 우리 조상의 지혜와 해학을 더 많이 엿볼 수 있기 때문이다. 한옥이라는 울타리 안에는 벼락닫이, 협문, 쪽문, 쪽마루, 눈썹마루, 내외담, 골방, 디딤널 등과 같은 보물들이 숨겨져 있다. 이 가운데에서도 나는 골방과 함께 벼락닫이를 아주 좋아한다. '벼락닫이'라는 그 이름이 참 재미있다. 벼락처럼 큰 소리를 내며 문이 닫힌다는 데서 붙여진 이름이다. 벼락닫이는 사람들이 통행하는 문이 아니다. 그냥 벽에 달린 문이다. 그럼에도 '창'이라 하지 않고 '문'이라 구분하고 있다. 벽에 달려 있되 그 모양새가 문과 똑같기 때문이다. 벼락닫이는 두 개 또는 세 개의 경첩으로 문짝의 윗부분을 벽에 고정해 놓고 아랫부분을 밖으로 밀어서 여닫도록 되어 있다. 열린 상태로 문을 고정하는 데는 약 30cm의 막대기를 사용한다. 막대기를 빼면 제법 큰 소리를 내며 문이 닫힌다. 벼락닫이가 있는 곳은 대부분 행랑아범이 사는 공간인 행랑채다. 행랑아범의 사전적 의미는 '행랑채에 사는 나이 든 남자 하인'이다. 일은 못하지만 매일 밥은 먹어야 사는 행랑아범, 평생 일만 하며 살던 그에게 무위도식은 참으로 견디기 어려운 일이었으리라. 이를 눈치챈 마음씨 좋은 집주인은 행랑아범에게 자그마한 일거리를 줬다. 아침 일찍 일어나 대문을 열고, 저녁에는 문단속을 끝낸 후 벼락닫이를 닫는 것이었다. 행랑아범이 눈칫밥을 먹지 않도록 일부러 일거리를 만들어 준 것이다. 나이가 들어 이제 힘든 일을 하지 못하는 행랑아범이 잠을 자는 방에 벼락닫이를 달아 놓은 데에는 집주인의 큰 배려가 숨겨져 있다.

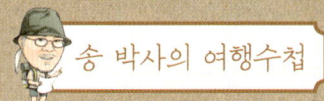

🚐 근처명소

❶ 달기약수탕

주왕산의 북서쪽 산기슭에는 '달기약수탕'이라 불리는 독특한 약수터가 여러 개 자리 잡고 있다. 1800년대 중반에 처음 발견된 이후로 지금까지 많은 사람의 발길이 끊이지 않는 유명한 약수터이다. 약수는 빛과 냄새가 없고 아무리 많이 마셔도 배탈이 나지 않는다고 한다. 사이다처럼 톡 쏘는 맛을 지니고 있는데 위장병을 비롯해 신경통, 만성부인병, 빈혈 등의 치료에 특히 효험이 있는 것으로 잘 알려져 있다. 또한, 이 약수로 밥을 지으면 초록색을 띠며, 맨밥이 마치 찹쌀밥처럼 쫄깃쫄깃해지기도 한다. 가장 물맛이 좋다는 하탕을 기점으로 중탕, 상탕, 신탕, 성지탕 등이 모두 반경 1km 이내에 자리 잡고 있다. 약수를 이용해서 끓이는 황기백숙은 주왕산의 대표적인 별미이기도 하다.

❷ 송소고택

송소고택은 청송군 파천면 덕천리에 자리 잡고 있다. 조선시대 영조 때 만석꾼으로 이름이 높던 심처대의 7대손인 송소 심호택에 의해 1880년 무렵 세워졌다. 지금도 보존이 잘 되어 있는 송소고택은 조선시대 상류층 가옥의 특징을 잘 보여 주는 건축물이다. 큰사랑채, 작은 사랑채, 안채, 별당채 등이 정확하게 구분되어 있으며 공간마다 독립된 마당이 있다. 큰사랑채와 작은 사랑채 사이에는 일명 '헛담'이라 불리는 내외담이 'ㄱ' 자 모양으로 놓여 있다. 큰사랑채 마루의 높이는 일꾼들의 눈높이에 맞췄고, 굴뚝도 처마 밑에 설치해 소독과 건조의 기능을 살렸다. 청송 심씨는 지금도 전국에서 알아주는 명문가 가운데 하나이다. 조선시대 때 전주 이씨(20명), 동래 정씨(16명), 안동 김씨(15명)에 이어 13명의 정승을 배출했다.

오랜 옛날부터 시인묵객이 즐겨 찾던
호남의 명승지

전남 장성
백양사

여행정보

🌐 **백양사** www.baekyangsa.kr

📞 **백양사 종무소** 061-392-7502

🚕 호남고속도로 백양사나들목 ···→ 1번 국도 ···→ 장성호 ···→ 백
양사

🍴 정읍식당(산채정식, 061-392-7427), 단풍두부(두부
전골, 061-392-1515), 백양관광호텔한식당(버섯전
골, 061-392-2114)

🛏 백양산장호텔(061-392-7500), 백운각(061-392-
7531), 청백한옥(한옥체험, 061-393-9466)

추천코스

📍 **당일여행** 백양사 ···→ 필암서원 ···→ 홍길동테마파크
1박2일여행 백양사 ···→ 축령산자연휴양림 ···→ 필암서원 ···→
요월정 ···→ 홍길동테마파크

붉게 물든 단풍나무에 둘러싸인 쌍계루의 단아한 자태와
백암산 중턱에 우뚝 솟은 백학봉이 멋진 조화를 이루고 있다.
특히 연못에 비친 백학봉의 우아한 자태는 조화의 극치를 보여 준다.

전남 장성군 장성읍에서 북동쪽으로 25km쯤 떨어져 있는 북하면 약수리에는 아름다운 가을 단풍으로 널리 알려진 백양사가 자리를 틀고 앉아 있다. 백양사는 백제 시대 무왕 때인 632년 여환선사에 의해 백암사라는 이름으로 창건되었다. 그 후 한 때는 정토사라는 이름으로 불리기도 했으나 훗날 한 고승이 법회를 베풀 때 '뒷산에서 흰 양이 내려와 설법을 들었다'고 해서 '백양사'라는 이름으로 불리게 되었다.

백양사는 조계종 5대 총림의 하나로도 유명하다. '총림'이란 수행공간인 선원, 경전 교육기관인 강원, 계율 교육기관인 율원을 모두 갖춘 곳이다. 현재 우리나라에는 조계종의 조계총림(순천 송광사), 덕숭총림(예산 수덕사), 고불총림(장성 백양사), 영축총림(양산 통도사), 가야총림(합천 해인사), 태고종의 태고총림(순천 선암사) 등 모두 6개의 총림이 있다.

1,400여 년의 오랜 역사를 지닌 사찰답게 백양사 경내 곳곳에서는 거센 기운이 흐르고 있다. 게다가 사찰을 둘러싸고 있는 기암괴석과 푸른 비자림, 마치 산불이라도 난 것처럼 붉게 타들어 가는 단풍은 백양사의 명성을 더하고 있다. 한때 구충제로 많이 쓰이던 비자가 잔뜩 열리는 백양사의 비자림은 현재 천연기념물 제153호로 지정되어 있다. 비자림 근처에는 호남 지방에 큰 재난이 닥칠 때마다 천제를 지내던 '국제기'가 자리 잡고 있다.

백양사가 들어앉아 있는 백암산 일대는 오랜 옛날부터 호남의 명승지로 잘 알려져 왔다. 특히 계절마다 색깔이 변한다는 신비스러운 백학봉을 비롯해 거대한 바위

왼쪽 국제기와 학바위 **오른쪽** 백양사 쌍계루와 학바위

백양사에서 국제기로 이어지는 등산로

틈 에서 맑은 물이 솟아나는 약사암, 선녀들이 내려와 산양과 함께 목욕했다는 금강
폭포, 그리고 천연의 바위굴인 영천굴 등이 곳곳에 자리 잡고 있어 1년 내내 관광객
들의 발길이 끊이질 않는다.

먼 옛날 백양사를 찾은 포은 정몽주는 "지금 백양승을 만나니/시를 쓰라 청하는
데/붓을 잡고 생각하니/재주 없음이 부끄럽구나"라고 백양사 일대의 아름다움을 미
처 글로 제대로 표현하지 못함을 아쉬워하기도 했다.

백암산의 가장 대표적인 봉우리로는 단연 백학봉이 으뜸이다. 해발 630m의 거대
한 바위봉은 마치 그 형태가 '백학이 날개를 펴고 있는 모습'과 같다 해서 백학봉이
라는 이름이 붙여졌다. 일찍이 노산 이은상은 "학바위(백학봉)의 신비스러운 경치를
보지 않은 사람은 조화의 솜씨에 대해 아는 체를 하지 말라."라는 말을 남기기도 했
다. 백학봉의 절경을 제대로 보려면 회백색의 절벽이 강한 햇살을 받아 흰색으로 빛
나는 모습을 볼 수 있는 이른 아침에 찾는 것이 좋다.

백양사의 명물인 애기단풍

백양사 경내를 벗어나 백암산 정상을 향해 조금만 거슬러 올라가면 키가 약 20m 에 이르는 비자나무들이 빽빽하게 들어서 있는 비자림을 만난다. 비자림을 지나 오른쪽 산등성이를 따라 다시 20분쯤 산길을 오르면 약사암이 나타난다. 이곳에서는 백양사 경내를 한눈에 내려다볼 수 있는 데다 백양사를 병풍처럼 감싸고 있는 커다란 바위봉들을 더욱 가깝게 볼 수 있어서 좋다.

약사암 근처에 있는 영천암도 들러 볼 만하다. 영천굴이라 불리는 자연적인 바위굴 속에 자리 잡고 있는데 특히 이 암자의 물맛이 좋은 것으로 유명하다. 옛 지리서인 『신증동국여지승람』에 "정토사(백양사) 북쪽의 바위산 중턱에 작은 암자가 있고 샘이 있다. 굴 북쪽의 작은 틈으로 물이 솟아나고 있는데 가뭄이나 장마에 상관없이 그 양이 늘 똑같다."라고 기록되어 있기도 하다.

백양사는 담양 추월산, 순창 강천사 등과 함께 전라남도의 대표적인 단풍 나들이 명소로 손꼽힌다. 해마다 가을이면 백양사 일대에서 백양단풍축제가 개최되고 있

쌍계루 앞의 징검다리

왼쪽부터 백양사 근처의 편백숲, 단풍 든 백양사 계곡, 백양사 전경

다. 백양사의 단풍잎은 작고 촘촘한 것이 그 특징이다. 백양사 입구의 백양관광호텔 앞에서 매표소까지 이어지는 약 1.5km의 도로에는 단풍나무가 가로수로 길게 이어져 있다. 매표소를 지나 백양사까지 이어지는 산책로에서도 아름다운 단풍을 감상할 수 있다. 산책로가 끝나는 곳에 자리 잡고 있는 쌍계루는 백양사의 단풍을 가장 잘 볼 수 있는 명소 가운데 하나이다. 쌍계루가 언제 세워졌는지는 알려져 있지 않으며 고려 공민왕 때인 1370년에 청수대사가 중수하고 목은 이색에게 기문을 부탁했다고 한다. 그것이 스승이 제자에게 5대째 전한 것이라고 하니 그것만으로도 매우 오래된 것을 알 수 있다. 붉게 물든 단풍나무에 둘러싸인 쌍계루의 단아한 자태와 백암산 중턱에 우뚝 솟은 백학봉이 멋진 조화를 이루고 있다. 특히 연못에 비친 백학봉의 우아한 자태는 그야말로 조화의 극치를 보여 준다.

💬 **송 박사의 미주알고주알**

김대중 전 대통령과 백양사 장성 백양사 단풍은 호남에서 알아주는 절경 가운데 하나이다. 백양사 단풍이 유명한 것은 가을이 거의 끝나갈 무렵인 11월 초순에 그야말로 '불타는 듯한 단풍의 진수'를 맛볼 수 있기 때문이다. 그래서 오랜 세월을 두고 포은 정몽주, 노산 이은상을 비롯한 많은 시인묵객이 백양사에서 늦가을 단풍의 정취를 즐겼다. 7~8년 전의 어느 늦은 가을, 나는 백양사 대웅전 앞에서 백학봉을 바라보며 '조화의 솜씨'를 감상하고 있었다. 그런데 갑자기 사찰이 조금 소란스러워지기 시작했다. 원로 스님 몇 분이 단정하게 가사를 걸치고 대웅전 앞에 서 계시는 것도 보였다. 그리고 잠시 후 검은색 승용차 한 대가 대웅전 앞마당까지 미끄러지듯 들어왔다. 순간 나는 '이건 좀 아닌데' 생각하며 '아니 무슨 대통령이라도 오는 건가?' 속으로 반문했다. 물론 대통령도 사찰의 성역인 대웅전 앞마당까지 자동차를 타고 들어오는 것은 상식에 어긋나는 행동이지만⋯⋯. 그런데 내 눈앞에 전혀 상상하지 못한 장면이 펼쳐졌다. 그 승용차 안에서 김대중 전 대통령 내외가 천천히 내리는 것이었다. 퇴임하고 2~3년이 지난 후였으니 전직 대통령의 신분이었다. 두 분은 한눈에 봐도 거동이 불편한 기색이 역력했다. 대통령 내외는 손을 들어 주변 사람들에게 인사하고 법당 안으로 들어갔다. 저녁에 집에 와서 뉴스를 보니 퇴임 후 공식적인 마지막 호남 방문이었다고 보도하고 있었다. 마지막 방문인데 마침 백양사 단풍이 절정이라 서울로 돌아오는 길에 예정에 없던 '백양사 단풍 구경'이 추가되었던 것이다. 수행비서관 중에 누군가가 "지금 백양사 단풍이 최고랍니다."라고 조언을 했던 모양이다. 여행 중에는 예상하지 못한 상황이 수도 없이 발생한다. 지금도 백양사 생각만 하면 내가 마지막으로 보았던 생전의 김대중 전 대통령의 모습이 눈에 선하다.

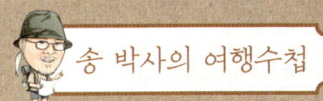

송 박사의 여행수첩

🚐 근처명소

❶ 필암서원

전라남도 장성은 오랜 옛날부터 '유림의 고장'으로 불리던 곳이다. 따라서 지금도 장성 지방 곳곳에는 필암서원, 봉암서원, 고산서원 등과 같은 서원들이 남아 있다. 장성의 서원 가운데 가장 대표적인 곳이 필암서원이다. 대원군 시절 단행된 서원철폐 때도 없어지지 않은 이 서원은 하서 김인후와 그의 사위인 고암 양자징(소쇄원 주인 양산보의 아들)을 배향하고 있다. 본래 장성읍 기산리에 있었으나 정유재란 때 소실되는 바람에 지금의 자리인 황룡면 필암리에 다시 세워졌다.

❷ 홍길동테마파크

장성은 홍길동의 고장으로도 유명하다. 물론 허균의 소설 속에 등장하는 홍길동도 있지만, 장성은 역사상의 실존 인물이었던 홍길동이 태어난 고장이기 때문이다. 조선 세종 때인 1443년, 홍길동은 아치실(지금의 장성군 황룡면 아곡리)에서 홍상직의 서자로 태어났다. 복원된 생가 주변에는 출토된 유물과 입체영상물이 있는 전시관, 다양한 체험시설이 갖춰져 있다. 해마다 어린이날을 전후하여 홍길동테마파크에서 홍길동축제가 개최되고 있다.

❸ 요월정

황룡면 황룡리에 있는 요월정은 조선시대 명종 때인 1550년 무렵에 처음 세워졌다. 정자를 세운 김경우(1517~1559년)는 공조좌랑을 지낸 인물로 그는 요월정에서 하서 김인후, 고봉 기대승 등과 교류했다. 1811년에 중수 때는 김경우의 9대손인 황주 김경찬(1796~1879년)이 '조선 제일의 황룡리'라는 글이 들어간 현판을 걸어 곤욕을 치르기도 했다. 나라에서 "장성 황룡이 조선에서 제일이면 한양은 어떠하냐."라고 추궁한 것이다. 하지만 김경찬은 이에 "황룡은 조선의 제일이고, 한양은 천하의 제일이다."라고 재치 있게 답해 화를 면했다. 요월정으로 올라가는 계단 양쪽에는 용이 한 마리씩 조각되어 있다. 그런데 두 마리 가운데 한 마리는 물을 뜨러 나온 아낙네에게 꼬리가 밟혀 아직 승천을 못했다는 재미난 얘기가 전해진다. 주변에는 유유히 흐르는 황룡강, 울창한 소나무숲, 수십 그루의 배롱나무 등이 한데 어울려 있어 요월정원림으로 불리고 있다.

❶

❷

김생, 최치원, 공민왕의 흔적을 따라 걷는
사색의 길

경북 봉화
청량산

여행정보

🌐 **청량산도립공원** mt.bonghwa.go.kr

📞 **청량산도립공원 관리사무소** 054-679-6653

🚗 중앙고속도로 영주나들목···▸봉화군 봉화읍···▸유곡삼거리···▸918번 지방도···▸명호면···▸청량산도립공원

🍴 하늘정원펜션(청국장, 054-674-2552), 청봉숯불구이(돼지구이, 054-672-1116), 봉화송이식당(송이국밥, 054-673-4788)

🛏 만산고택(한옥체험, 054-672-3206), 궁전파크(054-674-0300), 낙원장여관(054-673-2351)

추천코스

📍 **당일여행** 입석···▸응진전···▸오산당(산꾼의 집)···▸청량사
1박2일여행 입석···▸응진전···▸오산당(산꾼의 집)···▸청량사···▸청암정···▸석천정사···▸도산서원

청량산은 해발 1,000m가 채 안 되는 산으로는 독특하게 명산과
영산의 장점을 고루 갖추고 있다. 따라서 1년 내내 산 전체에
좋은 기운이 흐르는, 말 그대로 '기가 왕성한 산'이라 할 수 있다.

청량산(해발 870m)은 경상북도 봉화군의 명호면과 재산면, 안동시의 예안면에 속해 있다. 일찍이 인근의 청송 주왕산과 함께 가을 단풍의 명소로 널리 알려진 곳이다. 청량산은 해발 1,000m가 채 안 되는 산으로는 독특하게 명산과 영산의 장점을 고루 갖추고 있다. 따라서 1년 내내 산 전체에 좋은 기운이 흐르는, 말 그대로 '기가 왕성한 산'이라 할 수 있다. 청량산은 최고봉인 장인봉을 비롯해 마치 금강산을 연상케 할 정도로 많은 봉우리가 저마다의 자태를 뽐내는 산이다. 풍기군수를 지내기도 했던 신재 주세붕은 청량산의 봉우리를 가리켜 '육육봉'이라는 이름을 붙였다. 아울러 퇴계 이황 선생은 청량산의 아름다움에 반한 나머지 스스로 '청량산인'이라 칭하기도 했다.

청량산은 굳이 정상까지 오르지 않고 몇몇 가벼운 등산 코스를 통해서도 산세의 아름다움을 만끽할 수 있는 산이다. 그 대표적인 코스가 외청량의 입석에서 출발해 응진전과 총명수, 김생굴 등을 거쳐 내청량의 청량사로 들어가는 길이다. 입석과 응진전 사이에만 다소 가파른 등산로가 있을 뿐 전체적으로 평탄한 길이 이어진다.

입석을 출발해 천천히 걷더라도 30분이면 도착할 수 있는 응진전은 외청량을 대표하는 암자이다. 이곳에서 바라보는 청량산의 경치가 장관이다. 응진전은 고려 공민왕의 왕비인 노국공주와 깊은 관련이 있는 명소이다. 홍건적의 난을 피해 1361년 말부터 1362년 초까지 3개월가량 청량산에 머물 때 노국공주가 수시로 찾아 기도하던 곳이다. 공민왕은 왕자 시절인 1394년 중국 원나라 황족 위왕의 딸인 노국공주와 결혼을 했다. 하지만 어렵게 갖게 된 아이를 낳다 노국공주는 1365년에 짧은 생을 마감했다. 노국공주 사망 후 공민왕은 그리움의 후유증으로 동성애와 관음증에 탐닉했던 것으로 알려졌다.

응진전에서 약 30분 거리에 있는 김생굴은 신라 명필 김생이 10년 동안 글씨 공부

왼쪽부터 청량산 외청량의 응진전, 청량사 범종루, 청량사 유리보전

왼쪽 금탑봉에서 바라본 청량사 **오른쪽** 청량사 초입에 있는 '산꾼의 집'

를 했다고 전해지는 바위굴이다. 응진전과 김생굴 사이의 금탑봉 아래에는 총명수라 불리는 조그만 샘터가 있다. 신라 말의 석학 고운 최치원이 청량사에 머물 당시 정신을 맑게 하려고 수시로 찾았다고 전해지는 곳이다. 샘터는 그대로 있으나 아쉽게도 현재 샘물을 마시기에는 적합하지 않다.

청량산의 모든 기운이 모여 있다는 길지에 터를 잡은 청량사는 신라시대 진평왕 때인 663년 원효대사에 의해 창건된 고찰이다. 그 후 송광사 16국사 가운데 마지막 스님인 고봉선사(1351~1428년)에 의해 중창되었다. 청량사의 모습은 응진전에서 김생굴로 가는 등산로에서 내려다보는 것이 가장 좋다. 또 직접 청량사 경내에 들어

💬 송 박사의 미주알고주알

독일에서의 돈 가방 도난사건 2002년 6월, 유럽 여행 중 독일에서 있은 일이다. 나는 한 무리의 주부와 함께 8박 9일 일정의 배낭여행을 하던 중이었다. 여행 이튿째 되던 날, 라인강 유람선 여행을 마치고 우리는 코블렌츠에서 쾰른으로 가는 기차를 탔다. 쾰른에 도착해서는 잠시 휴식을 취한 다음에 밤 기차를 이용해 취리히로 향할 예정이었다. 그런데 문제가 생겼다. 말 그대로 눈 깜짝할 새에 도난 사고가 일어났다. 그것도 다름 아닌 크로스 백이…… 잠잘 때는 물론 화장실에서도 결코 풀어 놓는 일이 없었는데 '보물단지'가 순식간에 사라져 버린 것이다. 가방에는 열여섯 명의 여권과 신용카드, 약 700만 원 상당의 현금, 호텔 바우처, 항공권, 유레일패스, 그리고 여행과 관련된 모든 메모가 담긴 수첩 등이 들어 있었다. 세상이 무너지는 느낌이었다. 다리에 힘이 풀리고 갑자기 무력함이 엄습했다. 하지만 나는 정신 차려야 했다. 우선 다음 역에 내려 다시 코블렌츠로 돌아왔다. 기차에서 내린 후 나는 일행에게 5분만 생각할 시간을 달라고 했다. 잠시 후 나는 역 근처의 호텔에다 일행의 숙소를 정해 준 후 내 생애 가장 긴 밤을 보내야 했다. 기차역에 도난신고를 하고, 신용카드의 사용을 정지시키고, 항공권의 재발급을 요청하고, 밤새도록 기차역 주변의 쓰레기통을 뒤지고, 앞으로의 일정도 다시 짜야 했다. 다음 날, 우리는 프랑크푸르트로 가서 경찰서에 도난 신고를 하고 여권용 사진을 찍은 후 영사관에서 여행자증명서 발급을 위한 절차를 밟았다. 그러던 중 정말 기적 같은 일이 일어났다. 도난당한 가방을 찾았다는 연락이 온 것이다. 가방은 우리가 타고 가던 기차의 종착역인 도르트문트에서 발견되었다. 영사관 직원들은 분실도 아닌 도난당한 가방을 다시 찾는다는 것은 기적과도 같은 일이라 했다. 그나마 불행 중 다행으로 가방 속에는 현금과 유레일패스를 제외하곤 여행에 필요한 모든 것이 그대로 있었다. 지체하지 않고 차분하게 기차역에다 도난 신고를 한 것이 가방을 빨리 찾는 데 큰 도움이 되었다. "호랑이에게 물려 가도 정신만 차리면 산다."라는 말은 결코 틀린 말이 아니다. 비싼 수업료를 내고 체득한 생생한 교훈이다.

왼쪽 청량사 유리보전 앞의 삼각우총 **오른쪽** 청량산 최고 길지에 터를 잡은 청량사

가 있으면 어디선가 왠지 모를 좋은 기운이 다가오는 것을 느낄 수 있다. 그래서인지 몰라도 혹자는 청량산을 가리켜 '기를 받으러 가는 산'이라 말하기도 한다. 나무 계단이 끝나는 곳에는 큰 가지가 세 갈래로 뻗은 소나무 한 그루가 자라고 있다. 소나무의 이름은 삼각우총으로 소나무와 관련된 설화가 있다. 청량사 창건 당시 자재를 실어 나르던 뿔 세 개 달린 소가 있었다. 이 소가 죽자 스님들이 법당 앞에 묻었는데 그 자리에서 가지가 세 갈래로 뻗은 소나무가 솟아났다고 한다.

청량사를 대표하는 큰 법당은 유리보전이다. 이 법당 앞에 서면 가장 먼저 고려 공민왕의 친필로 알려진 현판이 눈길을 끈다. 법당 안에 모셔진 불상도 예사로워 보이지 않는다. 현재 유리보전에는 약사여래를 주불로 하고 양쪽에 문수와 지장을 협시불로 두고 있다. 이 가운데 약사여래는 우리나라의 수많은 불상 가운데 통일신라 때 만들어진 유일한 지불로 유명하다.

청량산 외청량에서 청량사 경내로 들어가는 길목에는 오산당이 있다. 퇴계 이황 선생이 어린 시절 숙부 이우로부터 공부를 배운 곳이다. 본래 이름은 청량정사였으나 훗날 새로운 건물을 짓고 이름도 오산당으로 고쳤다. 오산당 옆에는 길가는 나그네들에게 따끈한 약차와 함께 쉼터를 무료로 제공하는 '산꾼의 집'이 있다. 주인인 산악인 이대실 씨로부터 청량산에 관한 이야기를 듣는 것 또한 좋은 추억이 될 것이다.

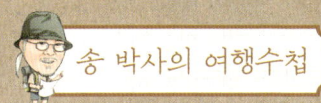
🚗 근처명소

❶ 청암정

봉화군 봉화읍 유곡리에 터를 잡은 닭실마을은 안동(유곡) 권씨 집성촌이다. 닭실마을은 조선시대 중종 때 예조판서를 지낸 충재 권벌(1478~1548년)이 어머니(파평 윤씨)의 묘소가 있는 마을에 입향하면서 그 역사가 시작되었다. 그때가 1520년으로 약 500년의 역사를 지니고 있는 셈이다. 충재 권벌은 기묘사화(1519년)와 을사사화(1545년)를 겪으면서도 꿋꿋하게 문신의 길을 걸었던 인물이다. 그가 벼슬을 떠나 닭실마을에 머물던 시절인 1526년에 지은 청암정과 충재(서재)는 닭실마을 최고의 답사 명소이다. 거북 형태의 바위 위에 세워진 청암정, 충재와 청암정을 잇는 돌다리, 청암정을 둘러싼 인공 연못, 청암정으로 들어오는 3개의 협문 등이 깨끗하게 잘 보존되어 있다. 청암정 옆에는 충재 선생의 유품이 전시된 충재박물관이 있다.

❷ 도산서원

경상북도 안동에서 봉화 쪽으로 30km쯤 떨어진 안동시 도산면에 있는 유서 깊은 서원이다. 본래 퇴계 이황이 유생들을 가르치던 서당이었으나 훗날 그의 제자들에 의해 서원으로 조성되었다. 조선시대 선조 때인 1575년에 임금으로부터 당대의 명필 한석봉이 쓴 '도산서원' 편액을 하사받으며 사액서원이 되었다. 현재 도산서원 안에는 박약재, 홍의재, 광명실, 장판각 등과 같은 크고 작은 건물들이 들어서 있다. 전교당 양쪽에는 유생들이 기거하던 동재와 서재가 있다. 서원 앞 인공 섬에는 조선 정조 때 도산서원의 유생들이 도산별과를 치른 것을 기념하는 시사단이 있다. 대원군 시절에 단행된 서원철폐령에서도 도산서원은 살아남아 지금까지 잘 관리되고 있다.

울창한 숲을 따라 걷는 생태탐방로

경북 영주
죽령옛길

여행정보

🌐 **영주문화관광** tour.yeongju.go.kr

📞 **영주시청 관광산업과** 054-639-6635

🚗 **중앙고속도로 풍기나들목 ⋯▸ 5번 국도 ⋯▸ 소백산역 또는 죽령휴게소**

🍴 **선비촌종가집**(선비촌정식, 054-637-9981), **약선당**(약선한정식, 054-638-2728), **순흥전통묵집**(묵밥, 054-634-4614)

🛏 **선비촌**(한옥체험, 054-638-6444), **소백산풍기온천리조트**(054-604-1700), **갈라지펜션**(017-513-8800)

추천코스

📍 **당일여행** 죽령옛길 ⋯▸ 풍기장터 ⋯▸ 소수서원
1박2일여행 죽령옛길 ⋯▸ 무섬마을 ⋯▸ 풍기장터 ⋯▸ 소수서원 ⋯▸ 부석사

예전의 죽령은 "아흔아홉 구비에 내리막 30리, 오르막 30리"라는
말이 생겨났을 정도로 험한 고개의 대명사처럼 불렸다.
하지만 그 길이 이제는 걷고 싶어서 일부러 찾아가는 여행길이 되었다.

최근 들어 여행자 사이에 걷기 열풍이 거세다. 제주올레, 지리산둘레길, 강화나
들길, 변산마실길 등 전국 곳곳에 경쟁적으로 걷기 좋은 길이 계속해서 생겨나고 있
다. 죽령옛길을 포함한 소백산자락길(143km) 역시 문화체육관광부가 선정한 '이야
기가 있는 문화생태탐방로' 가운데 하나로 이름을 올렸다. 소백산자락길은 경북 영
주시, 경북 봉화군, 충북 단양군, 강원 영월군 등 4개의 시와 군에 걸쳐 있는 생태탐
방로로 지난 2011년 생태관광자원 부문에서 '한국관광의 별'로 등극했다. 단순히 걷
는 것을 뛰어넘어 옛 선인들의 이야기를 떠올리며 자연환경이 잘 보존된 길을 걸을
수 있다는 점이 많은 점수를 얻었다.

소백산자락길은 모두 12자락으로 나뉘어 있다. 2009년에 제1자락, 제2자락, 제
3자락을 개통한 데 이어 2012년에 전 구간이 개통되었다. 각 구간의 거리는 평균
12km 내외로 체력적으로 큰 문제만 없다면 3시간 30분~4시간이면 충분히 완주할
수 있다. 소백산 12자락 가운데서도 제3자락은 죽령옛길을 포함하고 있어 찾는 사람
이 많다. 제3자락은 죽령옛길(소백산역-죽령마루, 2.8km), 용부원길(죽령마루-죽
령터널, 3.9km), 장림말길(죽령터널-장림리, 4.7km)로 구분되어 있어 취향에 따라
원하는 코스만 걸을 수도 있다.

소백산자락길 제3자락에서 가족 단위의 여행자들이 가장 선호하는 코스는 죽령옛
길이다. 죽령마루에서 출발할 경우 처음 10분 정도의 급경사를 제외하고는 소백산
역까지 평탄한 내리막길로 이뤄져 있어 체력적으로 큰 무리가 없기 때문이다. 곳곳
에 잠시 쉬었다 갈 수 있는 벤치가 설치되어 있어 한여름에도 강한 햇살을 피할 수

명승 제30호로 지정된 죽령옛길

있다는 점이 장점으로 꼽힌다. 죽령옛길은 지난 2007년 12월 17일에 우리나라 명승 제30호로 지정되면서 명실공히 명품녹색길의 반열에 들어서게 되었다. 죽령옛길의 특징 가운데 하나는 비교적 짧은 코스이지만, 아기자기한 재미를 느낄 수 있다는 점이다. 울창한 침엽수림이 있는가 하면 각종 열매가 달리는 활엽수림이 있다. 그리고 마침내 숲을 벗어나면 사과밭과 복숭아밭이 나타난다. 봄날이면 곳곳에서 사과꽃, 복숭아꽃, 민들레, 산벚꽃 등을 만날 수 있다. 죽령옛길을 걷는 데 걸리는 시간은 천천히 걷더라도 약 1시간이면 충분하다.

소백산 제2연화봉과 도솔봉 사이에 있는 죽령(해발 696m)은 경상북도 영주와 충청북도 단양을 연결하는 높은 고개이다. 그리 길지 않은 거리인데도 무쇠다리주막, 느티쟁이주막, 주점주막, 고갯마루 등 모두 4개의 주막이 있었다는 사실이 이를 간접적으로 증명해 준다. 예전의 죽령은 "아흔아홉 구비에 내리막 30리, 오르막 30리"라는 말이 생겨났을 정도로 험한 고개의 대명사처럼 불렸다. 하지만 경상도에서 한양으로 가는 가장 빠른 고개였기에 과거 보러 가는 선비를 비롯해 임지로 향하는 관리, 장사하는 부보상 등은 힘들어도 이 길을 걸어야 했다. 그 눈물길이 이제는 걷고 싶어서 일부러 찾아가는 여행길이 되었다.

죽령 일대는 삼국시대 당시에 신라, 고구려, 백제 세 나라가 팽팽하게 대립하던 접경지대였다. 고구려 장수왕 때는 고구려 영토였다가 신라 진흥왕 때는 신라의 영토가 되었다. 고구려 영양왕 원년(590년)에 온달 장군이 죽령 이북의 땅을 되찾지 못하면 돌아오지 않겠다고 다짐한 기록(『삼국사기』)도 남아 있다. 오랜 옛날부터 죽령옛길은 문경새재, 추풍령 등과 함께 영남과 한양을 이어 주는 중요한 이동로였다. 그만큼 역사도 깊다. 문헌상으로는 우리나라에서 가장 먼저 뚫린 고갯길인 하늘재

(경북 문경시 문경읍 관음리-충북 충주시 상모면 미륵리)보다 2년 늦은 158년에 길이 열렸다고 한다. 『삼국사기』에 "신라 아달라왕 5년(158년) 3월에 비로소 죽령길이 열리다."라고 기록되어 있다. 『동국여지승람』에도 이와 거의 흡사한 내용이 담겨 있다. 죽령길을 내는 데는 '죽죽(竹竹)'이라는 사람이 크게 관여했으며 그는 공사 중에 사망한 것으로 알려졌다.

죽령옛길은 신라 효소왕 때 득오라는 사람이 지은 팔구체향가 「모죽지랑가」와도 관련이 있다. 득오는 평소에 존경하던 스승 죽지가 세상을 떠나자 그를 그리워하는 마음으로 "가는 봄이 그리워/모든 것이 서러워 우는데/아담한 얼굴에/주름지는 것은/잠시 사이나마 만나 뵙게 되었으면/임이여 그리운 마음으로 가시는 길/쑥대마을에 자고 갈 밤 있으실까"라는 향가를 지었다. 죽지는 화랑 출신으로 훗날 네 임금을 모신 신라의 명재상인데 부모님이 죽령과 관련된 태몽을 꾼 것과 관련해 '죽지'라는 이름을 얻게 되었다. '죽령(竹嶺)'이라는 고개 이름도 죽지에서 비롯된 것으로 알려졌다. 혹은 처음 죽령길을 낸 '죽죽'의 이름에서 유래되었다는 주장도 있다.

💬 송 박사의 미주알고주알

의상대사와 선묘낭자 부석사를 창건한 의상대사는 신라시대 진평왕 때인 625년에 태어나 신라시대 성덕왕 때인 702년에 입적한 신라의 고승이다. 훗날 고려시대 숙종(1095~1105년 재위)은 의상대사에게 '해동화엄시조 원교국사(海東華嚴始祖 圓敎國師)'라는 시호를 내렸다. 일찍이 의상대사는 원효대사와 함께 당나라 유학길에 올랐다. 이때가 출가한 지 몇 년 안 된 650년이었다. 그러나 원효대사는 '해골물 사건' 으로 위기를 맞았다. 어쩔 수 없이 혼자 당나라로 향했으나 고구려 군사에 의해 신라의 첩자로 몰리면서 결국 첫 당나라행은 실패했다. 후에 당나라로 돌아가는 사신들의 배를 이용하여 661년에 당나라 유학의 꿈을 이뤘다. 의상대사는 당나라에서 지엄스님으로부터 화엄사상에 대해 배운 후 670년에 신라 땅으로 돌아왔다. 의상대사를 얘기하면서 빼놓을 수 없는 인물 가운데 한 사람은 선묘낭자이다. 선묘낭자는 의상대사를 흠모하던 당나라 여인이었다. 이루어질 수 없는 사랑이었기에 선묘낭자의 의상대사에 대한 사랑은 일방적일 수밖에 없었다. 때가 되어 의상대사와 작별을 하게 된 선묘낭자는 함께 갈 수 없다는 것을 알고는 스스로 바다에 몸을 던졌다. 그리고는 바다의 용으로 화현해 의상대사가 탄 배를 안전하게 보호했다. '선묘낭자의 기적'은 부석사를 창건할 당시에도 나타났다. 새로운 절터를 찾던 의상대사의 눈에 들어온 곳이 현재 부석사가 있는 곳이었다. 하지만 이미 그 자리에 터를 잡고 있던 이교도들이 조금도 틈을 주지 않았다. 그때 의상대사의 옆에 있던 커다란 바위들이 공중으로 세 번이나 떠올랐다가 내려앉았다. 이 모습을 본 이교도들은 혼비백산해서 도망가고 말았다. 선묘낭자의 넋이 신통력을 발휘한 것이다. 그것으로 끝이 아니었다. 후에 선묘낭자는 길이 40척(약 12m)의 석룡으로 변해 법당 아래로 들어갔다. 그 이후로 지금까지 석룡은 부석사의 무량수전을 잘 지켜 주고 있다. 현재 부석사 무량수전의 왼쪽 한 모퉁이에는 커다란 바위 서너 개가 서로 뒤엉켜 있다. '삼부석' 이라 불리는 이 바위들은 부석사 창건설화에 등장하는 신비스러운 영물이다. '부석사(浮石寺)'라는 사찰 이름도 바로 이 '뜬 돌(부석)'에서 유래되었다. 무량수전 오른쪽 뒤편에는 선묘낭자의 넋을 기리기 위해 세워진 선묘각이 있다.

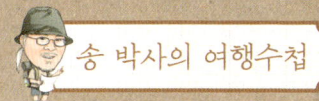

근처명소

❶ 부석사

부석사는 신라시대 문무왕 때인 676년에 의상대사가 창건했다. 그 후 고려 초기에 병화 때문에 소실되었다가 고려시대 정종 때인 1041년에 다시 중건되어 오늘에 이르고 있다. 경내에는 부석사의 본전인 무량수전(국보 제18호)을 비롯해 통일신라시대 당시의 뛰어난 조각미를 엿볼 수 있는 무량수전 앞 석등(국보 제17호), 의상대사의 진영을 모신 조사당(국보 제19호), 우리나라에서 가장 크고 오래된 소조불상인 소조여래좌상(국보 제45호), 그리고 우리나라에서 가장 오래된 채색화 가운데 하나인 조사당벽화(국보 제46호) 등과 같은 국보급 문화재들이 소장되어 있다.

❷ 소수서원

소수서원은 조선 중종 때인 1542년에 신재 주세붕에 의해 세워진 우리나라 최초의 사액서원이다. 창건 당시의 이름은 백운동서원이었으나 조선시대 명종 때인 1550년에 당시 풍기군수였던 퇴계 이황 선생이 임금으로부터 친필 사액을 받으면서 소수서원이라 불리게 되었다. 소수서원의 주향자인 안향 역시 우리나라 최초의 주자학자로 널리 알려져 있다. 예전에 소수서원에 소장되어 있던 유물과 문헌 등은 새로 지어진 소수박물관에서 전시하고 있다.

❸ 무섬마을

경북 영주시 문수면 수도리에 있는 무섬마을은 조선시대 현종 때인 1666년에 입향조 박수(반남 박씨)가 들어와 살면서 마을이 형성되었다. 무섬마을에서 가장 오래된 집은 입향조 박수가 지은 만죽재이다. 이외에도 초가집인 박돈우가옥을 비롯해 해우당, 박천립고택, 김위진가옥 등 모두 50여 채의 한옥이 있다. 무섬마을에서 외부와 연결되는 다리(수도교)가 놓인 것은 1983년으로 이전의 마을 사람들은 외나무다리를 건너 바깥나들이를 했다. 그 외나무다리가 지금은 무섬마을의 명물이 되었다.

Part 4
겨울

당당하게 세계문화유산에 이름을 올린
보물창고

경북 경주
남산

여행정보
🌐 **경주남산연구소** www.kjnamsan.org
📞 **경주남산연구소** 054-771-7142
🚗 경부고속도로 경주나들목 …▸ 35번 국도 …▸ 남산 입구
🍴 숙영식당(찰보리밥정식, 054-772-3369), 보성할매
  비빔밥(산채비빔밥, 054-772-8618), 삼포쌈밥(쌈밥
  054-749-5776)
🏨 라궁(한옥호텔, 054-778-2100), 경주관광호텔(054-
  745-7123), 숲속이야기(054-749-9933)

추천코스
📷 **당일여행** 삼릉 …▸ 상선암 …▸ 안압지 …▸ 분황사
  1박2일여행 삼릉 …▸ 상선암 …▸ 안압지 …▸ 분황사 …▸ 불국
  사 …▸ 문무대왕릉 …▸ 보문관광단지

마애관음보살상은 극락에서 방금 내려온 것처럼 통통한 얼굴에
화사한 미소를 머금고 있다. 왼손에는 관음보살을 상징하는 정병을
느슨하게 잡고 있어 바라보는 사람의 마음을 한결 편안하게 해 준다.

경북 경주는 1년 내내 아무 때나 찾아도 좋은 여행지이다. 천년고도답게 계절에
따라 다른 모습으로 자신의 색깔을 유감없이 드러내기 때문이다. 하지만 아무래도
경주는 사람들이 붐비지 않는 한적한 겨울에 찾는 것이 제격이지 않나 싶다. 역사의
현장들을 긴 호흡으로 천천히 걸으면서 돌아볼 때 경주의 참모습을 만날 수 있다.
경주는 전체가 박물관이라 할 만큼 유서 깊은 명소와 유물이 많은 곳이다. 그 많은
명소 가운데 최근 들어 경주 남산이 새롭게 주목받고 있다. 특히 지난 2000년에 남
산을 포함한 경주역사유적지구가 세계문화유산으로 등재되면서 우리나라에서뿐만
아니라 전 세계적으로도 유명한 유적지가 되었다.

'신라의 얼굴' 또는 '경주의 영산'이라 일컬어지는 남산(금오산, 해발 494m)은 신
라 992년(기원전 57~935년)간의 역사를 묵묵히 지켜본 곳이다. 박혁거세의 탄생
설화와 관련이 있는 나정, 신라의 종말을 예고한 포석정 등이 남산 기슭에 터를 잡
고 있기 때문이다. 포석정 근처에 있는 삼릉은 신라 8대 아달라왕, 신라 53대 신덕
왕, 신라 54대 경명왕이 잠들어 있는 곳이다. 주변의 소나무숲은 산책하기에도 좋지
만, 사진작가들이 즐겨 찾는 명소이기도 하다. 현재 남산 자락에는 무려 150여 곳의
절터(암자 포함)와 120여 구의 석불, 96기의 석탑, 22기의 석등 등이 있어 그 자체가
훌륭한 답사여행지이다.

남산은 그리 높은 산이 아니지만, 골이 깊고 바위가 많아 산행하기에 그리 만만한
곳도 아니다. 하지만 남산을 오를 때 다소 무리가 되더라도 칠불암까지 가 보는 것
이 좋다. 남산의 동쪽 관문인 남산동 통일전을 출발해 서출지, 오산골, 이영재 등을
거쳐 칠불암까지 가는 데 약 2시간 30분~3시간이 걸린다. '칠불암'이라는 이름은 암
자 옆에 '칠불'이 있다고 해서 붙여졌다. 삼존불과 사방불로 이뤄진 칠불암 마애불상

왼쪽부터 남산 탑곡 마애불상군, 선각육존불, 삼릉 주변의 소나무숲

군(국보 제312호)은 신라 마애불 가운데 최고의 걸작으로 손꼽힌다. 칠불암을 답사한 후에는 이영재를 거쳐 용장골로 내려오는 코스를 선택하는 것이 좋다. 이 구간에서는 커다란 자연석을 기단으로 쓴 용장골 삼층석탑을 만날 수 있다.

남산의 참모습을 힘들이지 않고 짧은 시간에 답사할 요량이라면 삼릉골 코스를 선택하는 것이 좋다. 일명 '부처님의 세계'라 불릴 정도로 많은 불상이 밀집된 지역이기 때문이다. 삼릉을 출발해 상선암까지 가는 동안 석조석가여래좌상, 마애관음보살상, 선각육존불, 석불좌상, 마애석가여래좌상 등 다양한 형태의 불상을 만날 수 있어 마치 자연박물관 같은 느낌이 든다.

삼릉을 출발해서 가장 먼저 만나는 불상은 석조석가여래좌상이다. 머리 부분과 양손이 파손된 상태이지만 넓은 어깨와 당당한 자태, 뛰어난 조각미가 돋보이는 수작이다. 가슴 부분에 정교한 매듭이 있는 것이 특징이며 만들어진 시기는 8세기 후반으로 추정되고 있다. 1964년에 발견되기 전에는 근처 계곡의 징검돌로 사용되기도 한 굴욕의 역사(?)를 간직하고 있다.

마애관음보살상은 극락에서 방금 내려온 것처럼 통통한 얼굴에 화사한 미소를 머금고 있는 것이 특징이다. 왼손에는 관음보살을 상징하는 정병(목이 긴 물병)을 느슨하게 잡고 있어 바라보는 사람의 마음을 한결 편안하게 해 준다. 뒤에 있는 바위가 광배 역할을 하고 있으며 가을철 해질 무렵이나 비 온 다음 날 모습이 특히 아름답다. 평소에는 아래에서 위로 바라볼 때 더욱 밝은 미소를 감상할 수 있다. 조성 시기는 9세기 무렵으로 추정되고 있다.

선각육존불은 마치 커다란 바위를 도화지 삼아 가는 선으로 스케치한 것처럼 조성되어 있다. 삼존불씩 두 군데로 나뉘어 있는데 오른쪽의 주불은 앉아 있는 석가여

송 박사의 미주알고주알

목제주령구 안압지는 1974년에 발굴 작업이 시작돼서 1980년 9월에 지금과 같은 모습으로 복원되었다. 발굴 당시의 유물들은 대부분 궁중에서 일상적으로 사용하던 도구들이어서 큰 관심이 쏠렸다. 특히 눈에 띄는 것으로는 등잔의 심지를 자르는 가위, 흙으로 만든 풍로, 낫, 자물쇠, 목제주령구 등이 있다. 그중에서도 관광객들이 가장 많은 관심을 두는 것은 14면체에 모두 56자가 새겨져 있는 목제주령구이다. 오늘날의 주사위와 같은 이 놀이 도구는 아마도 술자리에서 재미있게 놀기 위해 사용되었을 것으로 추정된다. 이 목제주령구에는 '삼잔일거(술 석 잔을 한 번에 마심)', '자창자음(노래를 한 번 부르고 술 한 잔 마심)', '중인타비(여러 사람이 코를 때림)' 등과 같은 재미있는 벌칙이 새겨져 있다. 진품이 남아 있으면 좋으련만 아쉽게도 보존 처리를 하는 과정에서 부주의 때문에 불타 버려 역사 속으로 영원히 사라지고 말았다. 사진을 토대로 복제한 기념품으로나마 위안을 삼을 수밖에…… 앞으로는 한순간의 실수로 소중한 유물이 기념품으로 전락하는 우를 범해서는 안 될 것이다. 목제주령구 복제품은 분황사 기념품 판매점 등에서 살 수 있다.

왼쪽 용장골 삼층석탑 **오른쪽** '몸짱 부처님'이라 불리는 석불좌상

래좌상이고 왼쪽의 주불은 서 있는 석가여래입상이다. 협시불은 반대로 오른쪽은
입상이고 왼쪽은 좌상이다. 왼쪽의 좌상은 공손하게 무릎을 꿇고 공양하는 모습을
하고 있다. 육존불 위에는 불상을 보호하는 닫집을 설치했던 흔적과 함께 물이 불상
쪽으로 흘러내리는 것을 방지하는 '물끊기홈'이 남아 있다. 조성 시기에 대한 기록이
없어 대략 통일신라 때 작품으로 추정되고 있다. 보물 제666호로 지정된 석불좌상
은 일명 '몸짱 부처님'으로 불릴 정도로 당당함이 돋보이는 작품이다. 대좌와 몸체가
분리되어 있으며 2007~2008년 얼굴과 광배가 손질되었다. 상선암 바로 위에는 남
산에서 가장 키가 큰 좌불(높이 6m)인 마애석가여래좌상이 있다. 양각한 머리 부분
을 제외하고는 몸체 대부분이 선각으로 조성되어 있다.

널리 알려지지는 않았지만 탑곡의 마애불상군도 쉽게 찾아볼 수 있는 명소이다.
일명 '부처바위'라 불리는 높이 10m의 바위 전체를 다양한 형태의 불상이 빈틈없이
가득 채우고 있다. 남산 남쪽의 열암곡에는 이른바 '5cm의 기적'이라 불리는 마애불
이 발견 당시의 모습 그대로 엎드려 있다. 전체 무게가 약 70t 정도로 추정되는 이
마애불은 2007년 5월 우연히 발견돼 세상 사람들의 이목을 집중시켰던 주인공이다.
만약 바닥과의 5cm 여유가 없었다면 아마도 마애불의 예쁜 콧날과 얼굴은 완전히
부서지고 말았을 것이다.

🚗 근처명소

❶ 안압지

신라시대 문무왕 14년(674년)에 인공으로 조성된 아름다운 연못이다. 『삼국사기』의 문무왕 14년(674년) 2월조(條)를 보면 "궁 안에 못을 파고 산을 만들었으며 화초를 심고 진기한 새와 짐승을 길렀다."라고 안압지에 대해 기록되어 있다. 경주 시내를 가로지르는 북천의 물줄기가 황룡사 앞을 지나 안압지로 유입되고, 계림을 지나 남촌으로 빠지도록 설계되어 있다. 지금도 안압지의 동남쪽 연못가에 북천의 물을 끌어들이던 수조유구(水槽遺構)가 남아 있다. 절묘하게 곡선과 직선을 이용해서 연못을 만든 지혜가 돋보이며, 연못 안에는 신선이 사는 삼신산(봉래산, 방장산, 영주산)을 상징하는 인공 섬이 조성되어 있다.

❷ 분황사

신라시대 선덕여왕 때인 634년에 창건된 사찰이다. 신라를 대표하는 고승인 자장율사와 원효대사 등이 머물던 곳으로 불국사, 기림사 등과 더불어 경주에서 가장 유명한 사찰이다. 신라시대 때 만들어진 유일한 석탑인 분황사 모전석탑(국보 제60호)과 세 마리의 호국룡이 살았다는 우물인 삼룡변어정은 분황사의 명물이다. 분황사 근처에는 황룡사지가 있다. 지금은 빈터로 남아 있는 옛 절터인데 황룡사는 신라시대 진흥왕 때인 553년에 공사를 시작해 신라시대 선덕여왕 때인 645년에 완공되었다. 백제의 기술자 아비지(阿非知)에 의해 조성된 구층목탑이 있었으나 아쉽게도 1238년 몽골군에 의해 소실되었다.

❸ 첨성대

첨성대(국보 제31호)는 경주에서 가장 아름다운 석조물로 손꼽힌다. 동양에 현존하는 가장 오래된 천문대(또는 제단)로 사각형과 원형의 절묘한 조화가 매력이다. 첨성대는 신라시대 선덕여왕(632~647년 재위) 때 탈해왕의 16세손인 석오원에 의해 축조된 것으로 알려졌다. 몸통의 유려한 곡선이 매력적인 첨성대는 모두 27단으로 구성되어 있다. 13단과 15단 사이에 남쪽으로 네모난 창이 나 있는데 여기에 사다리를 걸친 흔적이 있어 이 창을 통해 사람들이 출입했을 것으로 추정된다. 정자석(井字石)의 네 모서리는 정확하게 동서남북을 가리키고 있다. 따라서 신라인들은 정자석 위에 관측기구를 설치해 놓고 24절기와 춘분, 추분, 하지, 동지 등을 측정했던 것으로 추정된다. 첨성대의 윗부분은 사각형으로 이뤄져 있고 몸통은 원형으로 되어 있다. 이 같은 형식을 취한 것은 '하늘은 둥글고, 땅은 네모남'을 이르는 '천원지방(天圓地方)'의 원리를 따른 것으로 여겨진다.

'순백의 나라' 태백에서 펼쳐지는
눈꽃의 향연

강원 태백
태백산

여행정보

🌐 태백산도립공원 tbmt.taebaek.go.kr
📞 태백산도립공원 관리사무소 033-550-2741
🚗 중앙고속도로 제천나들목 ⋯ 38번 국도 ⋯ 태백시 황지
읍 ⋯ 31번 국도 ⋯ 태백산도립공원
🍴 김서방네닭갈비(닭갈비, 033-553-6378), 부일갈비
(한우불고기, 033-553-6066), 고토일청국장(청국장,
033-553-3232)
🛏 스카이호텔(033-552-9912), 힐하우스(033-552-
0996), 태백고원자연휴양림(033-582-7440)

추천코스

🚩 **당일여행** 태백산도립공원 ⋯ 태백석탄박물관 ⋯ 황지
1박2일여행 태백산도립공원 ⋯ 태백석탄박물관 ⋯ 황지
⋯ 추전역 ⋯ 용연동굴 ⋯ 태백고원자연휴양림

망경대는 태백산 정상 일대를 가리키는 말이다. 봄에는 철쭉과
산목련 등이 피어나고, 가을에는 아름다운 단풍,
그리고 겨울에는 새하얀 눈꽃을 볼 수 있는 곳이다.

이른바 '하늘아래 첫 동네'라 일컬어지는 강원도 태백은 해발 600~650m 지점에 있는 우리나라 최고의 고원관광지이다. 따라서 한여름에는 서늘하고, 겨울에는 순백의 눈꽃을 만날 수 있어서 좋다. 해발 1,567m의 태백산을 비롯해 대덕산, 백병산, 연화산 등 해발 1,000m가 넘는 산들이 태백을 마치 병풍처럼 둘러싸고 있어 마치 신선이 된 것 같은 기분을 만끽할 수 있다.

태백의 진산인 태백산은 백두대간의 중추를 이루는 큰 산으로 남한에서 다섯 번째 높은 산이다. 아울러 홍익인간의 이념 아래 뿌리를 내린 한민족의 건국신화를 생생하게 느낄 수 있는 산이기도 하다. 우리 조상은 신라 때부터 태백산에다 제단을 만들어 하늘에 제사를 지냈다. 당시 최고의 명산으로 손꼽히던 '삼산오악' 가운데 북악에 해당하는 태백산 정상에는 돌로 쌓은 천제단이 잘 보존되어 있다. 지금도 해마다 10월 3일에는 천제단(해발 1,561m)에서 단군제를 지내고 있다. 태백산에는 천제단 말고도 자장율사가 문수보살을 위해 창건했다는 망경사와 주목 군락도 있다. 주목은 잘 알려졌다시피 '살아서 천 년, 죽어서 천 년을 간다'는 매우 단단한 나무이다. 망경사 근처에서 눈여겨봐야 할 곳은 단종비각이다. 전하는 말에 따르면 1457년 영월에서 짧은 생을 마감한 단종의 영혼이 백마를 타고 태백산으로 와서 산신이 되었다고 한다. 단종비에 새겨진 '조선국태백산단종대왕지비'라는 글씨는 근세의 고승이던 탄허스님의 필체이다.

망경대는 태백산 정상 일대를 가리키는 말이다. 봄에는 철쭉과 산목련 등이 피어나고, 가을에는 아름다운 단풍, 그리고 겨울에는 새하얀 눈꽃을 볼 수 있는 곳이다. 날씨가 좋은 날에는 말 그대로 '환상적인 일출'을 만날 수도 있다. 태백산 정상에서 등산로를 따라 내려오다 보면 신선암, 병풍암 등과 같은 기암괴석들이 절경을 이루고 있는 당골계곡을 만나게 된다. '당골(무당)'이란 이름은 예전에 이 일대가 무속신앙의 근거지였던 데서 비롯되었다. 약 3km에 이르는 당골계곡은 비교적 경사가 완만하고 주변 경치가 아름다워 태백산을 찾는 등산객이 가장 많이 찾는 곳이다.

태백 하면 가장 먼저 떠오르는 단어는 '눈꽃'이다. 해마다 1월이면 태백 일원에서 펼쳐지는 눈축제는 외지 사람들로 하여금 '태백=눈의 나라'라는 이미지를 각인시키는 데 큰 몫을 하고 있다. 물론 태백 이외의 지역에서도 눈과 얼음에 관련된 축제를

위, 아래 하얀 눈과 잘 어울리는 태백의 겨울 풍경

하고 있지만, 교통편이라든가 행사의 다양성 등을 볼 때 태백산눈축제를 단연 첫손으로 꼽을 수 있다. 태백산눈축제에서 가장 많은 사람이 관심을 끄는 곳은 눈조각 전시장이다. 눈축제가 시작되면 주 행사장인 당골광장에 대규모의 눈조각 전시장이 들어선다. 해마다 세계 각국에서 활동하는 외국의 유명 눈조각가들을 초청해 수준 높은 작품들을 선보이고 있다.

태백산눈축제의 하이라이트는 전국 규모의 등산대회이다. 당골광장에서 출발해 천제단까지 오른 후 다시 당골광장으로 내려오는 코스이다. 등산대회와 관계없이 겨울산행을 즐길 수도 있다. 태백산은 그 높이 때문에 미리 겁부터 먹는 사람이 의외로 많다. 하지만 등산로가 시작되는 당골광장이 해발 700m 지점이라 3시간 정도면 정상에 오를 수 있어 그리 큰 부담을 갖지 않아도 된다. 코스의 거리는 4.2km 이며 정상 부근의 망경사에는 우리나라에서 가장 높은 곳에 있는 샘물인 용정(해발 1,470m)이 있다. 유일사 매표소에서 출발해 천제단, 문수봉, 제당골을 거쳐 당골광장으로 내려오는 약 11km의 코스를 선택할 수도 있다. 태백산의 등산로가 아무리 안전하다 해도 겨울산행에는 항상 안전사고에 유의해야 한다. 모자, 장갑, 따뜻한 등산복과 신발, 아이젠과 스패츠, 손전등, 식수 등을 미리 준비해야 한다. 그리고 예상치 못한 악천후를 만나면 지체하지 말고 즉시 하산해야 한다.

💬 송 박사의 미주알고주알

내 생애 최고의 크리스마스 지금으로부터 20년 전인 1993년 12월 24일 오후 5시 무렵, 나는 오스트리아의 한 작은 마을로 향하는 3칸 짜리 열차에 몸을 실었다. 해마다 12월 24일이면 잘츠부르크에서 오버른도르프까지 운행되는 이른바 '크리스마스 특별열차'였다. 장난감 기차처럼 예쁜 빨간색의 작은 열차는 온통 새하얀 들판을 가로질러 잘츠부르크에서 출발한 지 30분 만에 오버른도르프에 도착했다. 가장 먼저 찾은 곳은 성 니콜라스 성당이었다. 멀리서 보면 마치

성 니콜라스 성당

망루처럼 생긴 아주 자그마한 성당이었다. 성당 입구의 가문비나무 두 그루에는 양초와 과일, 땅콩 등이 소박하게 장식되어 크리스마스트리를 대신하고 있었다. 성당 안의 앙증맞은 창문에는 기타를 연주하는 모어신부와 그루버의 모습이 스테인드글라스로 예쁘게 장식되어 있었다. 이곳에서 바로 그 유명한 「고요한 밤 거룩한 밤」이 만들어졌다는 생각을 하니 감회가 새로웠다. 초등학생 시절, 선생님의 풍금 반주에 맞춰 노래를 배우면서, 또 노래가 만들어지게 된 유래를 들으면서 먼 이국땅의 산골마을을 얼마나 동경했던가. 그리고 또 얼마나 가고 싶어 했던가. 성 니콜라스 성당 옆에 조그만 우체국이 있어 들어가 보았다. 세계 각국에서 찾아온 여행자들이 '오버른도르프에서의 감동'을 전하기 위해 여념이 없었다. 머리가 희끗희끗한 할아버지와 할머니들이 조그만 엽서에 정성껏 글을 쓰는 모습이 특히 인상적이었다. 그들도 나처럼 어린 시절에 「고요한 밤 거룩한 밤」을 배우며 꿈과 희망을 키웠을까? 오버른도르프에서 보낸 아름다운 크리스마스는 아마도 내게 있어 평생토록 잊지 않고 기억될 것이다. 성 니콜라스 성당 앞에서 수백 명의 외국 관광객과 함께 국경과 종교를 초월해 「고요한 밤 거룩한 밤」을 목청 높여 부르던 그 감동을 쉽게 잊을 수는 없을 것이다.

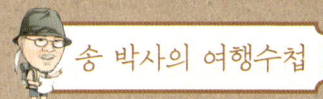

송 박사의 여행수첩

🚌 근처명소

❶ 황지

태백 시내 한가운데 공원으로 조성된 황지는 1,300리의 낙동강 물길이 시작되는 연못이다. 홍수나 가뭄과 관계없이 늘 수량이 일정하여 신비스러운 연못으로 여겨지는 황지에는 다음과 같은 전설이 있다. 먼 옛날 태백에 황부자라는 사람이 살고 있었다. 어느 날 남루한 옷차림의 노스님이 시주를 청하러 왔는데 성질이 고약한 황부자는 곡식 대신 쇠똥을 퍼 주고 말았다. 그러자 시아버지의 못된 행동을 숨어서 지켜보던 착한 며느리가 몰래 쌀 한 바가지를 퍼 주었다. 이에 노스님은 "이 집은 이미 운이 다했으니 아기를 업고 어서 나를 따르시오. 그리고 무슨 일이 있어도 절대 뒤를 돌아보지 마시오."라는 말과 함께 길을 재촉했다. 노스님을 따라나선 며느리가 얼마쯤 갔을까. 갑자기 뒤에서 커다란 소리가 들리기에 뒤를 돌아보니 황부자의 집은 어디론가 사라지고 말았다. 그리고 집이 있던 자리는 순식간에 큰 연못으로 변하게 되었다. '황지'라는 이름은 바로 이 같은 전설에서 유래되었다.

❷ 추전역

태백에는 단지 높다는 이유만으로 유명한 곳이 많다. 태백에서 고한으로 넘어가는 높은 산기슭에 있는 추전역 역시 우리나라에서 가장 높은 지점에 있는 기차역으로 유명하다. 지난 1973년에 문을 연 추전역은 대관령보다 더 높은 해발 855m 지점에 있는데 최근 들어 태백의 관광명소로 떠올라 인기가 높다.

❸ 태백석탄박물관

태백석탄박물관은 태백 시내에서 남서쪽으로 10km쯤 떨어진 태백산도립공원 입구에 있다. 건물 외관을 수직갱도로 장식했기 때문에 상당히 웅장한 느낌을 준다. 내부는 모두 일곱 개의 전시실과 함께 체험갱도관 등으로 이루어져 있다. 태백석탄박물관은 폐광 이후 고원관광도시로 새롭게 거듭나는 태백시의 한 단면을 보여 주는 상징물이기도 하다.

빛, 소리, 영상에 관한
모든 것을 보여 주는 보석함

강원 강릉
참소리박물관

여행정보

🌐 참소리박물관 www.edison.kr

📞 참소리박물관 033-655-1130

🚗 영동고속도로 강릉나들목 ··→ 강릉시 ··→ 경포대 ··→ 참소리
박물관

🍴 서지초가뜰(못밥, 033-646-4430), 농촌한정식(한정
식, 033-647-3600), 고향산천(초당두부, 033-653-
2445)

🏨 강릉선교장(한옥체험, 033-648-5303), 경포비치호텔
(033-643-6699), 관광펜션휴심(033-642-5075)

추천코스

📍 당일여행 참소리박물관 ··→ 경포대 ··→ 선교장 ··→ 초당마을
1박2일여행 참소리박물관 ··→ 초당마을 ··→ 안목해수욕장
··→ 경포대 ··→ 선교장 ··→ 오죽헌 ··→ 정동진

참소리박물관에 전시된 수집품의 대부분은 축음기와 관련된
것들이다. 특히 에디슨과 관련된 것이 많다. 미국 워싱턴에 있는
에디슨박물관보다 더 많은 에디슨 관련 수집품을 전시하고 있다.

산과 바다와 호수가 있는 아름다운 고장 강릉. 오랜 옛날부터 많은 사람이 '일강
릉, 이춘천, 삼원주'라고도 했다. 강릉은 이처럼 강원도에서 첫손으로 꼽힐 만큼 인
심이 좋고 오곡이 풍성한 고장으로 알려져 왔다. 신라 때의 고승 원효대사는 강릉을
가리켜 "산천이 둘러 있어서 지령이 모여/인재가 많이 나고 오래 사는 사람이 많은
고장"이라고 노래했다. 또한, 고려 때의 문인 이인로는 경포대 근처의 한송정 솔밭
에서 "먼 옛날 선인들/노닐던 일 까마득한데/창창한 솔만이 홀로 남아 있네/지금도
다천에는 맑은 달 비치니/차 마시던 선인들 풍류도 새롭구나"라고 노래하기도 했다.

강릉의 경포 앞바다는 유난히 맑고 깨끗하다. 근처의 경포호에서 느끼지 못했던
또 다른 낭만과 추억거리가 경포해변에는 가득 담겨 있다. 바닷가를 따라 끝없이 펼
쳐진 백사장, 그리고 그 위에다 무수히 많은 발자국을 남기며 걷는 다정한 연인의
모습. 이곳에서는 누구라도 영화 속의 주인공이 될 수 있다. 경포해변은 될 수 있으
면 해질 무렵에 찾는 것이 좋다. 비록 바다 끝으로 떨어지는 장엄한 낙조는 볼 수 없
지만, 대관령을 넘어가는 석양에 반사되는 바닷가의 정경이 너무나도 아름답기 때

참소리박물관 외관

왼쪽부터 다양한 형태의 나팔, 이동식 뮤직박스, 에디슨의 발명품인 전구

문이다. 바닷가에 어둠이 밀려올 때쯤에는 가까운 카페의 창가에 앉아 밤늦도록 사랑을 속삭이며 밤바다의 정취에 흠뻑 빠질 수도 있다. 낭만적인 고장 강릉은 신사임당과 이율곡 선생을 비롯해 경포대, 오죽헌, 선교장, 경포해변 등으로 너무나도 잘 알려진 고장이다.

최근 들어서는 참소리박물관(참소리축음기·에디슨과학박물관)이 강릉의 새로운 관광명소로 주목받고 있다. 참소리박물관은 경포대 근처의 전망 좋은 호숫가에 자리 잡고 있다. 참소리박물관의 역사는 1982년에 시작되었다. 당시에는 1800년대의 뮤직박스와 1900년대 초의 축음기 위주로 전시했다. 그러나 수집품의 규모가 늘어나고 관람객들이 수가 점차 증가하면서 새로운 전시공간이 필요하게 되었다. 마침내 오랜 숙원 사업이었던 박물관 이전이 지난 2007년에 이뤄져 현재의 자리에 터를 잡게 되었다.

현재 참소리박물관에는 손성목 관장이 50여 년 동안 지구촌 구석구석을 돌아다니면서 구입한 귀중한 수집품들이 전시되어 있다. 손성목 관장은 전 세계의 축음기와 에디슨 발명품을 1/3 이상 소장한 수집광이다. 수집품에는 하나하나 잊을 수 없는 사연들이 담겨 있어 어찌 보면 한 수집가의 일생이 담긴 역사이자 결과물이라 할 수 있다. 참소리박물관은 참소리축음기박물관과 에디슨과학박물관으로 나뉜다. 참소리박물관에 전시된 수집품의 대부분은 축음기와 관련된 것들이고 특히 에디슨과 관련된 것이 많다. 심지어 미국 워싱턴에 있는 에디슨박물관보다 더 많은 에디슨 관련 수집품을 전시하고 있다. 그래서 외국인들에게는 에디슨박물관으로 더 많이 알려졌다.

참소리박물관에서 눈여겨볼 만한 소장품으로는 1877년에 에디슨의 설계로 세계에서 가장 먼저 만들어진 축음기인 틴포일, 1900년 뉴욕에서 6대가 만들어졌으나 지금은 한 대밖에 없는 아메리칸 포노그래프(축음기), 1879년 에디슨이 만든 세계 유일의 벽면 부착용 전구(스탠드의 원형) 등이 있다.

에디슨의 3대 발명품으로는 일반적으로 전구(빛), 축음기(소리), 영사기(영상)를 꼽는다. 발명 당시 살았던 사람들의 삶의 질을 파격적으로 끌어올린 쾌거가 있는 것

왼쪽 나팔 모양의 호른이 달린 축음기들 **오른쪽** 어깨에 메고 다닐 수 있는 뮤직박스

들이다. 에디슨의 발명품에서 아이디어를 얻은 후세 사람들은 그의 발명품을 토대로 더욱 진화된 생활용품들을 만들어 냈다. 따라서 에디슨의 발명품을 세계에서 가장 많이 소장한 참소리박물관에서는 에디슨의 진면목을 살펴볼 수 있다. 에디슨은 사랑하는 가족을 위해서도 많은 생활용품을 발명했다. 참소리박물관에서 만날 수 있는 에디슨의 대표적인 발명품(생활용품)으로는 말하는 인형, 커피포트, 와플기, 다리미, 선풍기 등이 있다. 이 발명품들은 지금도 우리가 요긴하게 사용하고 있는 것들이다. 전시관을 돌아본 후 음악감상실인 참소리방에 들러 명곡을 감상해 보자. 명곡 감상은 참소리박물관 최고의 프로그램으로 인기가 높다.

💬 **송 박사의 미주알고주알**

허균과 허난설헌 강릉시 초당마을은 허난설헌이 태어나고, 허균이 어린 시절을 보낸 곳으로 알려졌다. 서로 남매지간인 허난설헌과 허균은 조선시대 중기의 한 시절을 파란만장한 삶으로 마감한 비운의 문장가들이다. 허난설헌은 순탄치 못한 결혼 생활, 어린 아들과 딸의 죽음 등을 겪은 뒤 26년(1563~1589년)의 짧은 생을 마감했다. 허균 역시 의문스러운 역모에 연루되어 49년(1569~1618년)의 생을 마감했다. 허균은 우리나라 최초의 한글소설인 『홍길동전』(1612년)을 펴낸 인물이다. 문인이면서 개혁 정치가인 데다 자유로운 사고의 소유자였다. 그의 삶은 '반전'의 연속이었다. 21세에 생원시에 합격하고 26세에 정시에 합격하면서 그의 벼슬길은 시작되었다. 사신으로 명나라에도 다녀오고 형조판서(1616년)와 좌참찬(1617년)까지 올랐으나 수차례의 투옥과 파면, 유배 등을 겪었다. 늘 긴장된 삶을 살았던 허균은 결국 1618년 8월에 '숭례문 흉서 사건'의 주동자로 지목되어 능지처참(능지처사)으로 생을 마감했다. 허균의 누이인 허난설헌은 조선시대의 대표적인 여류작가이다. 허난설헌의 한시는 "여성이 가진 섬세한 감정을 아름다운 시편으로 승화한 결정체"라는 평가를 받는다. 비록 짧은 삶을 살았지만, 허난설헌이 남긴 한시는 지금도 많은 사람의 마음을 움직인다. 심지어 『난설헌집』이 중국 명나라에서 출간되자 허경란이라는 여류작가는 스스로 '소설헌'이라는 필명으로 허난설헌의 시편에 일일이 화답하는 『해동란』을 펴내기도 했다. 허난설헌의 시편 200여 수가 실려 있는 『난설헌집』은 그녀가 세상을 떠나고 18년 후인 1606년 명나라에서 처음 출간되었다. 명나라의 사신으로 온 시인 주지번에게 허균이 누이의 시들을 전해주면서 세상 빛을 보게 된 것이다. 당시 명나라에서는 북경의 종잇값이 천정부지로 오를 만큼 인기가 대단했다고 한다.

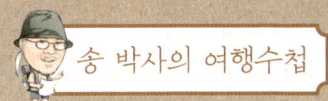

송 박사의 여행수첩

🚐 근처명소

❶ 초당마을

강릉은 예로부터 문향과 예향으로 이름 높던 고장이다. 우리에게 잘 알려진 신사임당과 이율곡 말고도 강릉 하면 빼놓을 수 없는 문장가들이 있다. 그들이 바로 '허씨 5문장가'라 일컬어지는 허엽, 허성, 허봉, 허난설헌(본명 허초희), 허균이다. 울창한 해송숲에 둘러싸여 있는 강릉시 초당동의 초당마을에 가면 허씨 5문장가에 대한 흔적을 살펴볼 수 있다. 초당마을은 경상도 관찰사를 지낸 초당 허엽이 살던 곳이다. 그는 첫째 부인 청주 한씨와의 사이에 두 딸과 허성이라는 아들을 두었다. 부인과 사별한 후에는 둘째 부인 강릉 김 씨와의 사이에 허봉, 허난설헌, 허균을 두었다. 현재 초당마을에는 2007년 4월에 개관한 허균 · 허난설헌기념관과 허씨 5문장가의 시비, 새로 복원한 허난설헌의 생가 등이 있다.

❷ 경포대

관동팔경 가운데 하나인 경포대는 강릉을 대표하는 명소이다. 고려 충숙왕 때인 1326년에 처음 지어졌으며 그 후 여러 차례의 중수가 있었다. 더 좋은 경치를 보기 위해 마루의 높낮이를 다르게 하고 모임의 성격에 따라 공간을 효율적으로 활용할 수 있도록 꾸며 놓은 것이 특징이다. 경포호수를 한눈에 내려다볼 수 있는 좋은 위치에 자리 잡고 있으며 4월 중순에는 주변이 새하얀 벚꽃으로 뒤덮인다.

❸ 선교장

오죽헌과 경포대 사이에 있는 선교장은 조선시대 사대부 저택의 전형을 잘 보여 주는 건축물이다. 아담한 크기의 안채, 사랑채인 열화당, 인공 연못 위에 세운 정자인 활래정, 23칸짜리 행랑채 등이 옛 모습을 고스란히 간직하고 있다. 300여 년 전에 효령대군(세종대왕의 형)의 11대손인 가선대부(종2품) 이내번에 의해 지어졌다. '선교장'이라는 이름은 건물이 있는 지역의 옛 이름인 '배다리'에서 유래 되었다. 선교장은 집의 규모 못지않게 오늘을 사는 우리에게 많은 교훈을 주는 곳이다. 소작인들과의 관계를 '주종 관계'가 아닌 '동업자 관계'로 여겨 함부로 대하지 않았을 뿐만 아니라 조선시대 후기에 '노블레스 오블리주'를 실천했던 장소로 널리 알려졌기 때문이다. 그 주인공은 강원도 통천군수를 지낸 이봉구(1802~1868년)이다. 그는 영동 지방에 큰 흉년이 들자 선교장의 곡창을 열어 일반 백성에게 무료로 나누어 줬다. 그래서 얻게 된 선교장의 또 다른 이름이 '통천댁'이다.

아름다운 풍경을 정원으로 삼은 최고의 가람

전남 해남
대흥사

여행정보

🌐 대흥사 www.daeheungsa.co.kr

📞 대흥사 종무소 061-534-5502

🚗 영암–순천고속도로 강진무위사나들목 ···› 13번 국도 ···›
해남군 해남읍 ···› 827번 지방도로 ···› 대흥사

🍴 진일관(한정식, 061-532-9932), 호산정(닭요리, 061-
534-8844), 땅끝바다횟집(활어회, 061-534-6422)

🛏 유선관(한옥체험, 061-534-2959), 해오름한옥민박
(061-532-2771), 해남땅끝호텔(061-530-8000)

추천코스

🚶 당일여행 대흥사 ···› 일지암 ···› 녹우당
1박2일여행 대흥사 ···› 일지암 ···› 땅끝마을 ···› 미황사 ···›
녹우당

대흥사에서는 여러 전각의 편액을 살펴보는 재미가 꽤 쏠쏠하다.
우선 대웅보전 편액을 유심히 살펴보면 '대(大)' 자가 유난히
눈에 띈다. 어디론가 경쾌하게 걷고 있는 사람의 모습과 흡사하다.

　　전남 해남은 '맛과 멋의 고장'이라 불릴 정도로 온화하고 풍요로운 곳이다. 무엇이
든 심기만 하면 잘 자란다고 해서 '금비가 내리는 땅'이라 불리기도 한다. 해남의 많
은 명소 가운데 가장 먼저 떠오르는 곳이 대흥사이다. 대흥사는 해남읍에서 12km쯤
떨어진 두륜산(해발 703m) 서쪽 기슭에 자리 잡고 있다. 머물면 몸과 마음이 맑아
지는 사찰답게 적당한 높이의 산에 둘러싸여 있다. 일찍이 '구림구곡(九林九曲)'이라
불렸던 대흥사 초입의 울창한 숲길은 계절마다 색다른 모습을 연출하며 11월 하순까
지도 단풍을 볼 수 있다.

　　대흥사 창건과 관련해서는 여러 설이 있으나 대체로 신라시대 진흥왕 때인 544년
에 아도화상이 창건한 것으로 알려졌다. 대흥사는 지형적인 특성상 금당천을 사이
에 두고 대웅보전, 응진당, 백설당 등이 있는 북원과 천불전, 용화당 등이 있는 남
원으로 크게 나뉘어 있다. 북원과 남원 사이에는 '천년의 사랑'을 상징하는 연리근
(連理根)이 있고 남원 근처에는 표충사와 성보박물관 등이 있는 별원이 있다. 금당
천 위에 놓인 심진교를 지나 침계루 아래를 통과하면 대흥사 북원에 들어선다. 북원
에는 단아한 모습의 대웅보전이 있고 그 좌우에 백설당과 응진당이 있다. 이 가운데
특이한 건축물은 응진당이다. 한 지붕 아래에 응진당과 산신각이 사이좋게 들어서

왼쪽 대흥사 응진당 앞의 삼층석탑　**오른쪽** 원교 이광사의 글씨인 대웅보전 편액

있으며 각각의 편액을 걸어 놓고 있다. 응진당 앞에는 전형적인 통일신라의 석탑 형식을 갖춘 삼층석탑(보물 제320호)이 세워져 있다. 2중 기단에 4단의 층급받침이 선명한 이 삼층석탑은 대흥사에서 가장 오래된 유물이다.

대흥사 남원에서 가장 대표적인 건축물은 천불전이다. 지붕선의 뛰어난 맵시와 아름다운 꽃창살을 뽐내는 천불전은 1813년에 중건되었다. 법당 안에는 그 모습이 각기 다른 천불이 모셔져 있다. 천불은 10명의 대흥사 스님들이 무려 6년 동안 경주 불석산에서 옥돌을 이용해 조성했다. 이 천불에는 흥미로운 얘깃거리가 있다. 천불이 완성되어 경주에서 대흥사로 옮기는 과정 중에 발생한 일이다. 1817년 세 척의 배 가운데 768구의 불상을 실은 한 척이 풍랑을 만나 일본의 나가사키현까지 갔다가 이듬해 대흥사로 돌아온 것이다. 일본에서는 불상을 돌려보내야 하는 것이 서운했는지 불상 밑면에 '日' 자를 써 놓았다 한다. 천불은 모두 황금색 가사를 입고 있는데 4년마다 한 번씩 새 가사로 갈아입는다.

또한, 대흥사에서는 여러 전각의 편액을 살펴보는 재미가 꽤 쏠쏠하다. 우선 대웅보전 편액을 유심히 살펴보면 '대(大)' 자가 유난히 눈에 띈다. 어디론가 경쾌하게 걷고 있는 사람의 모습과 흡사하다. 이 글씨를 쓴 사람은 조선시대 후기의 명필인 원교 이광사이다. 천불전과 침계루의 글씨도 원교 이광사의 필체이다. 대웅보전 옆 백설당의 무량수각 편액 글씨의 주인공은 추사 김정희이고 표충사의 편액 글씨는 1789년에 조선 22대 임금 정조가 직접 써서 내려보냈다. 표충사는 임진왜란 때 공훈을 세운 서산대사와 그의 제자의 영정을 봉안한 곳이기도 하다. 천불전 입구의 가허루 편액은 호남의 명필인 창암 이삼만의 글씨이다.

아름다운 꽃창살로 유명한 대흥사 천불전

왼쪽부터 천불전 꽃창살, 옥돌로 조성된 천불, 초겨울 대흥사의 단풍

또한, 대흥사에는 서산대사와 관련된 유적과 유물이 많다. 우선 사찰 입구의 부도전에서 보물 제1347호로 지정된 서산대사의 부도를 찾아볼 수 있다. 이 부도전에는 조선시대 13대종사와 13대강사를 비롯한 고승 50여 명의 부도가 모셔져 있다.

그런가 하면 대흥사 경내에 유교식 건축물인 표충사가 있는데 이곳에는 서산대사뿐만 아니라 임진왜란 당시 크게 활동했던 사명대사와 처영대사의 영정이 함께 봉안되어 있다. 서산대사는 "삼재불입지처(세 가지 재앙이 미치지 않을 곳)이자 만세불훼지지(만년이 지나도록 훼손되지 않을 땅)인 대흥사에 나의 의발(衣鉢)을 보관하라."라는 유언을 남기고 묘향산 원적암에서 입적했다. 현재 표충사 아래의 성보박물관에서 서산대사의 금란가사와 발우, 친필 선시 등을 만날 수 있다.

대흥사에 딸려 있는 암자 가운데서는 초의선사가 40여 년 동안 머물던 일지암이 가장 유명하다. 대흥사에서 호젓한 산길을 따라 700m쯤 걸어가면 만날 수 있는 일지암은 우리나라 차문화의 성지라 불리는 고즈넉한 암자이다. 차 애호가들로부터 '다성'이라 추앙을 받는 초의선사가 머물며 『동다송』, 『다신전』 등을 집필한 곳이다. 대흥사에는 일지암 말고도 마애여래좌상(국보 제308호)으로 유명한 북미륵암을 비롯해 남미륵암, 진불암 등 모두 10여 개의 암자가 있다.

💬 **송 박사의 미주알고주알**

윤선도와 보길도　고산 윤선도(1587~1671년)는 「어부사시사」와 「오우가」로 우리에게 잘 알려진 시조 시인이자 정치가이다. 은둔과 유배로 점철된 삶을 살다간 인물(벼슬 9년, 유배 14년 7개월)이며, 51세 때인 1637년부터 85세로 생을 마감한 1671년까지 보길도에 일곱 차례에 걸쳐 12년 동안 머물렀다. 고산은 우연한 계기로 보길도와 인연을 맺게 되었다. 조선시대 인조 때인 1636년에 병자호란이 일어나자 당시 50세의 고산은 의병들을 이끌고 배를 타고 강화로 향했다. 그러나 이미 임금이 삼전도에서 화의(항복)했다는 소식에 세상을 개탄하며 초야에 묻혀 살기로 작정하고 뱃길을 돌려 제주도로 향했다. 하지만 중간에 풍랑을 만나 보길도에 피신했다가 평화로운 정취에 반해 터를 잡게 되었다. 보길도에 머물던 1651년(65세)에는 우리 국문학사에 길이 빛나는 「어부사시사」를 완성했다. 「어부사시사」는 "앞바다에 안개 걷고 뒷산에 해 비친다/배 띄워라 배 띄워라"로 시작되는 40수의 연시조로 자연과 더불어 한가롭게 살아가는 즐거움을 계절에 따라 10수씩 노래했다.

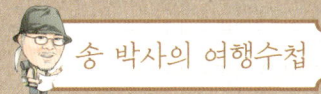
🚐 근처명소

❶ 녹우당

전남 해남군 해남읍에서 5km쯤 떨어진 곳에 있는 연동마을. 푸른 비자림과 오래된 은행나무 등이 인상적인 이 마을에 고산 선생이 살던 집인 녹우당이 있다. 녹우당은 호남 지방에서 가장 크고 오래된 양반 가옥 가운데 하나이다. 봉림대군이 훗날 임금(조선 17대 효종)이 되어 왕세자 시절의 스승인 고산에게 지어 준 집이기도 하다. 본래 수원에 있었으나 고산이 낙향하면서 지금의 자리로 옮겼다. 녹우당이 있는 연동마을 일대는 '고산 윤선도유적지'로 관리되고 있다. 이곳에는 녹우당 말고도 어초은 윤효정(고산의 고조부)의 묘와 사당, 고산사당, 유물전시관 등이 있다. 유물전시관에서는 고산의 증손자인 공재 윤두서의 자화상(국보 제240호)과 「산중신곡」이 들어 있는 윤고산 수적 및 관계문서(보물 제482호) 등 해남 윤씨가 남긴 유물들을 전시하고 있다.

❷ 땅끝마을

해남은 우리나라 육지의 끄트머리인 땅끝마을이 있는 곳이다. 해남공룡박물관, 대흥사 등과 함께 해남을 대표하는 관광명소인 땅끝마을. 예전에는 도로 사정이 그다지 좋지 않아 연말연시를 전후해 반짝 특수를 누리곤 했지만, 지금은 사정이 많이 달라졌다. 찾아오는 길도 훨씬 수월해졌을 뿐만 아니라 관광객들의 편의를 돕는 새로운 볼거리와 시설물이 많이 늘어났기 때문이다. 그런 만큼 이제는 계절과 관계없이 1년 내내 전국 각지에서 많은 사람이 찾아오는 명소로 탈바꿈했다. 땅끝마을에서 가장 눈길을 끄는 조형물은 지난 2002년에 새로 들어선 땅끝전망대이다. 갈두산 사자봉(해발 156.2m) 정상에 세워져 있는 최신식 건축물인 이 전망대는 앞으로 땅끝마을의 새로운 상징물로 자리를 잡아갈 전망이다. 땅끝마을과 사자봉 정상을 이어 주는 395m 길이의 모노레일 역시 땅끝마을의 새로운 명물이다. 또한, 땅끝마을 송호리해수욕장 근처에는 오토캠핑장도 있어 남해의 잔잔한 바다를 보며 캠핑을 즐길 수 있다.

❸ 미황사

일명 '남해의 금강'이라 불리는 달마산(해발 489m). 마치 거대한 수석처럼 산의 능선이 들쭉날쭉 튀어나와 있는 이 산의 서쪽 중턱에 유서 깊은 고찰 미황사가 자리 잡고 있다. 한때 불교가 번성하던 시절에는 남도 지방 불교의 요람이 되어 12암자를 거느리기도 했다. 미황사는 대흥사와 함께 해남을 대표하는 전통사찰이다. 절 뒤편의 달마산이 예사롭지 않은 만큼 창건에 관해서 특이한 전설을 간직하고 있다. 신라시대 경덕왕 때인 749년 8월의 어느 날, 돌로 만들어진 배 한 척이 달마산 아래의 바닷가에 닿았다. 이에 의조화상이 마을 사람 100여 명과 조심스럽게 다가가 살펴보니 인도에서 왔다는 그 배에는 금인(金人)과 함께 『화엄경』, 『법화경』 등 불경과 불상이 가득 실려 있었다. 이를 계기로 세운 사찰이 미황사이다. 미황사가 있는 달마산은 그리 높지 않은 산이다. 하지만 공룡의 등처럼 외줄기로 뻗은 능선이 12km가 넘게 펼쳐져 있어 멋진 장관을 연출한다.

바닷길과 산길 한데 어우러진 힐링캠프

전북 부안
변산반도

여행정보

🌐 **변산반도국립공원** byeonsan.knps.or.kr
📞 **변산반도국립공원 관리사무소** 063-582-7808
🚗 서해안고속도로 부안나들목 ⋯➤ 30번 국도 ⋯➤ 변산반도
국립공원
🍴 변산온천산장(바지락죽, 063-584-4874), 칠산꽃게장
(꽃게장백반, 063-581-3470), 원조해물칼국수(해물
칼국수, 063-582-0114)
🏨 모항해나루가족호텔(063-580-0700), 채석강스타힐
스(063-581-9911), 휘목아트타운(063-584-0006)

추천코스

🧍 **당일여행** 내소사 ⋯➤ 곰소항 ⋯➤ 격포해수욕장
1박2일여행 내소사 ⋯➤ 곰소항 ⋯➤ 격포해수욕장 ⋯➤ 채석
강 ⋯➤ 석정문학관 ⋯➤ 새만금방조제

294/295

예로부터 "해 뜨는 모습은 낙산 앞바다가 으뜸이고,
해 지는 모습은 변산 앞바다가 제일이다."라고 했는데
그 변산 앞바다가 바로 격포해수욕장이다.

천혜의 곡창지대인 호남평야를 옆에 두고 있는 고장, 전북 부안. 부안을 대표하는
관광지인 변산반도는 산과 바다가 멋진 조화를 이루는 명소이다. 세계적으로 희귀
종인 미선나무 군락(천연기념물 제370호)을 비롯해 호랑가시나무 군락(천연기념물
제122호), 후박나무 군락(천연기념물 제123호), 꽝꽝나무 군락(천연기념물 제124호)
등이 있어 생태학적으로도 매우 중요한 가치를 지니고 있다. 이 같은 특성을 인정받
아 지난 1988년에 국립공원으로 지정되었다. 변산반도는 크게 내변산과 외변산으로
나뉘는데 일반인들이 쉽게 찾아갈 수 있는 바닷가 쪽은 외변산, 봉래구곡과 내소사
를 포함하는 내륙 쪽은 내변산이라 불린다.

변산반도의 진면목은 내변산에 집약되어 있다. 심지어 내변산을 보지 않고서는
변산에 대해 얘기하지 말라고 할 정도이다. 그리 힘들지 않고 내변산의 절경을 감
상할 수 있는 생태탐방 코스로는 내변산탐방지원센터에서 출발해서 봉래구곡을 거
쳐 직소폭포까지 다녀오는 코스를 권할 만하다. 왕복 길이가 4.4km인 데다 탐방로
가 험하지 않아 넉넉하게 2시간이면 다녀올 수 있다. 여유가 있다면 직소폭포에서
재백이고개와 관음봉삼거리를 거쳐 내소사까지 갈 수도 있다. 내변산탐방센터에서
내소사까지의 거리는 6.2km로 약 3시간이 걸린다.

내변산의 절경을 대변하는 봉래구곡은 신선대에서 발원해 암지까지 이어지는 약
2km의 물줄기를 가리킨다. 제1곡인 대소를 시작으로 제2곡 직소폭포, 제3곡 분옥
담, 제4곡 선녀탕, 제5곡 봉래곡, 제6곡 영지, 제7곡 금강소, 제8곡 백천, 제9곡 암

7,000만 년 전의 퇴적암을 볼 수 있는 채석강

왼쪽 격포해수욕장의 노을공주 석상 **오른쪽** 내소사 관음전

지까지 이어지는 내내 각기 다른 절경을 연출한다. 하지만 아쉽게도 6곡부터 9곡까지는 산중 호수인 직소보에 잠겨 있어 그 모습을 감상할 수 없다. 대신 직소보에는 걷기 좋은 생태탐방로가 조성되어 있다.

변산반도 한가운데 위치한 격포해수욕장은 서해안의 대표적인 낙조감상 포인트이다. 예로부터 "해 뜨는 모습은 낙산 앞바다가 으뜸이고, 해 지는 모습은 변산 앞바다가 제일이다."라고 했는데 그 변산 앞바다가 바로 격포해수욕장이다. 격포의 낙조는 강화 석모도, 태안 안면도와 더불어 서해안 3대 낙조 가운데 하나로 손꼽힌다. 격포해수욕장의 북쪽 끄트머리에는 1999년 12월 31일에 '새천년 영원의 불'을 채화한 채화대가 있고 그 아래에는 노을공주의 석상이 세워져 있다.

격포해수욕장의 남쪽 끄트머리는 채석강과 맞붙어있다. 채석강은 마치 수만 권의 책을 쌓아 놓은 것 같은 해식단애가 눈길을 사로잡는 곳이다. 오랜 세월이 흐르는 동안 파도와 바람에 의해 해안침식이 이뤄져 오늘날과 같은 모습을 만들었다. 채석강의 해식단애는 지금으로부터 약 7,000만 년 전인 중생대 백악기 퇴적암층으로 화강암과 편마암이 기저층을 이루고 있다. 썰물 때는 바닷가로 내려갈 수 있으나 밀물 때는 아랫부분이 바닷물에 잠기기 때문에 주의해야 한다.

채석강은 강(江)이 아니다. 그런데도 '채석강'이라 부르는 것은 중국 안후이성에

관음전에서 바라본 내소사

있는 채석강에 비견될 정도로 경관이 아름답기 때문이다. 중국의 채석강은 시인 이백이 강물에 비친 달그림자를 잡기 위해 몸을 던졌다는 얘기가 전해지는 명승지이다. 채석강 근처의 적벽강 역시 해질 무렵에 햇빛을 받아 붉게 물드는 절벽의 모습이 멋진 장관을 이룬다. 적벽강 역시 중국 송나라 때의 시인 소동파가 노닐던 적벽강에서 그 이름을 따왔다.

다소 생소할지 모르지만, 부안은 문학의 고장으로도 잘 알려졌다. 부안을 대표하는 두 명의 훌륭한 시인은 조선시대 여류 시인 이매창(1573~1610)과 이른바 '전원시의 거성'이라 불리던 신석정(1907~1974년)이다. 이매창은 조선시대 당시 28세 연상의 유희경, 4세 연상의 허균과 애틋한 사랑을 나눈 주인공이다. 부안읍 서외리의 매창공원에는 "이화우 흩날릴 제 울며 잡고 이별한 님/추풍낙엽에 저도 날 생각는가/천 리에 외로운 꿈만 오락가락하노라"라는 「이화우(梨花雨)」가 바위에 새겨져 있다.

신석정은 일제강점기 당시 박용철, 정지용, 김영랑 등과 『시문학』 동인으로 활동했던 시인이다. 좌우명을 "지재고산유수(志在高山流水, 뜻이 높은 산과 흐르는 물에 있다)"라 했을 정도로 목가적이며 서정적인 시를 많이 썼다. 신석정의 시 가운데는 「그 먼 나라를 알으십니까」와 「네 눈망울에서는」 등이 널리 애송되고 있다.

🔵 송 박사의 미주알고주알

한국의 무릉도원, 무풍마을 조선시대 때의 예언서인 『정감록』에 의하면 부안의 변산을 비롯해 안동의 춘양, 보은의 속리산, 운봉의 두류산, 예천의 금당동, 공주의 유구와 마곡, 영월의 정동 상류, 풍기의 금계촌, 성주의 만수동과 함께 전북 무주의 무풍동이 '십승지지'로 소개되고 있다. 십승지지는 천재지변이나 전쟁, 굶주림 등과 같은 각종 재난을 겪지 않고 편히 살 수 있는 '절대 안전지대'를 가리키는 용어이다. 이와 비슷한 뜻으로 통용되는 용어로 무릉도원이 있다. 그렇다면 무릉도원은 어떤 곳인가? 중국의 시인 도연명(365~427년)의 저서 『도화원기』에는 "한 어부가 배를 타고 강을 거슬러 올라가다가 복숭아꽃이 만발한 낯선 땅에 닿았는데 전란을 피해 그곳에 있는 사람들이 한나라, 위나라, 진나라에 걸친 수백 년의 세월이 흐른 것을 모르고 있더라."라고 무릉도원에 관하여 기록되어 있다. 무풍마을에서는 곳곳에서 무릉도원 분위기를 찾아볼 수 있다. 무풍마을에 복숭아나무 대신 유난히 호두나무가 많은 것도 결코 우연은 아닌 듯싶다. 무풍마을에 가려면 무주군 설천면에서 '나제통문(羅濟通門)'을 지나야 한다. 그런데 재미있는 것은 『도화원기』에도 "입구가 작은 동굴을 지나니 넓은 논과 밭이 보였다."라고 기록되어 있다. 또 이 문을 사이에 두고 서로 말씨와 풍습이 달랐다고 하니 참 재미있는 현상이다. 3일과 8일에 열리는 무풍오일장에 가 보면 전라도, 경상도, 충청도의 말씨가 뒤섞여 흥정하는 모습을 지켜볼 수 있다. 무풍마을을 대표하는 특산물은 호두와 사과이다. 이 가운데서도 호두가 가장 유명하다. 호두는 무풍마을뿐만 아니라 인근의 영동, 황간 등지에서도 많이 생산되고 있다. 하지만 껍질이 얇고 속이 꽉 찬 무풍의 호두를 최고로 쳐주고 있다. 호두는 일교차가 큰 중산간에서 재배하기 좋은데 무풍마을이 호두를 재배하기에 딱 좋은 조건을 갖추고 있다.

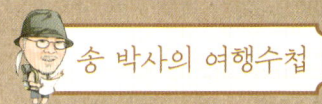
🚙 근처명소

❶ 내소사

변산반도 남동쪽의 능가산 기슭에는 내소사가 자리 잡고 있다. 백제시대 무왕 때인 633년에 창건된 매우 유서 깊은 고찰이다. 임진왜란 때 대부분의 전각이 소실되었으나 조선시대 인조 때 청민선사에 의해 중창되었다. 내소사의 큰 법당인 대웅보전(보물 제291호) 역시 조선시대 인조 때인 1633년에 중건되었다. 내소사 일주문 앞에는 오래된 '할머니 당산나무'가 버티고 서 있다. 일주문에서 천왕문까지 이어지는 약 600m 길이의 전나무숲길은 내소사의 명물 가운데 하나이다. 내소사 대웅보전은 민얼굴을 그대로 드러내고 있다. 세월이 흐르면서 단청이 모두 벗겨져 버린 까닭이다. 그런데 오히려 이처럼 수수한 모습이 참배객들의 마음을 한층 편안하게 해 준다. 내소사를 둘러보고 난 후에는 대웅보전 왼쪽에 있는 '열린 찻집'에서 따끈한 차 한 잔의 여유를 즐길 수 있다. 약간의 보시를 하면 담당 보살님이 간단한 설명과 함께 차(녹차, 발효차, 뽕잎차 등)를 우려낼 수 있는 다구를 준비해 준다.

❷ 변산마실길

변산마실길(마을길)은 주로 바닷가를 따라 조성된 부안의 걷기 좋은 길이다. 새만금방조제에서 시작해 적벽강, 채석강 등을 거쳐 줄포까지 연결되는 총 길이 66km의 길로 2011년 4월 16일 공식으로 개통되었다. 1구간(총 18km)은 1코스(새만금전시관–변산해수욕장), 2코스(송포항–고사포해수욕장–성천항), 3코스(송포항–수성당–격포항)로 나뉘어 있다. 2구간(총 14km)은 해넘이공원에서 모항해수욕장까지, 3구간(총 23km)은 모항해수욕장에서 곰소염전까지, 4구간(7.5km)은 곰소염전에서 줄포생태공원까지 연결되어 있다. 체력과 취향에 따라 코스를 선택할 수 있다.

❸ 새만금방조제

변산마실길의 출발지이자 도착지인 새만금방조제는 부안–신시도–야미도–군산을 연결하는 초대형 방조제이다. 1991년에 착공을 한 이후 우여곡절 끝에 2010년 4월에 완공되었다. 총 길이가 33.9km로 세계에서 가장 긴 방조제로 기네스북에 등재된 명물이기도 하다. 고군산군도에 속한 섬인 신시도에 전망대와 화장실, 주차공간 등이 마련되어 있다. 새만금방조제에서는 해가 질 무렵 고군산군도의 낙조를 감상하며 멋진 드라이브를 즐길 수 있다.

느릿한 삶의 즐거움을 전해 주는
시간이 멈춘 섬

전남 신안
증도

여행정보

🌐 **증도닷컴** www.jeung-do.com

📞 **증도면사무소** 061-271-7619

🚗 서해안고속도로 북무안나들목 ⋯▸ 24번 국도 ⋯▸ 무안군
지도읍 ⋯▸ 지도대교 ⋯▸ 사옥도 ⋯▸ 증도대교 ⋯▸ 증도

🍴 솔트레스토랑(함초청국장, 061-261-2211), 갯풍민박
식당(참민어정식, 061-271-0248), 짱뚱이네식당(짱
뚱어탕, 010-3186-7589)

🛏 엘도라도리조트(061-260-3300), 섬그린펜션(010-
8505-6688), 블루마레펜션(061-271-2330)

추천코스

🚶 **당일여행** 증도대교 ⋯▸ 짱뚱어다리 ⋯▸ 소금박물관 ⋯▸ 신안
해저유물비

1박2일여행 증도대교 ⋯▸ 짱뚱어다리 ⋯▸ 소금박물관 ⋯▸
갯벌생태전시관 ⋯▸ 화도(드라마 촬영지) ⋯▸ 증도모실길
(제3코스-천년해송숲길) ⋯▸ 신안해저유물비

©신안군청

'보물섬' 또는 '시간이 멈춘 섬'이라는 멋진 별명을 가지고
있는 증도가 자랑하는 가장 큰 보물은 갯벌이다. 우리나라
서해안과 남해안 일부 지역에는 드넓은 갯벌이 형성되어 있다.

　전남 신안군은 갯벌과 염전, 섬으로 유명한 곳이다. 지도읍을 제외하고는 대부분의 지역이 흑산도, 임자도, 압해도, 증도, 하의도, 암태도, 비금도 등과 같은 크고 작은 1,004개(유인도 72개, 무인도 932개)의 섬으로 이뤄져 있다. 그래서 붙여진 신안군의 별명이 '천사(1,004)의 섬'이다. 신안군에서 일곱 번째로 큰 섬인 증도의 전체 인구는 약 2,000명이다. 지난 2010년에 증도대교가 완공되면서 이제는 배를 타지 않고도 쉽게 찾아갈 수 있게 되었다.

　워낙 자연환경이 잘 보존된 증도는 최근 들어 에코투어리즘의 명소로도 큰 주목을 받고 있다. 우리나라의 주요 에코투어리즘 명소로는 증도를 비롯해 곰배령(강원 인제), 거문오름(제주), 우포늪(경남 창녕), 순천만(전남 순천) 등을 꼽을 수 있다.

　'보물섬' 또는 '시간이 멈춘 섬'이라는 멋진 별명을 가지고 있는 증도가 자랑하는 가장 큰 보물은 갯벌이다. 우리나라 서해안과 남해안 일부 지역에는 드넓은 갯벌이 형성되어 있다. 이 가운데 우리나라 서해안 갯벌은 유럽 북해 연안, 남미 아마존강 하구, 미국 동부 해안, 캐나다 동부 해안 등과 함께 세계 5대 갯벌로 손꼽는다. 그 중심에 증도 갯벌을 포함한 신안 다도해가 있다. 보존과 관리가 뛰어난 신안다도해는 지난 2009년 유네스코에 의해 생물권보전지역으로 지정되었다. 여기에는 흑산도, 홍도, 증도 갯벌, 태평염전 등이 포함되어 있다. 현재 우리나라에는 신안 다도해를 비롯해 설악산(1982년 지정), 제주도(2002년 지정), 광릉숲(2010년 지정) 등 모두 네 군데의 생물권보전지역이 있다.

왼쪽 증도갯벌생태전시관 **오른쪽** 음식점을 겸하고 있는 보물섬 카페

왼쪽부터 소금동굴힐링센터, 태평염전, 짱뚱어다리

신안 갯벌의 최고 스타는 '갯벌의 쇠고기'라 일컬어지는 짱뚱어이다. 생선임에도 특이하게 11월부터 3월까지 갯벌에서 겨울잠을 잔다. 이 같은 특성 때문에 '잠퉁이'라 불리기도 한다. 짱뚱어는 등에 지느러미가 있고, 머리 윗부분에 눈이 툭 튀어나와 있는 다소 우스꽝스러운 모습을 하고 있다. 그 모양새가 특이해 일찍이 정약전 선생은 『자산어보(玆山漁譜)』에서 "몸통은 검고 눈은 툭 튀어나와 있으며 물에서 잘 헤엄치지 못한다."라고 기록한 후 '철목어(凸目魚)'라는 이름을 붙였다. 썰물 때 갯벌을 살금살금 기어다니면서 먹이를 찾는 모습이 꽤 귀엽다.

갯벌과 함께 증도를 더욱 빛나게 하는 명물은 염전이다. 증도에서 가장 큰 염전은 태평염전(근대문화유산 제360호)이다. 단일 염전으로 우리나라에서 가장 큰 규모를 자랑하고 1953년에 조성되었다. 그 크기가 무려 463만㎡(약 140만 평)에 이르며 예나 지금이나 똑같은 모습으로 질 좋은 천일염을 만들어 내고 있다. 이곳에서는 우리나라 천일염의 5%가 생산된다.

태평염전에서 만들어지는 천일염은 증도의 대표적인 슬로푸드이다. 바닷물이 소금이 되기까지 저수지, 증발지, 결정지 등을 거치며 대략 20~25일이 소요된다. 이렇게 만들어진 소금은 창고로 옮겨져 3년 동안 간수를 뺀 다음에야 비로소 최고의 천일염으로 탄생하게 된다. 현재 태평염전에는 약 3km에 걸쳐 60여 동의 소금창고가 줄지어 늘어서 있다. 증도의 천일염은 미네랄이 풍부하고 맛이 좋기로 유명하다. 지난 2007년 전남보건환경연구원에서는 세계적 명성의 프랑스 게랑드 지방에서 만들어진 소금보다 미네랄 성분(칼슘, 칼륨, 마그네슘 등)이 월등하게 많은 것으로 측정되었다는 내용의 보고서를 내기도 했다.

증도의 북서쪽 끄트머리에는 보물섬이 숨겨져 있다. 방축리 앞바다에는 외갈도, 내갈도 등 몇 개의 섬이 마치 사이좋은 형제처럼 줄줄이 이어져 있다. 그 가운데 방축리와 가장 가까운 무인도 위에 배 모형의 근사한 카페가 하나 세워져 있다. 바로 이 건물의 정체가 '보물섬'이다. 보물섬에는 신안 앞바다에서 인양된 유물(복제품)들이 전시되어 있으며 전망대가 있다. 바다를 바라보며 간단한 식사와 차를 즐길 수도 있다.

증도면 소재지와 우전해수욕장 사이의 갯벌 위에는 그 이름도 앙증맞은 짱뚱어다리가 놓여 있다. 한여름 썰물 때 470m 길이의 이 나무다리를 걷다 보면 갯벌 곳곳에서 짱뚱어를 자주 볼 수 있다고 해서 붙여진 이름이다. 썰물일 때는 갯벌을 구경하는 재미가 있고, 밀물일 때는 바다 위를 걷는 기분이 들어 언제 건너도 색다른 다리이다. 낙조와 밤하늘의 별을 감상하기 좋은 짱뚱어다리는 최근 들어 증도의 상징물 가운데 하나로 큰 인기를 얻고 있다.

증도에는 건강한 먹을거리도 많다. 대표적인 것으로 민어회, 짱뚱어탕, 양파김치, 함초청국장 등이 있다. 이 가운데서도 특히 짱뚱어탕과 함께 퉁퉁마디가 증도의 별미로 손꼽힌다. 짱뚱어에는 타우린, 칼륨, 게르마늄 등이 많이 함유된 것으로 알려졌다. 다소 생소한 식물인 퉁퉁마디(함초)는 바닷가에서 소금을 흡수하면서 자라는 바다풀이다. 몸 안의 독소를 배출해 주고 혈액순환에 좋으며 피부에도 좋아 '먹는 화장품'이라 불리기도 한다.

'느림의 미학'을 실천하는 슬로시티 모든 것이 바쁘게 움직이고 순식간에 많은 것이 변해 버리는 세상살이에 사람들은 극심한 피로감을 느낀다. 물론 빠른 것이 무조건 나쁘다는 얘기가 아니다. 단지 빠름을 너무 강조한 나머지 '느림이 주는 즐거움과 행복함'을 잊고 사는 것이 안타까울 뿐이다. 어떻게 사는 것이 참 인간다운 삶인가? 물론 모든 사람이 공감하는 정답이 나올 수는 없겠지만 그 대안의 하나로 사람들은 '슬로(Slow)'를 선택했다. 그렇게 해서 생겨

난 것이 '슬로시티(치타슬로, Cittaslow)'이다. 슬로시티는 '환경, 시간, 전통문화, 먹을거리 등의 가치를 존중하며 느리게 살자'는 취지에서 비롯된 민간 주도의 환경운동이다. 1999년 10월, 이탈리아의 작은 마을인 그레베 인 키안티(Greve in Chianti)에서 이 운동은 시작됐다. 당시 시장이었던 파울로 사투르니니는 인근 지역의 시장들과 함께 슬로시티 운동을 선언하고 2002년에 공식적으로 그레베 인 키안티를 슬로시티로 지정했다. 피렌체에서 20km쯤 떨어져 있는 그레베 인 키안티에는 이후 많은 변화가 있었다. 취업률이 높아지면서 삶의 질도 높아졌으며, 범죄율은 낮아졌다. 그리고 폐업 직전의 600년 된 정육점이 세계적인 명소가 될 정도로 유명한 관광지로 탈바꿈했다. 슬로시티의 가입 조건은 매우 까다로운 편이다. 환경, 기반시설, 도시의 품질을 향상시키는 기술과 설비, 지역의 전통 산업과 슬로푸드, 방문객을 환대하는 능력, 주민들의 의식수준 등과 같은 큰 틀 안에서 모두 52개의 세부항목에 대한 실사를 받아야 한다. 여기에는 장애인과 노인들의 안전한 통행로, 학교와 연결되는 자전거도로망, 자연친화적인 건축물, 슬로투어 코스 등이 포함되어 있다. 우리나라에서는 지난 2007년 아시아 최초로 전남 신안군 증도, 전남 담양군 창평면, 전남 장흥군 유치면, 전남 완도군 청산도 등이 국제슬로시티연맹으로부터 슬로시티 인증을 받았다. 이후에도 꾸준히 신청을 해서 경남 하동군 악양면, 충남 예산군 대흥면, 경기 남양주시 조안면, 전북 전주시 전주한옥마을, 경북 청송군 파천면(부동면), 경북 상주시 함창읍(공검면, 이안면), 강원 영월군 김삿갓면, 충북 제천시 수산면 등이 슬로시티 인증을 받았다.

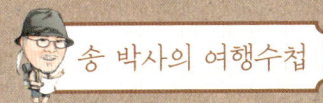

송 박사의 여행수첩

🚐 근처명소

❶ 신안해저유물비

증도에서는 수만 점의 해저유물이 발굴되었다. 38년 전인 1975년 8월의 어느 날, 고기잡이하던 한 어부의 그물에 청자화병 6점이 걸려 올라왔다. 그 이후로 9년 동안 증도 앞바다에서는 2만 2천여 점(청자류 1만 2천 점, 백자류 5천 점 등)의 도자기를 대량으로 인양했다. 도자기 외에도 난파된 목선 일부와 함께 금속제품, 목제품, 생활용품 등이 인양되었다. 해저유물의 인양과 함께 실시된 조사 결과, 유물들은 모두 중국 송나라와 원나라시대의 것으로 판명되었다. 700여 년 전인 1323년에 중국을 출발해 일본으로 향하던 무역선이 도덕도 인근의 증도 앞바다에서 침몰한 것으로 밝혀진 것이다. 인양된 해저유물들은 현재 국립중앙박물관, 국립광주박물관, 국립해양유물전시관 등에 전시되어 있다. 방축리와 보물섬 사이에는 예쁜 나무다리가 놓여 있으며 근처에는 유물 발견을 기념하는 신안해저유물기념비가 세워져 있다.

❷ 소금박물관

태평염전 입구에는 1945년에 처음 지어진 석조 소금창고가 있다. 이 소금창고는 현재 국내 유일의 소금박물관으로 활용되고 있는데 이 건축물은 2007년에 근대문화유산 제361호로 등록되었다. 소금박물관 옆에는 천일염으로 조성된 인공 소금동굴힐링센터가 있다. 소금동굴 속에서 편안하게 휴식을 취하며 소금의 미세한 입자를 흡입하게 되면 심리적 안정과 함께 천식, 기관지염, 알레르기성비염, 만성피로증후군 등에 치유 효과가 있는 것으로 알려져 있다. 소금동굴 내부는 항상 20~23℃의 온도를 유지하고 있다.

❸ 증도모실길

요즘은 전국적으로 걷는 것에 대한 관심이 많다. 증도에도 걷기 좋은 길이 있다. 증도의 구석구석을 두 발로 걸으며 찬찬히 살펴볼 수 있는 탐방로의 이름은 증도모실길. 총 42.7km로 1코스 노을이 아름다운 사색의 길(10km, 증도대교-해저유물발

굴기념비), 2코스 보물선과 순교자 발자취길(7km, 해저유물발굴기념비-짱뚱어다리), 3코스 천년해송숲길(4.6km, 짱뚱어다리-갯벌전시관), 4코스 갯벌공원길(10.3km, 갯벌전시관-노두길), 5코스 천일염길(10.8km, 노두길-태평염생식물원) 등 모두 다섯 개의 구간으로 나뉘어 있다.

바다를 보며 색다른 산행을 즐긴다

인천 중구
무의도

여행정보

🌐 **인천시 중구청 문화관광** www.icjg.go.kr/tour

📞 **인천시 중구청 관광진흥과** 032-760-7820

🚌 신공항고속도로 ···▶ 영종대교 ···▶ 해안도로 ···▶ 잠진도선착
장 ···▶ 카페리 ···▶ 무의도

🍴 무의도데침쌈밥(쌈밥, 032-746-5010), 어부네(활어
회, 032-752-9597), 큰무리회식당(영양굴밥, 032-
751-8822)

🛏 빨간지붕펜션(010-5427-5011), 무의아일랜드(032-
752-5114), 소나무펜션(032-751-4525), 중앙펜션
(032-752-8836)

추천코스

🚶 **당일여행** 호룡곡산 ···▶ 실미도 ···▶ 하나개해수욕장
1박2일여행 인천대교 ···▶ 무의도 ···▶ 호룡곡산 ···▶ 실미도
···▶ 하나개해수욕장(낙조 감상) ···▶ 용유도

무의도의 진면목을 맛보려면 높은 곳에 올라 무의도 주변 풍광과
함께 멋진 낙조를 감상해야 한다. 무의도에서 하룻밤을 보낸 후
다음 날 일출까지 맞이하면 더 가슴 벅찬 감동도 맛볼 수 있다.

인천 앞바다의 작은 섬 무의도. 교통이 편리해 수도권에서 큰 부담 없이 하루 또
는 이틀 일정으로 다녀오기에 좋은 여행지이다. 겨울철산행에 적합한 높이의 산이
있고, 낙조를 감상하기 좋은 바닷가가 있고, 드라마와 영화 촬영지로 널리 알려진
명소가 있는가 하면 계절에 어울리는 먹을거리가 관광객들의 미각을 자극한다.

그 이름도 예쁜 무의도. 바다에서 일하는 어부들에게 있어 서해의 짙은 안개는 그
리 반가운 손님이 아니다. 하지만 안개 속에서도 무의도는 희미하게 모습을 드러내
좋은 길잡이 역할을 한다. 무의도는 그 형태가 마치 춤을 추는 무희의 옷자락처럼
환상적으로 보인다 해서 '무의도(舞衣島)'라는 이름을 붙였다는 얘기가 전해진다.

무의도는 불과 10여 년 전만 해도 일부 산악인들이 가끔 찾는 호젓한 어촌이었다.
그러나 2003년에 북파공작원들의 실화를 그린 영화「실미도」가 개봉되면서 그 인기
가 급상승했다. 무의도에 딸려 있는 무인도인 실미도가 영화 촬영지이면서 실제로
북파공작원들이 훈련을 받던 '역사의 현장'이라는 점이 두드러졌기 때문이다. 하지
만 아쉽게도 영화 세트장을 철거한 까닭에 영화의 흔적은 어디서도 찾아볼 길이 없
다. 그래도 하루에 두 번 썰물이 되어 60~70m 길이의 바닷길이 열리면 징검다리를
건너 실미도를 찾는 관광객들의 발길은 끊임없이 이어지고 있다.

영화「실미도」와 함께 관광객들을 무의도로 불러들이는 데 결정적 역할을 한 또
하나의 일등공신은 드라마「천국의 계단」이다. 권상우, 최지우, 신현준, 김태희 등
당시나 지금이나 최고인 스타들이 출연한 이 드라마는 시청률 40%대를 넘나들며
2003년 12월부터 2004년 2월까지 안방의 최강자로 군림했다. 그 인기를 증명하듯
드라마가 종영된 지 10여 년이 지난 지금도 많은 사람이「천국의 계단」의 흔적을 따
라 무의도를 찾는다. 무의도에서 가장 많은 사람이 찾는 하나개해수욕장의 한쪽에
는「천국의 계단」세트장이 조금은 쓸쓸한 모습으로 관광객들의 발길을 기다리고 있
다. 세트장은 드라마에서 어린 정서(최지우 분)가 돌아가신 어머니를 그리워하며 아
버지와 함께 살던 집으로 나왔던 곳이다. 그 옆에는 송주(권상우 분)가 연주하던 하
얀색 피아노가 덩그러니 놓여 있다.

가족 또는 연인과 함께 무의도를 찾은 대다수의 관광객은 영화「실미도」촬영지와
드라마「천국의 계단」세트장을 가볍게 돌아보는 것으로 여행을 마무리한다. 하지만

무의도 하나개해수욕장의 낙조

조금 더 여유를 가지고 무의도의 진면목을 맛보려면 높은 곳에 올라 무의도 주변 풍광과 함께 멋진 낙조를 감상해야 한다. 무의도에서 하룻밤을 보낸 후 다음 날 일출까지 맞이하면 더 가슴 벅찬 감동도 맛볼 수 있다.

무의도에는 가벼운 산행이 가능한 두 개의 산봉우리가 있다. 호룡곡산(해발 245.7m)과 국사봉(해발 230m)이다. 따로 독립된 산봉우리이지만 재빼기고개에 놓인 구름다리를 통해 서로 연결되어 있다. 산을 오르는 데 자신이 있는 사람이라면 충분히 하루에 두 산봉우리를 오를 수 있다. 하지만 무의도를 찾은 목적이 산행이 아니라면 자신의 체력과 전체 일정을 고려해 둘 중의 하나를 선택하는 것이 좋다. 세상 모든 일이 그렇듯 무리하게 일정을 진행하다 보면 자칫 의외의 복병을 만날 수 있기 때문이다. 과유불급, 우리가 살아가는 세상이나 여행길에 아마도 이보다 적절한 비유는 없을 것이다.

호룡곡산에 오르기 위해서는 무의도에 도착하는 대로 선착장에 자동차를 주차한 후 마을버스를 이용해 섬 반대편에 있는 샘꾸미선착장(광명항)으로 가는 것이 좋다. 선착장에 조금 못 미친 등산로 입구에 버스가 정차한다. 등산로는 그리 험하지 않지만, 처음에는 조금 가파른 비탈길이 이어진다. 15분쯤 걸으면 약간의 바위 지대와 능선길이 이어진다. 등산로 중간에는 두세 군데의 조망대가 있어 훌륭한 쉼터 역할을 한다. 조망대에서 잠시 숨을 고르며 눈 아래에 펼쳐진 바다와 점점이 박힌 섬을 바라보는 재미를 놓쳐서는 안 된다. 산행을 시작하고 40~50분쯤 지나면 호룡곡산

정상에 이르게 된다. 무의도에서 가장 전망이 좋은 곳으로 실미도의 머리 부분과 하나개해수욕장의 전경이 한눈에 들어온다.

　호룡곡산에서 구름다리까지 이어지는 하산길의 거리는 1.4km. 이 가운데 1.1km가 산림욕을 겸한 자연생태탐방로로 지정되어 있다. 조금 가파르긴 하지만 내리막길이라 20~30분이면 충분하다. 구름다리를 지나면 국사봉으로 향하는 1.3km의 등산로가 이어진다. 초입의 일부 구간은 소나무숲길이지만 곧이어 가파른 등산로가 나타난다. 구름다리에서 국사봉 정상까지는 약 30분이 걸린다. 국사봉에서 큰무리마을까지 내려오는 등산로에서는 실미도가 손에 잡힐 듯 눈에 들어온다. 물때에 따라 바닷길이 열린 모습으로, 또는 외로운 무인도의 모습으로……. 하산하는 데는 약 40분이 걸린다.

　걸어서 선착장에 도착한 다음에는 자동차를 타고 서둘러 실미도(실미유원지)로 향한다. 바닷길이 열려 있다면 국사봉에서 보았던 실미도를 잠깐이나마 다녀올 수 있다. 그다음에는 다시 자동차를 타고 하나개해수욕장으로 향한다. "사랑은 돌아오는 거야."라는 명대사를 떠올리며 「천국의 계단」 세트장을 천천히 돌아보노라면 하나개해수욕장에 서서히 붉은 노을이 밀려오기 시작한다.

💬 송 박사의 미주알고주알

　가수 임지훈　나와 가깝게 지내는 친구 가운데 가수 임지훈이 있다. 「사랑의 썰물」, 「그댈 잊었나」, 「아름다운 사람」, 「꿈이어도 사랑할래요」 등과 같은 예쁜 노래를 직접 만들거나 불렀다. 『나는 바보가 참 좋다』라는 시집을 내기도 했다. 그와는 1986년 신촌 민예소극장에서 처음 만났다. 20대에 만났는데 벌써 50대 중반이다. 그 당시 임지훈은 김창완, 최성수, 윤설하, 신정숙, 현희 등과 함께 '꾸러기'라는 이름으로 가수 활동을 하고 있었다. 나는 그의 사람 됨됨이를 보  고 첫눈에 반하고 말았다. 팬들을 대하는 따뜻한 목소리와 미소에서 그의 진실됨을 엿볼 수 있었다. 그 후로 지금까지 임지훈과 나는 좋은 친구로 지내고 있다. 임지훈은 친구를 아주 좋아한다. 주변에 좋은 친구가 많다는 것은 분명 행복한 일이다. 가수 강은철 씨가 "임지훈한테 배운 게 딱 하나 있는데, 그건 바로 임지훈처럼 살면 부자가 될 수 없다는 것이다."라고 한 얘기가 생각난다. 사람 좋기로 소문난 임지훈의 성격을 한 마디로 표현한 말이다. 임지훈은 술을 아주 좋아한다. 그는 술에 취해 기분이 좋아지면 주변 사람들을 즐겁게 한다. 가끔 익살스러운 표정으로 "영구 없다."라며 코미디언 심형래 흉내를 내곤 한다. 하지만 그동안 그가 술에 취해 망가진 모습을 나는 한 번도 본 적이 없다. 술을 마시지 못하는 내게 억지로 술을 권하지도 않는다. 그래서 나는 임지훈이 참 좋다. 임지훈은 여행을 아주 좋아한다. 전국의 숨겨진 맛집이나 샛길을 줄줄이 꿰고 있을 정도이다. 그와는 1년에 두세 차례 함께 여행한다. 그와 여행을 하면 신이 난다. 올해는 그가 「아름다운 사람」이라는 노래를 만든 부산 광안리해수욕장에 같이 가고 싶다. 긴 머리카락 흩날리며 혼자 바닷가를 거닐던 그 여인을 떠올리며…….

🚙 근처명소

❶ 용유도

수도권에서 가장 이른 시간에 찾아갈 수 있는 바닷가 여행지 가운데 하나이다. 행정구역상 지명은 인천광역시 중구 용유동이다. 예전에는 을왕리해수욕장의 명성 때문에 인기 있는 여행지였으나 지금은 인천국제공항이 들어서면서 영종도, 삼목도와 하나의 섬으로 연결되었다. 섬의 형태가 마치 용이 한가로이 노니는 모습과 같다 해서 '용유도'라는 이름이 붙었다. 지금은 용의 머리 부분만 바다를 향해 삐죽 내민 형태로 남아 있다. 낙조대를 중심으로 왕산해수욕장과 을왕리해수욕장으로 나뉘어 있으며 낙조, 조개구이, 선녀바위 등이 유명하다. 특히 선녀바위는 2009년 인기리에 방영되었던 드라마 「꽃보다 남자」 덕분에 유명세를 탔다. 극 중에서 구준표(이민호 분)가 금잔디(구혜선 분)에게 사랑을 고백하며 척 키스를 하던 장면이 선녀바위를 배경으로 촬영되었다.

❷ 인천대교

자동차를 타고서 영종도(무의도, 용유도)를 찾아가기 위해서는 육지와 연결된 영종대교 또는 인천대교를 이용해야 한다. 인천국제공항이 문을 연 2001년 무렵만 해도 영종대교가 유일한 통로였다. 하지만 2009년 10월에 인천대교가 개통되면서 영종도를 찾아가는 길이 더욱 편리해졌다. 인천대교는 영종도와 송도국제도시를 연결하는 18.38km 길이의 초대형 구조물이다. 인천 앞바다를 곡선으로 가로지르는 멋진 모습 덕분에 인천의 새로운 명물로 자리를 잡았다. 인천대교는 해질 무렵 경치와 야경이 멋진 곳이다. 이 모습을 보려면 오션스코프(인천대교 전망대)가 있는 송도로 가야 한다. 컨테이너처럼 생긴 오션스코프는 지난 2010년에 세계적 권위의 '레드 닷 디자인 어워드(Red dot Design Award)'에서 대상을 받았다.

'호랑이 꼬리' 부분에 자리 잡은 일출명소

경북 포항
호미곶

여행정보

🌐 포항시 문화관광 phtour.ipohang.org

📞 포항시 관광진흥과 054-270-2244

🚗 대구-포항고속도로 포항나들목 ⋯▸ 31번 국도 ⋯▸ 925번
지방도 ⋯▸ 호미곶

🍴 호미곶회식당(생선회, 054-284-2855), 포항아구
탕(아구탕, 054-272-1900), 새포항물회식당(물회,
054-241-2087)

🏨 필로스호텔(054-250-2000), 선프린스관광호텔(054-
242-2800), 라일락모텔(054-278-7722)

추천코스

📍 당일여행 호미곶 ⋯▸ 국립등대박물관 ⋯▸ 구룡포 ⋯▸ 죽도
시장
1박2일여행 호미곶 ⋯▸ 국립등대박물관 ⋯▸ 구룡포 ⋯▸ 오
어사 ⋯▸ 죽도시장 ⋯▸ 보경사

제철회사와 호미곶은 아무리 살펴봐도 공통점을 찾을 수 없는
이미지이다. 하지만 이 둘은 포항을 '문화예술의 도시'로
거듭나게 하는 계기를 만들어 준 주역이다.

경북 포항은 잘 알려졌다시피 세계적인 제철회사인 포스코가 있는 공업도시이다. 따라서 그동안 왠지 투박하면서도 밋밋한 도시의 이미지를 갖고 있었다. 그리고 제철회사와 호미곶은 아무리 살펴봐도 공통점을 찾을 수 없는 이미지이다. 하지만 이 둘은 포항을 '문화예술의 도시'로 거듭나게 하는 계기를 만들어 준 주역이다.

해마다 한 해를 보내고 맞는 시기가 되면 전국 각지에서 구름처럼 몰려드는 인파, 그리고는 썰물처럼 순식간에 도시를 빠져나가는 사람들……. 너무 아쉬웠다. 이들을 조금이라도 더 머물게 할 무엇인가가 필요했다. 그래서 포항시와 포스코는 많은 노력을 기울였다. 먼저 포항의 젖줄인 형산강 살리기에 주력했고 각종 문화행사를 개최해 문화예술의 도시로서의 새로운 이미지를 만들어 나갔다. 그 결과 포항을 바라보는 외지 사람들의 시각도 많이 변했다. 포항은 이제 '바다와 함께하는 웰빙 휴양지' 또는 '해양문화 관광도시'로 새롭게 변신하고 있다.

우리나라 지도를 들여다보면 동해안에 호랑이 꼬리처럼 불쑥 튀어나와 있는 부분이 있다. 바로 그곳이 호미곶이다. 호미곶 안쪽으로는 가수 최백호의 노래로 유명해진 영일만이 있고 바깥쪽으로는 해안선을 따라 멋진 드라이브 코스가 이어져 있다. 특히 외지 사람들의 발길이 뜸한 초겨울에 해안선을 달리면 고즈넉한 겨울바다의 정취를 물씬 느낄 수 있다. 드라이브 코스 중간쯤에 있는 호미곶은 동해안 최고의 일출명소로 명성이 자자하다.

호미곶은 역사적으로도 많은 얘깃거리를 가지고 있다. 고산자 김정호가 일곱 번이나 직접 찾으면서까지 한반도의 동쪽 끄트머리를 확인했고 조선시대 명종 때의 풍수지리가인 격암 남사고는 호미곶을 가리켜 '천하제일의 명당'이라 일컬었다. 이 같은 유명세 때문에 일제강점기 때는 곤욕을 치르기도 했다. 일제는 호미곶을 토끼 꼬리로 비하하면서 우리 국운의 상승을 막기 위해 호미곶에 쇠말뚝을 박았다.

호미곶은 일찍이 고산자 김정호가 실측하여 밝혀낸 것처럼 울릉도와 독도를 제외했을 때 우리나라에서 가장 먼저 해가 뜨는 곳(새해 첫날은 울산 간절곶)으로 유명하다. 이 같은 상징성 때문에 한 해가 시작되는 시기에는 극심한 교통체증을 겪을 정도로 전국 각지에서 수많은 관광객이 찾아온다. 이에 포항시에서는 외지 관광객들에게 특별한 추억을 만들어 주기 위해 다채로운 행사와 함께 대규모의 해맞이축제를 개최하고 있다.

역사적으로 의미가 깊은 곳이기는 하지만 호미곶이 전국적인 해맞이명소로 유명해지기 시작한 것은 그리 오래되지 않았다. 지난 2000년 1월 1일 호미곶광장에서 한민족해맞이축전이 개최되면서 새로운 해맞이명소로 급부상하게 됐다. 그 이후로 해마다 1월 1일이면 전국 각지에서 새해 첫 해를 보기 위해 찾아오는 사람들로 인산인해를 이룬다.

호미곶에는 상징적인 조형물이 많이 들어서 있다. 그 가운데서도 가장 먼저 떠오르는 것은 해맞이광장과 앞바다에 하나씩 조성된 손바닥 형태의 조형물이다. 새천년을 맞이하면서 영남대 김승국 교수가 제작한 조형물의 이름은 '상생의 손'이다. 그런가 하면 1999년 12월 31일과 2000년 1월 1일에 변산반도, 호미곶, 독도 등에서 채화한 불씨를 합친 '새천년 영원의 불'도 해맞이광장 한가운데 전시되어 있다. 최근에는 포항의 특산물인 과메기 모양의 조형물도 세워졌다.

다양한 조형물이 있는 해맞이광장

왼쪽 국립등대박물관 **오른쪽** 우리나라에서 가장 키가 큰 호미곶등대

호미곶에는 우리나라에서 가장 키가 큰 호미곶등대가 세워져 있다. 26.4m 높이의 등대는 1908년 12월에 점등된 매우 유서 깊은 명물이다. 인천 팔미도등대에 이어 우리나라에서 두 번째로 오래된 등대이다. 호미곶등대의 내부는 6층으로 되어 있으며 각 층 천장에 대한제국의 황실을 상징하는 자두꽃 문양이 조각되어 있다. 호미곶 등대 옆에는 우리나라 유일의 국립등대박물관이 자리 잡고 있다. 방문객들을 위해 항로표지용품 및 해양 관련 자료를 전시하고 있다.

호미곶은 동해안 트레킹 코스의 완결편인 해파랑길이 지나는 곳이기도 하다. 해파랑길은 부산 오륙도에서 시작해 강원도 고성군 통일전망대까지 이어지는 장장 688km의 긴 바닷길이다. 아직 전체 구간이 다 개통되진 않았지만, 동해안을 따라 전 구간을 걷는다는 꿈을 키워 주기에 좋은 길이다. 해파랑길은 '떠오르는 해와 푸른 바다를 바라보며 걷는 길'이라는 뜻을 지니고 있다. 포항시에 속한 112km 구간 가운데 구룡포에서 호미곶까지 이어지는 16.19km의 구간이 앞으로 많은 사랑을 받을 것으로 기대하고 있다.

🗨 송 박사의 미주알고주알

심우도 사찰을 여행하다 보면 법당의 외벽에서 눈에 익은 그림들을 자주 만나게 된다. 어린 목동과 소가 등장하는 이 그림의 정체는 심우도(십우도 또는 목우도라고도 한다)이다. 말 그대로 '소를 찾는 그림'이다. 심우도는 인간(또는 수행자)이 깨달음에 이르는 과정을 목동(또는 스님)이 소(중국에서는 말, 티베트에서는 코끼리)를 찾아 길들이는 것에 비유해서 그린 10폭짜리 그림이다. 포항 오어사 대웅전 외벽에도  근사한 심우도가 그려져 있다. 본래 도교의 팔우도에서 유래된 심우도는 12세기 중엽 중국 송나라의 곽암선사가 처음 그린 것으로 알려졌다. 심우도에는 각각 심우, 견적, 견우, 득우, 목우, 기우귀가(소를 타고 피안의 세계로 들어감), 망우존인(소는 깨달음을 위한 수단이므로 잊어야 함), 인우구망(소나 자신이나 모두 실체가 없음을 깨달음), 반본환원(있는 그대로의 세계를 받아들임), 입전수수(중생제도를 위해 속세로 들어감) 등이 표현되어 있다.

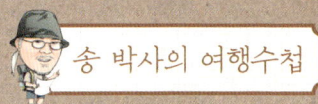

송 박사의 여행수첩

근처명소

❶ 구룡포

경상북도에서 가장 유명한 해산물 집산지인 구룡포로 과메기로 유명한 곳이다. 북태평양 어장에서 잡은 꽁치들을 바닷바람에 얼렸다가 녹이면서 맛 좋고 영양 많은 과메기로 탄생시키고 있다. 본래 과메기는 청어를 이용해서 만들었다. 하지만 청어의 어획량이 줄면서 1970년대부터 꽁치가 그 자리를 꿰차고 앉았다. 과메기는 구룡포 일대에 부는 바람의 일교차가 큰 11월부터 3월까지가 제철. 그 가운데서도 1월 초부터 음력설까지 나오는 것을 최고로 쳐준다. 과메기는 약간 비릿한 맛 때문에 그냥 먹는 것보다는 배추나 상추에 싸 먹는 것이 일반적이다. 취향에 따라 쪽파, 김, 미역, 초장 등을 곁들이면 색다른 맛을 즐길 수 있다.

❷ 죽도시장

영일만을 끼고 있는 죽도시장은 늘 활기가 넘치는 공간이다. 1954년에 개설된 시장답게 죽도시장에서는 사람 사는 정다운 냄새를 물씬 느낄 수 있다. 특히 새벽이면 싱싱한 해산물을 사기 위해 찾아오는 사람들로 인산인해를 이룬다. 죽도시장은 재래시장이 주는 부정적인 여러 선입견을 없애기 위해 위생과 서비스 등을 꾸준히 개선했다. 그 결과 지금은 쾌적한 분위기의 시장으로 바뀌었다. 현재 죽도시장에는 150여 점포, 900여 노점, 200여 횟집 등이 있다.

❸ 오어사

오어사는 포항시 남구 오천읍 항사리의 운제산(해발 482m) 자락에 있는 아담한 사찰이다. 신라시대 진평왕(579~632년) 때 자장율사가 창건할 당시의 이름은 항사사였으나 훗날 오어사로 바뀌게 되었다. 현재의 오어사 대웅전은 조선시대 영조 때인 1741년에 중건되었다. 오어사는 신라 4대 사(원효, 혜공, 자장, 의상)를 비롯한 훌륭한 스님이 많이 머물던 성지이다. 그런 만큼 성지순례를 위한 참배객들의 발길이 1년 내내 끊이질 않는다. 참배객들에게 가장 인기가 많은 유물은 원효대사의 삿갓과 보물 제1280호인 고려 동종이다. 특히 1995년 11월 16일 오어사 앞 저수지에서 우연히 발견된 고려 동종을 눈여겨 살펴보자. 동종은 고려 고종 때인 1216년에 만들어졌다.

근현대 선승의 맥을 잇는
충남 사찰의 자존심

충남 예산
수덕사

여행정보

🌐 수덕사 www.sudeoksa.com

📞 수덕사 종무소 041-330-7700

🚗 서해안고속도로 해미나들목···▶45번 국도···▶수덕사

🍴 그때그집(더덕정식, 041-337-6633), 버들식당(산채
정식, 041-337-6056), 한일식당(소머리국밥, 041-
338-2654 삽교장날과 장날 전날만 영업)

🏨 덕산온천관광호텔(041-338-5000), 뉴가야관광호텔
(041-337-0101), 뭉펜션(041-337-3070)

법당 내부는 부재가 그대로 드러난 연등천장으로 되어 있어
자연스러운 멋을 더한다. 이처럼 수덕사 대웅전은 화려함보다
기능적인 면에 치중한 고려시대 목조건축물의 교과서라 할 수 있다.

　충남 예산군은 당진, 서산, 홍성 등과 함께 이른바 '내포문화권'에 속해 있는 고장
인 만큼 문화적으로 특징을 지닌 유적이 많다. 그 대표적인 명소 가운데 하나가 덕숭
총림 수덕사이다. 예산의 명산 덕숭산 기슭에 있는 수덕사는 겨울나들이 코스로 아
주 제격인 곳이다. 사람들의 발길이 뜸한 호젓한 겨울에 만나는 수덕사는 단아하다
못해 상큼하기까지 하다. 거기에 새하얀 눈까지 더한다면 그야말로 금상첨화이다.
　수덕사 최고의 자랑거리는 대웅전이다. 지붕을 받치는 기둥들은 하나같이 배흘림
기둥이다. 엄청나게 무거운 지붕의 하중을 최대한 분산하기 위해 이 같은 방식을 취
한 것이다. 대웅전 안의 높은 기둥인 고주(高柱)를 보면 배흘림 형식은 더욱 뚜렷하
게 나타난다. 건축양식은 맞배지붕에 주심포 형식을 취해 한껏 간결미를 뽐내고 있
다. 법당 내부는 부재가 그대로 드러난 연등천장으로 되어 있어 자연스러운 멋을 더
한다. 이처럼 수덕사 대웅전은 화려함보다 기능적인 면에 치중한 고려시대 목조건
축물의 교과서와도 같은 귀중한 문화유산이다. 습기와 불에 약한 취약점을 갖고서
도 묵묵히 수백 년을 버텨 온 그 우직함 때문에 와락 껴안아 주고 싶을 정도로 사랑
스러운 존재이다. 수덕사 대웅전은 부석사(경북 영주) 무량수전, 봉정사(경북 안동)
극락보전 등과 함께 우리나라에서 가장 오래된 목조건축물로 꼽힌다. 이들 가운데
서도 특히 수덕사 대웅전은 건립 연대를 정확히 알 수 있는 우리나라 최고(最古)의
목조건축물로 유명하다. 현재 국보 제49호로 지정된 수덕사 대웅전은 고려시대 충
렬왕 때인 1308년에 세워졌다.
　수덕사 대웅전의 진면목은 양쪽 외벽에 집약되어 있다. 대웅전 앞마당에서 봤을
때는 느끼지 못했던 웅장함과 평온함이 모두 외벽에 담겨 있다. 웅장함은 유난히 넓
은 지붕의 크기에서도 발견할 수 있다. 종도리(마룻대)를 중심으로 좌우에 각각 4개

왼쪽부터 수덕사 관음전 앞 관음보살상, 맛깔스러운 산채음식, 원담스님의 글씨인 대웅전 편액

왼쪽 수덕사 대웅전 앞의 삼층석탑 **오른쪽** 만공스님의 근화필인 '세계일화'

의 중도리와 1개의 주심도리가 있다. 웬만한 건축물에서는 보기 어려운 11량 건축이다. 벽면 바깥으로 살짝 돌출된 색 바랜 부재들에서는 묘한 평온함마저 느껴진다. 하지만 세심한 여행자라면 각각의 부재들이 벽면 안에서 황금비율을 이루고 있다는 사실을 간과하지 않는다. 우리 조상은 이미 수백 년 전부터 건축의 기본이라 할 수 있는 황금비율을 이처럼 자유롭게 활용했던 것이다.

수덕사는 근현대에 훌륭한 선승을 많이 배출한 사찰이다. 그 시작은 구한말에 우리나라 선종을 일으켜 세운 경허스님(1849~1912년)이다. 최인호의 소설 「길없는 길」의 실제 주인공인 경허스님은 많은 일화를 남겼다. 그 가운데 하나. 1886년 5월의 어느 날, 경허스님은 탁발을 마치고 절을 향해 걸어가고 있었다. 뒤를 따르는 젊은 스님은 걸망이 무겁다며 투덜거렸다. 이에 경허스님은 "그럼 두 가지 가운데 하나를 버려라. 하나는 무겁다는 마음이며, 다른 하나는 무거운 걸망이다."라고 말했다. 젊은 스님은 그 말을 이해하지 못하고 계속 투덜거렸다. 그러자 경허스님은 우물가로 가더니 물동이를 머리에 인 아낙네에게 입을 맞췄다. 이를 본 동네 남자들이 몽둥이를 들고 쫓아오기 시작했다. 두 스님은 사력을 다해 뛰었고 어느새 절 앞에까지 이르게 되었다. 경허스님이 물었다. "죽기 살기로 도망칠 때도 걸망이 무겁더냐?" 그때 경허스님을 뒤따르던 젊은 스님은 바로 만공스님(1871~1946년)이다.

경허스님의 제자로서 일제강점기 때 꿋꿋하게 우리 불교계를 지킨 만공스님은 '근화필(槿花筆)'로 유명하다. 우리가 일제의 압박에서 해방된 다음 날에는 땅에 떨어진 무궁화로 '세계일화(世界一化)'라는 글씨를 썼다. 그 글씨로 만든 편액이 스님의 누더기 가사와 함께 현재 수덕사 근역성보관에 전시되어 있다. 만공스님은 1946년의 어느 날 거울을 바라보며 "이보게 만공, 자네와 70여 년 동안 동고동락했는데 오늘이 마지막 날일세."라는 말을 남기고 앉은 채로 입적했다.

한번은 만공스님이 수덕사에 있을 때 한 어린 사미승이 인사를 올리러 왔다. 만공스님은 가만히 주장자를 들어 어린 사미승의 머리를 쳤다. 어린 사미승은 "아야!" 하고 소리를 쳤다. 그날 저녁 만공스님이 어린 사미승을 불러 "어디가 아프더냐?" 라고 묻자 "머리가 아팠습니다."라고 대답했다. 그러자 만공스님은 "참 이상도 하구나. 왜 맞지도 않은 입이 아프다고 소리를 질렀을까?"라고 했다. 그리고는 "소리를 지른 그놈은 도대체 누구냐? 엄마를 보고 싶게 만드는 그놈은 또 누구냐?"라고 질문을 던졌다. 곧바로 답할 수 없었던 어린 사미승은 이를 화두로 열심히 수행에 정진해 훗날 훌륭한 선승이 되었다. 그가 바로 수덕사 3대 방장을 지낸 원담 진성스님(1926~2008년)이다. 스님은 특히 달마도를 잘 그렸으며 선필(禪筆)에도 능했다. 수덕사 대웅전을 비롯한 여러 전각에서 스님의 글씨를 만날 수 있다.

수덕사 대웅전 왼쪽에는 호젓한 산길이 이어져 있다. 계곡을 따라 천천히 산길을 오르다 보면 자신도 모르는 사이에 속세의 묵은 때가 서서히 벗겨지는 것을 느낄 수 있다. 산길을 오르다 만나게 되는 초가집인 소림초당은 만공스님이 머물던 곳이다. 소림초당 위에는 암자인 향운각과 관음보살입상이 있다. 약 7m 높이의 관음보살입상은 1924년에 만공스님이 세운 것이다. 근처에 있는 만공탑은 만공스님의 부도이다. 동그란 공 모양의 부도는 만공스님의 제자 박중은에 의해 1947년 세워졌다.

파란 눈의 수행자, 무상스님　지금으로부터 꼭 31년 전인 1982년 겨울, 당시 대학생이던 나는 기말고사 마지막 시험을 대충(?) 치르고 서둘러 강의실을 빠져나왔다. 오래전부터 준비해 온 '나 혼자만의 여행'을 떠나기 위해서였다. 강화에서 출발해 아산, 예산, 홍성, 천안, 부여, 장항, 군산, 정읍, 순천, 구례, 부산 등을 거쳐 서울로 돌아오는 보름 동안의 여행이었다. 여행의 출발지는 경기도 강화(지금은 인천시로 편입되었다). 송사탕처럼 탐스러운 눈이 내리는 전등사를 출발해 인천으로, 그리고 인천 송도에서 수원까지는 협궤철도를 이용했다. 수원에서 평택을 지나 아산 현충사, 예산 수덕사로 이어지는 나의 외로운 여행은 계속되었다. 수덕사에 도착한 시각은 오후 4시쯤. 나는 수덕사 뒷산에 있는 정혜사에서 하룻밤 묵을 작정으로 인적이 드문 산길을 쉬엄쉬엄 오르고 있었다. 몸은 힘들었지만 정혜사 아래에 있는 만공탑(만공스님 부도)을 만날 수 있다는 생각에 마음만큼은 날아갈 듯 가벼웠다. 이런저런 생각에 잠겨 산길을 오르다 보니 어느새 나는 만공탑 앞에 서 있었다. 어느 소설가가 그의 작품에 등장하는 여주인공의 가슴으로 묘사했다는 만공탑의 유려한 곡선을 바라보고 있을 때 누군가 다가오는 소리가 들렸다. 스님이었다. 합장하고 얼굴을 보니 눈이 파랗다. 법명이 '무상(無上)'이라 했다. 미국 하버드대학에서 공부하다가 한국에 왔다고 했다. 잠깐의 만남이었지만 그의 맑은 눈과 미소, 씩씩한 발걸음이 매우 인상적이었다. 그 후 흘러간 시간이 어느덧 31년. 지금도 내 기억 속에는 만공탑 앞에 늘 무상스님이 서 있다.

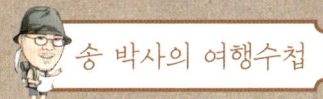
🚐 **근처명소**

❶ 화암사

예산군 신암면 용궁리에 있는 화암사는 그리 많이 알려진 사찰이 아니다. 하지만 최근 들어 걷기여행에 대한 관심이 높아지면서 조금씩 세상 밖으로 그 모습을 드러내고 있다. 화암사 뒷산인 오석산 자락에는 화암사에서 추사고택까지 이어지는 호젓한 산길이 있다. 약 1.5km에 이르는 산길은 가벼운 산책을 하기에 좋은 길로 입소문을 타고 있다. 화암사는 백제 때 창건된 것으로 전해지는 고찰이다. 하지만 예전 기록은 남아 있지 않고 조선시대 영조 때인 1752년에 월성위 김한신이 중창했다는 기록 정도만 남아 있을 뿐이다. 김한신은 영의정 김흥경의 아들이며, 추사 김정희(1786~1856년)의 증조할아버지이다. 화암사에는 추사 김정희와 관련된 유적이 많다. 그 대표적인 것이 사찰 뒤편 병풍바위에 있는 시경(詩境)과 천축고선생댁(天竺古先生宅) 석각이다. '시경'은 '시를 쓰기에 좋은 경치'를 의미하고, '천축고선생댁'은 '천축국(인도)의 고선생(부처님)이 사는 집'을 의미한다.

❷ 추사고택

예산군 신암면 용궁리에 있는 추사고택은 추사 김정희의 증조할아버지인 월성위 김한신이 지은 집이다. 문간채, 사랑채, 안채, 사당채 등으로 이뤄진 추사고택은 우리나라의 중부 지방과 영남 지방에서 많이 볼 수 있는 'ㅁ' 자형 대갓집의 전형을 잘 보여 주는 건축물이다. 집안 곳곳에 전시된 추사 김정희의 그림과 글씨는 집의 고풍스러움을 더한다. 그 가운데서도 가장 눈길을 끄는 것은 세한도(국보 제180호)의 복제품이다. 세한도는 추사 김정희가 제주도 유배 시절인 1844년에 제자 이상적에게 그려 준 그림이다. 역관이었던 이상적은 스승이 제주에서 유배를 하는 동안 청나라에서 구한 책을 보내 주는 등 제자로서 해야 할 도리를 다했다. 추사 김정희는 제자의 고마움을 그림으로 화답했다. 그리고 세한도 오른쪽 아래에 '장무상망(長毋相忘)'이라는 붉은색 방인(方印)을 찍었다. 장무상망이란 '우리 서로 오랫동안 잊지 말자'는 뜻이다.

❸ 덕산온천

충남 예산군 덕산면 소재지에서 수덕사로 가는 길에 만날 수 있는 덕산온천은 가족 단위의 여행자들이 즐겨 찾는 온천여행지이다. 이율곡 선생의 저서 『충보』에 온천을 발견하게 된 때가 기술되어 있을 정도로 역사와 전통을 자랑하는 곳이다. 온천은 약알칼리성 성분의 단순방사능천(單純放射能泉)으로 신경통을 비롯해 류머티즘성 질환과 근육통의 치료에 큰 효험이 있는 것으로 널리 알려졌다. 일명 '지구유'라 불리는 온천수는 약수처럼 따로 받아서 마시기도 한다. 덕산온천의 온천수를 규칙적으로 마시면 지방 과다와 만성 위장병의 치료에 큰 효험을 볼 수 있다.

하늘거리는 억새길을 따라
천천히 걷는 즐거움

경남 밀양
재약산

여행정보
🌐 밀양시 문화관광 tour.miryang.go.kr
📞 가지산도립공원 관리사무소 055-356-1915
🚌 대구-부산고속도로 밀양나들목 ···▶ 24번 국도 ···▶ 밀양시
　 산내면 ···▶ 남명삼거리 ···▶ 얼음골 ···▶ 재약산
🍴 안동민속촌(산채백반, 055-351-0866), 강촌가든(된
　 장찌개, 055-353-3905), 신라정(산채정식, 055-
　 351-1553)
🛏 아이스밸리리조트(055-356-7139), 알프스관광펜션
　 (055-352-0873), 얼음골한옥펜션(055-356-3596)

추천코스
📍 당일여행 얼음골 ···▶ 재약산 ···▶ 표충사
　 1박2일여행 얼음골 ···▶ 재약산 ···▶ 표충사 ···▶ 영남루 ···▶ 표
　 충비각 ···▶ 사명대사유적지 ···▶ 만어사(운해 및 경석)

노련한 등산객들은 사자봉 정상에서 그리 오랜 시간을 보내지 않는다.
건너편의 재약산 수미봉이 손에 잡힐 듯하고, 그 너머에 있는
사자평고원 억새밭과의 가슴 벅찬 만남이 발길을 재촉하기 때문이다.

억새는 늦가을과 초겨울의 낭만이다. 가을이 떠나갈 무렵 높은 산에서 만나는 큰
무리의 억새는 그야말로 '광평추파(廣坪秋波)'를 연상케 한다. 겨울 채비에 들어간
나무들이 대부분 알몸을 드러낼 무렵에 느끼는 억새의 풍성함에 이끌려 '억새산행'
을 즐기는 사람도 많다. 우리나라에서 억새산행을 하기에 좋은 곳으로는 경남 밀양
의 재약산을 비롯해 경남 창녕의 화왕산, 광주의 무등산, 강원도 정선의 민둥산, 전
남 영암의 월출산 등을 꼽을 수 있다.

밀양 재약산을 오르는 코스는 크게 두 가지가 있다. 얼음골에서 출발해 가마볼협
곡-사자봉-수미봉-고사리분교-층층폭포를 거쳐 표충사로 내려오는 코스와, 반대
로 표충사를 출발해 내원암-진불암-고사리분교-수미봉-사자봉-가마볼협곡을 거
쳐 얼음골로 내려오는 코스이다. 등산에 걸리는 시간은 두 코스 각각 약 6~7시간이
지만 보다 여유롭게 등산을 즐길 요량이라면 얼음골에서 출발해 표충사로 내려오는
코스를 선택하는 것이 무난하다.

밀양시 산내면 남명리는 가지산도립공원의 관문이기도 하지만 밀양에서 얼음골
로 가기 위해서 반드시 거쳐야 하는 마을이기도 하다. 밀양에서 남명리까지는 약
25km, 남명리에서 얼음골까지는 약 4km이다. 천연기념물 제224호로 지정된 얼음

재약산 억새밭

왼쪽부터 얼음골, 재약산의 억새밭 등산로

골은 자연의 순리를 역행하는 신비스러운 곳이다. 해마다 4월부터 무더위가 기승을 부리는 8월까지 돌무더기 속에서 얼음이 얼기 때문이다. 더욱 신기한 사실은 실제로 얼음이 얼어야 할 겨울에는 반대로 따뜻한 온기가 스며 나온다는 것이다. 얼음골은 사과의 명산지로도 유명하다. 우리나라 곳곳에 청송, 안동, 황간, 예산 등과 같은 사과 명산지들이 있지만, 특히 얼음골의 사과는 당도가 높은 것으로 정평이 나 있다. 일교차가 크고 한여름에 서늘하다는 지형적 특성이 있기 때문이다. 그래서 얼음골의 사과는 '꿀사과'라는 이름으로 더 많이 알려졌고 11월에 가장 맛이 좋다.

얼음골을 지나면서부터는 평소 접해 보지 못한 특이한 등산로가 펼쳐진다. 이름하여 돌무더기계곡. 마치 누가 실어다 놓은 것처럼 크고 작은 돌무더기들이 계곡을 가득 메우고 있다. 등산객들은 덜컥거리는 이 계곡을 따라 가마볼협곡을 지나게 된다. 가마솥을 걸어 놓는 아궁이처럼 생겼다고 하여 가마볼협곡이라 이름 붙여졌다. 이 협곡을 힘겹게 오르다 보면 등산로 근처에서 조그만 동굴을 하나 만나게 된다. 이 동굴의 이름은 동의굴. 바로 『동의보감』의 저자 허준이 스승 유의태의 시신을 해부했다는 곳이다. 물론 그 사실을 입증할 만한 뚜렷한 근거가 있는 것은 아니다. 하지만 동의굴은 한여름에도 오싹함을 느낄 만큼 서늘한 기운이 감돌아 이 같은 추측에 어느 정도 고개를 끄덕이게 한다.

가마볼협곡을 지나 산등성이에 오르면 사자봉 정상까지 억새밭 등산로가 이어진다. 사자봉 정상에서는 영남알프스의 연봉을 바라보며 잠시 꿀맛 같은 휴식을 취할 수 있다. 하지만 노련한 등산객들은 사자봉 정상에서 그리 오랜 시간을 보내지 않는다. 건너편의 재약산 수미봉이 손에 잡힐 듯 가까이 다가와 있고, 그 너머에 있는 사자평고원 억새밭과의 가슴 벅찬 만남이 발길을 재촉하기 때문이다. 사자평고원은 우리나라의 대표적인 고산습지인 산들늪이 있는 곳이기도 하다. 해발 720~760m의 비탈면에 있는 산들늪은 현재 환경부에 의해 고산습지보호구역으로 지정되어 있다.

수미봉 아래에 있는 지금은 폐교된 고사리분교(1966년부터 1996년까지 36명의 졸업생 배출)에서 하산하는 길은 두 갈래로 나뉜다. 자동차가 다닐 수 있도록 길을 낸 작전도로가 그 하나이고, 다른 길은 옥류동천을 따라 층층폭포를 거치는 등산로이다. 될 수 있으면 옥류동천을 따라 내려오는 코스를 선택하는 것이 좋을 것이다. 지루하지도 않고 곳곳에서 아기자기한 비경을 만날 수 있기 때문이다. 하지만 어느 길을 선택하더라도 모두 표충사에서 산행을 마치게 된다.

밀양을 대표하는 사찰인 표충사는 사명대사의 체취를 느낄 수 있는 곳이다. 신라시대 진덕여왕 때인 654년에 원효대사가 창건했으며 본래 이름은 죽림사이다. 옛 사찰 이름의 유래를 말해 주듯 지금도 큰 법당 뒤에는 작은 대나무숲이 남아 있다. 신라시대 흥덕왕(826~836년 재위) 때에는 영은사라 불리었고, 조선시대 헌종 때인 1839년부터 표충사로 불리고 있다. 한때 일연스님(『삼국유사』 저자)이 1,000여 명의 승려를 거느리기도 했던 표충사 경내에서는 우리나라에서 가장 오래된 향로인 청동 함은향완(국보 제75호)을 비롯해 석가여래의 진신사리를 모신 삼층석탑, 사명대사의 유품 300여 점이 전시된 유물전시관, 그리고 임진왜란 때 큰 공을 세운 3대사(서산, 사명, 기허)의 영정을 모신 표충서원 등을 둘러볼 수 있다.

🗨 송 박사의 미주알고주알

내 여행의 테마, 사람과 자연 철학이라고 말하기엔 조금 쑥스럽지만 내게는 오랫동안 변하지 않는 여행 테마가 있다. 바로 '사람'과 '자연'이다. 가공되지 않은 본래의 모습을 잘 간직한 자연과 사람을 만났을 때의 가슴 벅찬 감동과는 비유할 바가 못 된다. 이 같은 맥락에서 10년 전에 다녀온 호주여행은 내게 지금까지도 아름다운 여행으로 남아 있다. 2003년 4월 12일부터 23일까지 다녀온 호주 여행은 오랜 준비 끝에 이뤄졌다. 1993년에 호주의 다윈, 퍼스 등을 다녀온 이후로 심한 향수병(?)에 시달리다 10년 만에 '아일랜드 라이프'라는 주제로 다시 호주를 여행하게 되었다. 전체 일정 가운데 3일을 남호주의 캥거루 아일랜드에서 보내게 되었다. 자그마한 킹스코트 공항에 도착한 순간의 설렘은 지금도 기억에 생생하다. 호주 관련 여행서적을 뒤적이다 우연히 알게 된 캥거루 아일랜드. 한참을 들여다보며 "내 평생에 한 번쯤 가 볼 수 있을까?"라며 몹시도 동경하던 그 섬을 마침내 찾아왔기 때문이다. 함께 여행에 참가한 사람들은 캐롤 라자(남아프리카공화국), 존 영(미국), 마이크 마더(뉴질랜드), 막스 페나(이탈리아) 등과 같은 각국에서 온 여행기자였다. 여기에 호주정부관광청의 안젤라 스크리포가 동행했다. 모두들 나름대로 다양한 여행 경험을 가진 베테랑이었다. 결코, 서두르거나 큰소리를 내는 법이 없었고 늘 웃음으로 서로 대하는 모습이 보기 좋았다. 캥거루 아일랜드의 안내를 맡았던 앤디 역시 친절했다. 키가 190cm쯤 되는 그를 공항에서 처음 만났을 때는 약간의 위압감을 느끼기도 했다. 하지만 차분하고 부드러운 그의 설명을 들으면서 위압감은 생각은 금세 사라졌다. 숲 속에 들어갈 때 우리 일행의 신발을 일일이 털어 주고, 길가에 떨어진 음료수 캔을 줍기 위해 자동차를 되돌리던 그의 모습에서는 '자연인' 그 자체를 보는 듯했다. 여행지에서 좋은 사람을 만났을 때 여행지에 대한 추억이 오래 갈 수 있다는 것을 새삼 확인한 아름다운 여행이었다.

🚐 근처명소

❶ 영남루

영남루는 밀양에서 가장 유명한 옛 건축물이다. 조선시대에 진주 촉석루, 평양 부벽루와 함께 3대 누각으로 손꼽혔다. 정면 5칸, 측면 4칸을 비롯하여 무려 20칸이 넘는 큰 건축물이다. 누각 옆에 각각 능파당과 침류각이 부속건물로 딸려 있는데 침류각과의 연결 부분은 3단 계단인 월랑으로 이뤄져 있어 한층 아름다움을 더한다. 현재의 영남루는 밀양부사 이인재에 의해 조선시대 헌종 때인 1844년 밀양도호부의 객사 부속건물로 지어졌다. 누각 안에 걸려 있는 현판 가운데 '영남루'는 일곱 살짜리 이현석이 썼고, '영남제일루'는 열한 살짜리 이주석이 쓴 것으로 알려졌다. 두 사람은 밀양부사 이인재의 아들이다. 영남루 아래에는 조선 명종 때 억울하게 목숨을 잃은 아랑낭자의 원혼을 달래 주기 위해 세운 '아랑각'이 있다. 밀양부사의 외동딸이었던 아랑낭자는 유모의 꾐에 빠져 달구경을 나갔다가 그만 목숨을 잃고 말았다. 매년 4월 16일에는 아랑각에서 아랑낭자를 위한 제사를 지내고 있다.

❷ 밀양여름공연예술축제

'밀양여름연극제'라는 이름으로 더 많이 알려진 종합예술제이다. 한여름 무더위가 기승을 부리는 7월 말과 8월 초 사이에 밀양연극촌(밀양시 부북면 가산리)에서 열리고 있다. 1986년 부산에서 창단된 단원인 연희단거리패의 본거지이기도 한 밀양연극촌은 1999년에 문을 열었다. 폐교된 월산초등학교를 개조해 훌륭한 예술공간으로 재창조하였다. 월산초등학교를 중심으로 연극촌이 형성되었다. 밀양여름공연예술축제는 2001년에 처음 시작된 이후로 해마다 그 규모가 점점 커지고 있다. 2001년 첫 개최했을 때의 총 관객은 7,000여 명이었는데 2012년 11회 때에는 몇 배나 많아진 49,000여 명에 달했다. 야외공연장인 '숲의 극장'과 '성벽극장'을 비롯해 스튜디오극장, 우리동네극장, 브레히트극장 등에서 다양한 형식의 공연들이 펼쳐진다. 축제가 열리지 않을 때에는 매주 토요일에 주말극장을 운영하고 있다.

❸ 영남알프스

재약산을 비롯해 해발 1,000m가 넘는 영축산, 가지산, 신불산, 간월산, 운문산, 사자봉(천황산) 등과 함께 거대한 산군을 이루는 지역을 가리킨다. 하늘억새길은 영남알프스를 더 가까운 곳에서 느껴 볼 수 있는 친환경적 순환형 탐방로이다. 억새바람길, 단조성터길, 사자평억새길, 단풍사색길, 달오름길 등 모두 5개 구간으로 나누어 있는데 구간별 탐방에 걸리는 시간은 약 2시간 30분~4시간이다. 산행에 자신이 있다면 영남알프스 종주에도 도전할 수 있다. 종주 코스는 총 39.9km인데 이를 다시 1구간(24.9km, 약 13시간 30분 소요)과 2구간(15km, 약 7시간 소요)으로 나누어 놓았다. 1구간은 석골사에서 출발해 가지산과 간월산을 거쳐 신불재까지, 2구간은 신불재를 출발해 영축산과 재약산을 거쳐 사자봉까지 이어진다.

천불천탑의 전설 간직한 '시크릿 템플'

전남 화순
운주사

여행정보

🌐 **운주사** www.unjusa.org

📞 **운주사 종무소** 061-374-0660

🚗 호남고속도로 동광주나들목 ┄▸ 29번 국도 ┄▸ 화순군 화
순읍 ┄▸ 화순군 능주면 ┄▸ 822번 지방도 ┄▸ 화순군 도암
면 ┄▸ 운주사

🍴 달맞이흑두부(흑두부보쌈, 061-372-8465), 장원봉국
밥(국밥, 061-374-5914), 빛고을회관(청국장, 061-
372-1616)

🛏 뉴욕파크모텔(061-374-1177), 미송온천호텔(061-
375-9800)

추천코스

📍 **당일여행** 운주사 ┄▸ 화순고인돌유적지 ┄▸ 도곡온천
1박2일여행 운주사 ┄▸ 화순고인돌유적지 ┄▸ 도곡온천 ┄▸
쌍봉사 ┄▸ 물염정 ┄▸ 화순온천 ┄▸ 소쇄원

각기 다른 형태의 석불과 석탑은 운주사 주변의 평지와 능선 곳곳에
자연스럽게 산재해 있다. 뒤돌아서면 눈이 멈추는 그곳에,
고개를 돌리면 또 그곳에 어김없이 석불이나 석탑이 서 있다.

전남 화순은 최근 국립공원으로 지정된 무등산을 사이에 두고 광주광역시, 전남
담양군 등과 경계를 이루고 있는 고장이다. 화순을 대표하는 답사여행지로는 운주사
를 단연 첫손으로 꼽을 수 있다. 하지만 운주사를 찾아가기 전에 역사에 관심이 많은
사람이라면 정암 조광조를 먼저 떠올려야 할 것이다. 사극 드라마에 자주 등장하는
조광조(1482~1519년)는 조선시대 최고의 개혁정치가였던 인물이다. 조선 중종 때
훈구파의 모략을 이겨내지 못하고 화순으로 유배를 갔다가 사약을 받고 짧은 삶을
마감했다. 화순군 능주면 남정리에 정암 조광조를 기리는 적려유허비가 남아 있다.

화순군 도암면에 있는 운주사는 천불천탑의 전설을 간직한 사찰이다. 우리나라
어느 사찰에서도 보기 드문 다양한 형태의 탑과 불상들을 만날 수 있는 곳이다. 아
직 불상과 불탑을 조성한 유래에 대해 명확하게 밝혀진 기록이 없어 누구라도 자유
롭게 상상의 나래를 펼 수 있어서 더욱 좋은 곳이다. 1481년 편찬된 『동국여지승람』
(능성현 조)에 "천불산 운주사 좌우 산등성이에 석불과 석탑이 각각 1,000기가 있으
며, 석실에는 두 석불이 서로 등을 맞대고 앉아 있다."라고만 기록돼 있다. 그런 만
큼 호기심에 대한 기대는 더욱 증폭된다.

운주사는 오랫동안 역사 속에 묻혀 있었으나 유적 발굴이 시행된 지난 1984년부터
차츰 세상 사람들에게 그 모습을 드러내기 시작했다. 하지만 아직도 언제, 누가, 어
떤 목적으로 천불천탑을 조성했는지 정확하게 알려지지 않은 상태이다. 일설에는 풍
수에 밝았던 신라 말의 고승 도선국사가 영남 지방과 호남 지방의 균형을 맞추기 위
해 많은 석불과 석탑을 세웠다고도 한다. 하지만 지금 운주사에 천불과 천탑은 없다.

왼쪽 운주사 부부와불상 **오른쪽** 공사바위에서 바라본 운주사

왼쪽부터 경사진 바위 위에 세워진 칠층석탑, 소박한 형태의 거지바위탑, 부부와불상 근처에 세워진 머슴부처

말 그대로 기록과 전설로만 전한다. 전란과 풍수해를 겪고, 일제강점기를 거치면서 석불과 석탑은 하나둘씩 사라졌다. 1940년대 초만 하더라도 석불 213구와 석탑 30기가 있었다고 한다. 하지만 현재는 그 절반에도 못 미치는 70기의 석불과 12기의 석탑만이 남아 있을 뿐이다. 꼭 외지인만 탓할 일도 아니다. 지역 주민의 무관심 속에 불상의 팔과 다리는 도망가고 심지어 몸통 없이 얼굴만 남아 있는 불상도 많다. 석불대좌 역시 대부분 사라졌다. 그래서 운주사의 석불은 온전하게 서 있는 것이 거의 없다. 길가 바위벽에 비스듬히 기대어 있는 것이 대부분이다.

각기 다른 형태의 석불과 석탑은 운주사 주변의 평지와 능선 곳곳에 자연스럽게 산재해 있다. 뒤돌아서면 눈이 멈추는 그곳에, 고개를 돌리면 또 그곳에 어김없이 석불이나 석탑이 서 있다. 그 자체가 훌륭한 전시장인 셈이다. 그러나 어떤 정해진 기준에 따라 석불과 석탑을 배열한 것으로는 보이지 않는다. 오히려 자연스러워서 더 좋다. 석탑의 구조와 모양도 제각각이다. 탑신에는 'X'자나 마름모꼴과 같은 기하학적인 문양을 새겨 놓았다. 우리나라의 다른 석탑에서는 찾아볼 수 없는 문양이다. 옥개석이 햄버거처럼 생긴 것도 있다. 혹시 '탑 쌓기 경연을 했던 곳은 아닐까?' 하는 생각이 들 정도이다. 그동안 여러 차례의 발굴조사와 학술조사가 있었지만, 전문가들도 운주사 석탑들의 공통점을 찾아내지 못했다.

운주사의 좁고 긴 평지에 있는 석탑 가운데 가장 눈에 띄는 것은 구층석탑(보물제796호)이다. 운주사에 있는 석탑 가운데 가장 키가 커서 일명 '돛대탑'이라 불리고 있다. 운주사에 석불과 석탑이 조성될 당시 운주사 일대가 풍수지리학적으로 '움직이는 배(運舟)'의 형국이었다는 추정을 가능케 하는 탑이다. 서로 등을 맞대고 있는 석조불감(보물 제797호)을 비롯해 곡선의 아름다움을 잘 표현한 원형다층석탑(보물 제798호), 발우 모양의 원형구형탑, 원반형 석탑인 명당탑 등도 눈길을 끈다.

운주사에 있는 수십 기의 석불과 석탑 가운데 대웅전 오른쪽 산등성이에 누워 있는 부부와불(臥佛)상이 가장 유명하다. 폭 10m, 길이 12m의 와불상은 도선국사가 천탑을 세우고 나서 마지막 천불인 와불상을 세우려는 순간에 새벽닭이 울어 미처 세우지 못하고 내려 놓았다는 전설이 있다. 부부와불상으로 올라가는 길에 만나게 되는 오층석탑과 칠층석탑은 번뜩이는 재치가 돋보이는 조형물이다. 탑을 세우려면 먼저 기단을 놓는 것이 일반적인데, 두 탑은 커다란 바위 전체를 기단으로 삼았다. 경주 남산의 용장골 바위 위에 세워진 용장사지 삼층석탑과는 또 다른 호기심을 불러일으키는 명품이다. 부부와불상 근처에는 와불의 바위 한쪽을 떼어낸 것으로 추정되는 머슴부처, 북두칠성을 형상화한 칠성바위 등이 있다. 건너편 산등성이에는 운주사에서 가장 소박한 모습을 한 거지바위탑(일명 동냥치바위탑)이 세워져 있다.

운주사에서 가장 전망이 좋은 곳은 대웅전 뒤편에 있는 공사바위(불사바위)이다. '공사바위'라는 이름은 도선국사가 일꾼들을 독려하기 위해 올라가 있었다는 데서 유래되었다. 공사바위에 서면 대웅전 양쪽으로 쭉 뻗어 나간 산등성이 곳곳에 점점이 박혀 있는 석불과 석탑이 한눈에 들어온다. 하지만 예전처럼 전망이 그리 좋지는 않다. 지난 2008년 4월 6일에 발생한 산불 때문에 석탑과 석불 주변의 오래된 소나무들이 대부분 소실되었기 때문이다. 공사바위로 올라가는 길에 만나게 되는 흐릿한 마애불은 운주사의 유일한 마애불이다.

🔵 송 박사의 미주알고주알

가섭존자의 염화미소 사찰을 답사하면서 반드시 들르게 되는 전각 가운데 하나가 나한전(羅漢殿)이다. 부처님을 모신 대웅전이나 극락전과는 달리 고승을 모신 전각이다. 나한전이라는 이름 대신 오백전이라는 편액을 걸어 놓은 곳도 있다. 이는 곧 '오백나한'을 의미한다. 십육나한을 모신 곳은 일반적으로 응진전이라 불린다. '나한'은 '아라한(阿羅漢)'의 약자이다. 아라한은 '아라한과(阿羅漢果)를 이룬 성자', 다시 말해 '공양을 받을 자격을 갖추고 대중을 이끌 수 있는 진리를 터득한 성자를 가리킨다. 나한전에서 만날 수 있는 대표적인 성자는 아난존자와 가섭존자이다. 석가모니의 최측근 제자들이다. 내가 나한전을 즐겨 찾는 이유 가운데 하나는 가섭존자의 아름다운 미소를 보기 위해서이다. 일명 '염화미소(또는 염화시중의 미소)'라 불리는 가섭존자의 미소는 그야말로 세상의 모든 걱정거리를 단숨에 녹여 버릴 정도로 부드럽고 온화하다. 석가모니가 영취산에서 설법을 시작하면서 아무 말 없이 연꽃을 꺾어 들었더니, 석가모니의 10대 제자를 비롯한 수많은 대중이 의아해하고 있는데 유독 가섭존자만이 살며시 미소를 머금었다. 염화미소는 가섭존자가 지었던 이 미소에서 유래되었다. 염화미소는 '마음에서 마음으로 전하는 것'을 의미하는 '이심전심(以心傳心)'과 똑같은 의미로도 통용된다. 이심전심은 중국 선종(禪宗)의 핵심 가르침 가운데 하나이다. 말은 한마디도 않고 서로 뜻이 통하려면 상당한 경지에 올라야 할 텐데……

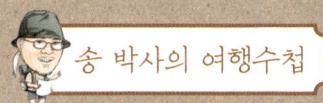
🚙 근처명소

❶ 쌍봉사

운주사와 함께 화순의 대표적인 사찰로 손꼽히는 쌍봉사는 화순에서 남쪽으로 35km쯤 떨어져 있다. 신라시대 경문왕 때인 868년에 당대의 고승 철감선사에 의해 창건되었으며 사찰 이름은 철감선사의 호인 '쌍봉'에서 유래되었다. 쌍봉사 대웅전은 여느 사찰과는 달리 삼 층으로 된 목탑이다. 그것도 정면과 측면이 각각 1칸씩이고 마치 우람한 기둥처럼 생긴 목조건축물이다. 풍수지리학적으로 쌍봉사가 자리 잡고 있는 지형이 '움직이는 배'의 형상이라 배의 돛대 역할을 하는 길쭉한 목탑을 세웠다 한다. 쌍봉사 뒷산에는 멋진 보물이 하나 숨겨져 있다. 답사여행을 제대로 하는 사람이라면 누구나 한 번쯤 보고 싶어 하는 철감선사 부도(국보 제 57호)가 바로 그것이다. 현존하는 우리나라의 부도 가운데 가장 아름다운 걸작으로 평가를 받고 있는데 1,000년이 넘는 세월이 지났음에도 탑의 가릉빈가, 비천상, 구름, 사자, 연꽃 문양 등이 고스란히 제모습을 간직하고 있다.

❷ 화순고인돌유적지

화순 일대에는 청동기시대 고인돌 채석용 암반(감태바위)을 비롯해 당시의 것으로 추정되는 입석(선돌 5기) 등 고인돌과 관련된 흔적이 곳곳에 남아 있다. 특히 화순군 도곡면 효산리와 춘양면 대신리를 잇는 보검재 양쪽 골짜기에는 모두 400여 기의 남방식 고인돌이 밀집되어 있어 눈길을 끈다. 대신리에는 길이 7.3m, 너비 5m, 두께 4m, 추정 무게 280t짜리 초대형 남방식 고인돌(일명 핑매바위)이 있으며 효산리에는 무게 100t 이상으로 추정되는 길이 5.3m짜리 고인돌이 있다. 특히 산 중턱에서는 고인돌의 덮개돌 채굴지가 발견돼 관심을 끌고 있기도 하다. 화순 일대의 고인돌군은 현재 세계문화유산으로 등재되어 있다.

❸ 화순온천

화순군 북면에 자리 잡고 있는 화순온천은 도곡온천(화순군 도곡면 소재)과 함께 호남 지역의 대표적인 온천휴양지 가운데 하나이다. 20여 년 전인 1982년에 전남 지역에서 가장 먼저 발견되어 1995년 10월에 종합온천장으로 문을 열었다. 약알칼리성 온천으로 만성 피부병, 신장염, 위장병 등의 치료에 효험이 있는 것으로 잘 알려졌다. 우리 몸에 좋은 작용을 하는 라듐과 유황이 함유된 온천탕 외에도 수영장, 기념품 판매점, 식당, 공연장, 커피숍 등과 같은 편의시설이 마련되어 있다.

❶

❷

❸

어린 단종의 울부짖음 귓가에 맴돌아······

강원 영월
청령포

여행정보

🌐 **영월관광** www.ywtour.com

📞 **청령포 관리사무소** 033-370-2657

🚗 중앙고속도로 제천나들목 ···› 38번 국도 ···› 서영월나들목 ···› 59번 국도 ···› 청령포

🍴 장릉보리밥집(보리밥, 033-374-3986), 청산회관(곤드레정식, 033-374-3030), 동강다슬기(다슬기해장국, 033-374-2821)

🛏 그랜드파크장(033-373-6110), 나이스모텔(033-373-0709), 약물내기모텔(033-373-5533)

추천코스

📍 **당일여행** 선돌 ···› 청령포 ···› 장릉 ···› 보덕사
1박2일여행 청령포 ···› 장릉 ···› 보덕사 ···› 조선민화박물관 ···› 선돌 ···› 요선정 ···› 법흥사

수령 600년 정도로 추정되는 관음송은 청령포의 영물로 여겨진다.
단종이 유배의 외로움과 부당함을 견디지 못해 울부짖던 모습을
듣고 보았던 소나무라는 의미로 '관음송(觀音松)'이라는 이름이 붙었다.

강원도 영월은 이른바 '충절의 고장'이라 불리는 유서 깊은 고장이다. 역사적으로
는 조선 6대 임금이었던 어린 단종이 숙부인 수양대군(세종의 둘째 아들)에 의해 유
배되었다가 사약을 받고 비참한 최후를 맞이한 곳으로 잘 알려졌다. 삼면이 강물에
둘러싸여 있는 데다 한쪽 면이 높은 벼랑에 가로막혀 있는 청령포, 단종이 잠들어
있는 장릉, 단종이 사약을 받은 관풍헌, 그리고 단종이 자신의 불행한 처지를 소쩍
새에 비겨 시를 읊었다는 자규루 등은 단종과 관련된 대표적인 유적지들이다.

단종은 아버지 문종이 일찍 승하하자 1452년에 12살의 어린 나이로 왕위에 올랐
다. 그러나 세종의 둘째 아들인 수양대군의 사주를 받은 조정 대신들의 압박을 견디
다 못해 왕위를 수양대군(세조)에게 물려주고 말았다. 이에 집현전 학사들은 뜻을 모
아 단종을 다시 왕위에 오르게 할 대책을 세우기 시작했다. 그러던 중 창덕궁에서 명
나라 사신들을 위한 연회에 세조가 참석한다는 소식을 듣고 이때 세조를 시해할 계
획을 세웠다. 하지만 유응부가 세조를 보필하기로 했던 일정이 거사 당일에 갑자기
바뀌면서 거사는 수포로 돌아갔다. 게다가 거사 가담자인 김질이 장인 정창손에게
밀고하면서 가담자 모두가 붙잡혔다. 계획이 실패하면서 7일 후인 1456년 6월 9일에
가담자는 모두 군기감에서 처형되었다. 그 가운데 여섯 사람(성삼문, 이개, 박팽년,

영월의 비경 가운데 하나인 선돌

하위지, 유응부, 유성원)은 훗날 중종 때에 이르러 사육신에 명해졌다. 거사에 개입하지는 않았지만, 세조가 왕위에 오르자 관직을 버리고 충절을 지킨 여섯 사람(김시습, 원호, 이맹전, 조려, 성담수, 남효온)은 생육신에 명해졌다.

세조는 자신의 반대 세력이 계속 활개를 치자 상왕으로 있던 단종을 노산군으로 강봉시켜 영월로 유배를 보냈다. 그러자 이번에는 자신의 동생인 금성대군(세종의 여섯째 아들)이 순흥에서 부사 이보흠과 함께 단종의 복위를 위해 세력을 키우고 있다는 소식이 들렸다. 이에 세조는 금성대군을 반역죄로 처형하는 한편 영월에 유배 중인 단종을 노산군에서 서인으로 다시 강봉시켰다. 그리고는 금부도사 왕방연으로 하여금 단종에게 사약을 내리게 했다. 그리하여 비운의 어린 왕 단종은 1457년 10월 24일에 17살의 나이로 짧은 삶을 마감했다.

지금도 배를 타고 들어가야 하는 청령포 안에는 단종이 유배되었던 곳임을 알리는 유지비각이 세워져 있다. 비각의 앞면에는 '단종이 여기 계실 때의 옛터'라는 뜻의 글씨가 새겨져 있다. 뒷면에는 "영조 39년 계미년 가을에 울면서 받들어 쓰고 어명에 의해 원주 감영이 세우다. 지명은 청령포"라는 글씨가 새겨져 있다. 유지비각 근처에서는 "동서 300척, 남북 490척"이라는 글씨가 뚜렷하게 새겨진 금표비를 찾아볼 수 있다. 조선시대 영조 때인 1726년에 세워진 금표비는 왕이 계시던 곳이므로

🗨 송 박사의 미주알고주알

주천 쌍섶다리 영월읍에서 서강을 따라 평창 쪽으로 가다 보면 주천면이 나온다. 먼 옛날 '술이 나오는 샘'이 있었다고 해서 '주천(酒泉)'이라는 이름이 붙은 마을이다. 주천면은 우리나라 유일의 쌍섶다리가 있는 마을이다. 물론 지금도 직접 건너볼 수도 있다. 섶다리는 강원도 산간마을에서 쉽게 볼 수 있는 일종의 가교이다. 늦가을부터 장마가 시작되기 전인 초여름까지 이용하기 위해 나뭇가지를 이용해 임시로 만든 다리로 장마철이 되어 개울물이 불어나면 섶

다리는 물살에 의해 자연스럽게 해체된다. 그런데 주천면의 섶다리는 두 개가 나란히 놓여 있다. 왜 그럴까? 1457년(조선 세조 3년) 10월 24일, 단종은 영월에서 사약을 받고 승하했다. 이후 영월 사람들의 조정에 대한 민심은 세월이 흐를수록 더욱 나빠졌다. 이에 조정에서는 1699년(조선 숙종 25년) 3월 2일에 이르러 단종이 잠들어 있는 노산묘를 장릉으로 추봉(승격)하고 강원도관찰사로 하여금 장릉을 참배하도록 조치했다. 그 당시 관찰사가 집무를 보는 감영은 원주에 있었다. 따라서 관찰사 일행이 장릉으로 가기 위해서는 반드시 주천강을 건너야 했다. 하지만 기존의 외섶다리로는 가마와 말을 탄 관찰사 일행이 도저히 강을 건널 수 없었다. 그래서 부득이 강 동쪽의 주천리와 서쪽의 신일리 사람들이 힘을 합쳐 섶다리 하나씩을 나란히 놓게 되었다. 덕분에 관찰사 일행은 무사히 강을 건널 수 있었다. 며칠 후, 장릉을 참배하고 원주로 향하던 관찰사는 주천에 머물며 쌍섶다리를 놓느라 수고한 주민을 위해 큰 잔치를 베풀었다. 이 일이 있고 나서 영월 사람들의 민심은 예전처럼 좋아졌고, 쌍섶다리 놓기는 이 지역의 대표적인 민속놀이로 오늘날까지 전승되어 내려오고 있다. 1985년에는 제3회 강원도민속예술경연대회에서 우수상을 받기도 했다.

왼쪽부터 청령포 단종 유배지, 층암절벽 위의 망향탑, 청령포 나룻배

외부인의 출입을 금한다는 표식이다. 그러나 단종이 유배 중일 당시에도 출입에 행동 제약이 있었을 것으로 추정되어 오늘날 청령포를 찾는 많은 사람이 눈시울을 적시곤 한다.

유지비각과 금표비 외에도 청령포 안에는 단종이 유배할 때부터 있었다는 노송인 관음송(천연기념물 제349호)이 있고 단종이 한양 땅을 그리워하며 쌓았다는 망향탑, 단종이 해질 무렵이면 올라가 시름에 잠겼다는 노산대 등이 있다. 특히 수령 600년 정도로 추정되는 관음송은 청령포의 상징과도 같은 영물로 여겨지고 있다. 단종이 유배의 외로움과 부당함을 견디지 못해 울부짖던 모습을 듣고 보았던 소나무라는 의미로 '관음송(觀音松)'이라는 이름이 붙었다.

청령포가 한눈에 내려다보이는 맞은편 강 언덕에는 단종에게 사약을 전달한 금부도사 왕방연이 단종의 슬픈 처지를 한탄했던 자리가 있다. 아담한 크기의 소나무숲 한가운데에는 "천만리 머나먼 길에 고운 님 여의옵고/내 마음 둘 데 없어 냇가에 앉았으니/저 물도 내 안 같야 울어 밤길 예놋다"라는 글이 새겨진 시조비가 있다. 이 시조는 1671년에 병조참의 김지남이 영월 지역을 순시하던 중 아이들이 부르던 노래를 듣고 지은 것으로 알려져 있다.

🚐 근처명소

❶ 장릉

장릉은 조선시대 6대 임금인 단종이 잠들어 있는 무덤이다. 영월에서 사약을 받고 승하한 단종의 시신은 동강 변에 버려졌다. 그리고 시신을 수습하는 자는 삼족을 멸한다는 엄명도 내려졌다. 그러나 당시 영월의 호장이었던 엄흥도는 밤중에 시신을 몰래 수습해 암장하고는 어디론가 자취를 감췄다. 훗날 조선시대 중종 때인 1526년에 영월군수 박충원이 그 자리를 찾아내 새롭게 봉분을 조성했다. 단종은 조선시대 숙종 때인 1698년에 노산군에서 단종으로 복위되었다. 이때부터 능호도 장릉으로 불리게 되었다. 현재 장릉에는 단종을 위해 목숨을 바친 264인의 위패를 모신 배식단사를 비롯해 영천, 정려각, 정자각, 단종비각, 단종역사관 등이 있다. 능 앞에는 일반적으로 문관석과 무관석이 세워져 있는데 장릉에는 문관석만 세워져 있다. 해마다 장릉 일원에서는 한식을 전후해 단종문화제가 성대하게 열리고 있다. 2007년 단종문화제 때는 단종이 승하한 지 550년 만에 처음으로 국장을 재현하기도 했다.

❷ 요선정

영월에서 서강을 따라 평창 쪽으로 거슬러 올라가다 보면 주천강이 나타난다. 이곳 주천강 자락 최고의 명소가 요선정이다. 조선시대 당시 봉래 양사언이 주천강을 찾아 강변의 바위에 '요선암'이라는 글씨를 새기면서 '요선정'이라는 이름을 얻었다. 강변의 기암괴석과 깨끗한 물줄기에 반하여 신선이 즐겨 찾았다는 전설도 배어 있다. 실제로 요선정 근처에는 무릉리와 도원리라는 마을이 있어 이 같은 전설을 뒷받침해 주고 있다. 요선정 옆 커다란 바위에 조성된 부처님(마애여래좌상)은 밤마다 바위 속에서 빠져나와 요선정에서 놀다가 새벽이면 다시 바위 속으로 들어간다고 한다. 아마도 금방이라도 바위 속에서 튀어나올 것처럼 도드라지게 조성된 모습에서 이 같은 얘기가 만들어진 듯하다. 또한, 요선정에서 내려다보는 주천강 전경이 장관이다.

❸ 법흥사

영월 지역 대표 고찰 가운데 하나인 법흥사는 신라시대 선덕여왕 때인 643년에 자장율사에 의해 흥녕사라는 이름으로 창건되었다. 신라시대 헌강왕 때인 886년에 칠감국사의 제자 징효대사에 의해 구산선문 가운데 하나인 사자산문이 법흥사에 지어졌다. 법흥사에서는 옛 영화를 짐작케 하는 몇몇 유물을 살펴볼 수 있다. 고려시대 혜종 때인 944년에 세워진 징효대사대탑비(보물 제612호)와 징효대사부도가 그 대표적인 것들이다. 법흥사 경내에서 소나무숲이 우거진 오솔길을 따라 500m쯤 가면 또 하나의 선경이 눈에 들어온다. 부처님의 진신사리를 봉안한 적멸보궁이 사자산 연화봉 중턱에 떡 버티고 있다. 법흥사 적멸보궁은 우리나라 5대 적멸보궁 가운데 하나이다.

❶
❷
❸

백제의 숨결 따라 천천히 옛 성곽을 거닐다

충남 공주
공산성

여행정보

🌐 공주시 문화관광 tour.gongju.go.kr

📞 공주시 관광안내소 041-856-7700

🚌 천안–논산고속도로 공주나들목 ···▸ 공산성

🍴 고마나루돌쌈밥(쌈정식, 041-857-9999), 전통궁중칼
국수(해물칼국수, 041-858-2397), 태화식당(산채백
반, 041-841-8020)

🛏 공주한옥마을(한옥체험, 041-840-8900), 공주유스호
스텔(041-852-1212), 마곡모텔(041-841-0042)

추천코스

📍 당일여행 공산성 ···▸ 국립공주박물관 ···▸ 마곡사

1박2일여행 공산성–국립공주박물관 ···▸ 무령왕릉 ···▸ 마
곡사 ···▸ 공주민속극박물관 ···▸ 신원사

웅진성의 공식 명칭은 조선시대 때 이름 붙여진 공산성이다.
물론 지금의 공산성이 웅진성일 가능성은 매우 높지만, 확증할
자료가 없어 웅진성이라 부르지 못하고 있다. 이런 것이 역사이다.

충남 공주는 부여와 함께 백제시대 후기의 화려한 문화전성기를 이루던 곳이다.
당시의 공주는 웅진, 부여는 사비라 불렸다. 웅진시대의 중심지였던 공주 곳곳에서
는 백제 왕릉 가운데 유일하게 주인을 알 수 있는 무령왕릉을 비롯해 많은 유물이
발굴되었다. 지금도 백제시대의 유물들이 종종 발굴되곤 한다. 지난 2011년 10월에
는 갑옷, 화살촉, 철제무기 등이 발굴되어 큰 관심이 쏠렸다. 갑옷에는 '645'년이라
는 글씨가 남아 있어 백제시대의 유물이라는 것을 알 수 있다. 바로 그 갑옷(옻칠가
죽찰갑옷)이 발굴된 장소가 공산성(公山城)이다.

공주는 475년부터 538년까지 백제의 도읍지가 있던 곳으로 역사에 기록되어 있
다. 22대 문주왕부터 26대 성왕에 이르기까지 다섯 왕이 64년 동안 웅진시대를 이
끌었다. 그래서 당시의 왕궁이 있었던 곳은 당연히 '웅진성'이라 불려야 한다. 하지
만 공식 명칭은 조선시대 때 이름을 붙인 공산성이다. 물론 지금의 공산성이 웅진성
일 가능성은 매우 높지만 웅진성이라 부르지 못하고 있다. 웅진성이라고 확증할 만
한 자료가 없기 때문이다. 이런 것이 역사이다. 하지만 언젠가는 공산성이 본래의
이름인 '웅진성'을 되찾을 수 있을 것으로 기대하고 있다.

해발 110m의 나지막한 산등성이(공산)와 큰 물줄기(금강)를 천혜의 방어벽으로
삼은 공산성은 오래전부터 공주 사람들로부터 많은 사랑을 받아 왔다. 지금도 아침
과 저녁에는 가벼운 차림으로 운동 겸 산책을 하는 사람을 자주 볼 수 있다. 공산성
은 본래 토성으로 축성했으나 훗날 돌로 다시 재건되었다. 전체 길이 2,660m 가운
데 700m 정도는 아직도 토성으로 남아 있으나 성곽을 따라 전 구간을 걷는 데는 큰
무리가 없다. 성곽을 따라 걷다 보면 곳곳에 다양한 문양이 그려진 깃발을 만날 수

왼쪽부터 공산성 성곽 산책로, 공산성 입구의 공덕비, 무령왕릉 내부 모형도

있다. 깃발은 각각 다른 방향을 가리키고 있는데 청색 띠를 두른 청룡은 동쪽, 흰색 띠를 두른 백호는 서쪽, 빨간색 띠를 두른 주작은 남쪽, 검은색 띠를 두른 현무는 북쪽을 상징한다.

공산성은 주차장이 마련되어 있는 서문(금서루)을 통해 들어가는 것이 편리하다. 서문을 통과해서 오른쪽 성곽을 따라 10분쯤 걸으면 꽤 넓은 공터가 나타난다. 백제의 왕궁이 있던 곳으로 추정되는 장소이다. 본래의 건물 형태를 알 수 없어서 그냥 빈터로 남아 있다. 공산성의 쌍수정 앞마당에 자리 잡고 있는 옛 연못터는 백제 24대 동성왕이 진기한 물고기들을 길렀다고 전해지는 웅진시대의 대표적인 유적지 가운데 하나이다. 연못터는 1985년부터 1986년까지 진행된 발굴조사 당시 발견되었다.

왕궁터 옆 야트막한 언덕 위에는 쌍수정(雙樹亭)이라 불리는 정자가 있다. 조선시대 당시 인조가 이괄의 난을 피해 6일 동안 머물던 곳에 세워진 정자이다. '쌍수정'이라는 이름은 인조가 정자에 있던 두 그루의 나무 옆에서 난이 평정되기를 기다렸다는 데서 유래되었다. 현재의 쌍수정은 1734년에 관찰사 이수항이 지었다. 쌍수정은 공주를 대표하는 떡인 '인절미'의 이름이 유래된 곳이기도 하다. 인조가 공산성에 머물 당시 고생하는 임금을 위해 우성면 목천리에 살던 임씨 성을 가진 사람이 떡을 만들어 보내 왔다. 인조는 떡을 먹고 맛이 좋아 떡 이름을 물으니 신하가 떡 이름은 모르고 임씨 성을 가진 사람이 만들어 보낸 떡이라고 대답했다. 임금은 떡을 먹으며 연신 "거참 절미로다."라며 감탄했다. 그 이후로 '임절미'라 불렀으나 시간이 지나면서 발음하기 좋은 '인절미'로 바뀌게 되었다.

왕궁터 근처에는 공산성의 남문(진남루)이 있다. 지금은 오가는 사람이 많지 않지만, 예전에는 충남에서 한양으로 향하는 중요한 통로로 이용되어 드나드는 사람이 많은 곳이었다. 남문을 지난 후 고개 너머 북문(공북루)을 거쳐 배를 타고 금강을 건넜던 것이다. 남문 옆에는 약간 가파른 성곽이 이어져 있다. 성곽을 따라 오르면 동문(영동루)을 거쳐 임류각까지 갈 수 있다. 하지만 공산성 전체를 돌아볼 계획이 아니라면 남문에서 영은사를 거쳐 연지까지 가는 코스를 선택하는 것이 무난하다.

조선시대 때인 1458년에 창건된 영은사는 임진왜란 당시 승병들이 머물던 사찰이다. 사찰 앞 금강 변에는 만하루와 함께 연지가 조성되어 있다. 공산성에서 가장 낮은 지역에 조성된 것으로 보아 식수 또는 생활용수를 저장하던 곳으로 추정된다. 수위에 따라 언제든지 물을 길을 수 있도록 계단식으로 조성한 것이 이 같은 추정을 가능하게 한다. 연지 서쪽의 경사진 언덕을 넘으면 공산성의 북문이 나타난다. 현재 이 일대는 백제민속마을 조성 작업이 한창이다. 서문에서 출발해 왕궁터-쌍수정-남문-영은사-연지-북문을 지나 다시 서문까지 쉬엄쉬엄 걷는 데는 약 1시간 30분이 걸린다.

🗨 송 박사의 미주알고주알

매월당 김시습과 마곡사 매월당 김시습(1435~1493년)은 조선시대 초기에 파란만장한 삶을 살았던 인물이다. 우리나라 최초의 한문소설인 『금오신화』를 쓴 인물로, 그리고 생육신의 한 사람으로 잘 알려졌다. 김시습은 어려서부터 천재 소리를 들을 정도로 총명했다. 다섯 살 때 세종대왕 앞에서 글을 읊은 이후로 '오세문장(五歲文章)' 또는 '신동 김오세'라 불리기도 했다. 그러나 김시습의 삶은 평탄하지 못했다. 19세 때인 1453년 봄에 과거를 보았지만 낙방했다. 다음 기회를 노리며 삼각산의 한 산사로 들어가 공부에 매진했다. 그러던 중 계유정난(계유사화) 소식에 이어 수양대군의 왕위 찬탈 소식을 듣고는 읽던 책들을 모두 불태우고 출가를 결심한다. '설잠(雪岑)'이라는 법명을 가진 스님으로, 때로는 방랑객으로 10여 년 동안 전국 각지를 주유하던 김시습은 30세 무렵 경주 금오산(지금의 남산)으로 들어간다. 그는 그곳에서 우리나라 최초의 한문소설인 『금오신화』를 썼다. 그 후 세종의 형이자 수양대군(세조)의 큰아버지인 효령대군의 부탁으로 잠시 궁궐에서 책을 펴내는 일을 돕기도 했으나 다시 방랑의 길을 걸었다. 그 이후로도 환속과 출가를 반복하는 김시습의 혼란스러운 삶은 계속되었다. 그러나 출가를 하더라도 머리는 깎되 수염은 깎지 않았다. 이는 '머리를 깎아 속세를 피하고, 수염을 남겨 장부(丈夫)임을 알린다'는 의미로 해석할 수 있다. 김시습이 공주 마곡사에 있을 때 세조는 김시습을 회유하기 위해 가마를 타고 직접 마곡사로 향했다. 사전에 이 같은 사실을 알게 된 김시습은 세조가 도착하기 전에 짐을 싸서 마곡사를 떠났다. 헛걸음한 세조는 '영산전(靈山殿)'이라는 글씨와 함께 타고 온 가마를 남겨 두고 다시 궁궐로 돌아갈 수밖에 없었다. 그때 세조가 쓴 글씨는 현재 마곡사 천불전의 편액으로 남아 있다. 세조가 타고 왔던 가마 역시 마곡사에 그대로 보관되어 있다. 무력으로 권력을 잡은 사람을 왕으로 인정하지 않았던 매월당 김시습. 그는 마곡사에서 멀지 않은 부여 무량사에서 파란만장했던 삶을 마감했다.

🚐 근처명소

❶ 국립공주박물관

국립공주박물관은 웅진백제시대를 주제로 하는 테마박물관이다. 본래 시내 한가운데 있었으나 지난 2004년 5월에 지금의 자리로 신축 이전했다. 전시실은 크게 무령왕릉실, 충청남도의 고대문화실, 야외정원, 특별전시실 등으로 이뤄져 있다. 국립공주박물관의 중심이 되는 전시실은 1층에 있는 무령왕릉실이다. 이곳에서는 40여 년 전인 1971년 무령왕릉에서 발굴된 귀한 유물들을 만날 수 있다. 총 108종 2,906점의 유물 가운데 금관, 지석, 석수(진묘수), 동경 등 1,000여 점이 전시되어 있다. 무령왕릉은 백제의 왕릉 가운데 그 주인을 정확히 알 수 있는 유일한 왕릉이다. 2층의 고대문화실에서는 원삼국시대부터 사비(부여)로 천도하기 이전까지 웅진(공주)을 중심으로 한 백제 문화재를 전시하고 있다. 특히 2층 전시실 한쪽에 전시된 공주의당금동보살입상(국보 제247호)이 눈길을 끈다. 아담한 크기의 입상은 지난 2003년에 도난당했다가 11일 만에 다시 찾은 것이라 더욱 애착이 간다.

❷ 마곡사

마곡사는 공주읍에서 북서쪽으로 27km쯤 떨어진 태화산 기슭에 자리 잡고 있다. 백제시대 무왕 때인 640년 신라의 고승 자장율사에 의해 창건되었고 고려 명종 때인 1172년 보조국사 지눌스님이 중수한 것으로 알려졌다. 마곡사는 충청남도를 대표하는 유명 사찰답게 세심교, 해탈문, 천왕문, 연화교(극락교) 등을 거쳐 사찰 안으로 들어가게 되어 있다. 한때 백범 김구 선생이 승려를 가장해 마곡사에 머물기도 했다. 훗날 김구 선생이 다시 찾아와 심어 놓은 향나무 한 그루가 지금도 대광보전 앞마당에서 잘 자라고 있다. 마곡사 일대는 조선시대 예언서인 『정감록』에 의해 우리나라 십승지지 가운데 하나로 손꼽히는 길지이다. 따라서 사찰을 둘러싸고 있는 숲이라든가 사찰 앞을 흐르는 맑은 계곡물조차도 예사롭지 않아 보인다. 마곡사의 명물로는 대광보전 삿자리, 라마 형식의 오층석탑, 대웅보전 싸리나무기둥 등이 있다.

❸ 신원사

계룡산은 영험한 기운이 흐르는 영산이다. 일찍이 토함산, 태백산, 팔공산, 지리산 등과 함께 '신라오악'으로 불리기도 했다. 계룡산에는 동학사와 갑사, 신원사 등과 같은 유서 깊은 사찰이 있다. 이 가운데 신원사는 다른 사찰에 비해 찾는 사람이 적어 호젓하게 사색을 즐기기에 좋은 곳이다. 역사 또한 깊은 곳으로 백제시대 의자왕 때인 651년에 대한불교 열반종을 창종한 보덕화상에 의해 창건되었다. 열반종은 신라 5대 교종 가운데 하나로 고구려 승려인 보덕화상이 623년에 창종했다. 신원사 옆에는 민간신앙의 성지인 중악단(보물 제1293호)이 있다. 본래 중악단 자리에는 계룡단(산신제단)이 있었으나 조선시대 효종 때인 1651년에 폐지되었다. 그 후 조선시대 고종 때인 1876년(또는 1879년) 명성황후에 의해 중악단이라는 이름으로 중건되어 오늘에 이르고 있다. 묘향산에 있던 상악단과 지리산에 있던 하악단은 모두 없어졌으나 이곳 계룡산의 중악단이 남아 옛 산악신앙의 맥을 잇고 있다.

힐링여행

마음이 아름다워지는 여유

초판 1쇄 | 2013년 5월 24일
초판 2쇄 | 2013년 6월 27일

지은이 | 송일봉

발행인 겸 편집인 | 유철상
책임편집 | 손지영
디자인 | 서은주
일러스트 | 오지혜
교정·교열 | 손지영
마케팅 | 조종삼

펴낸 곳 | 상상출판
주소 | 서울시 동대문구 용두동 790번지 롯데캐슬 피렌체 상가 3층 306호
구입·내용 문의 | **전화** 070-8886-9892~3 **팩스** 02-963-9892
이메일 cs@esangsang.co.kr
등록 | 2009년 9월 22일(제305-2010-02호)
찍은곳 | 다라니

※ 가격은 뒤표지에 있습니다.

ISBN 978-89-94799-43-8(13980)

www.esangsang.co.kr

SELF 🧳 TRAVEL 세계여행 가이드북 시리즈

한국인이 쓴 한국인을 위한 셀프 트래블은 실속 있고 감성적인 여행정보를 담은 프리미엄 가이드북입니다.

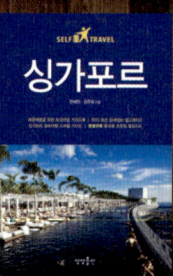

SELF 🧳 TRAVEL 의 장점!

① **휴대용 초정밀 방수지도**는 물론 지역별 상세지도, 손지도 수록

② **한국인이 직접 쓴 맞춤 셀프 트래블**이 가능한, 프리미엄 가이드북

③ 나라별 특성에 맞춰 **테마별, 동선별 가이드와 핵심 코스를 구성**하여 제시

www.esangsang.co.kr

상상출판